W.D. Miller

Lehrbuch der conservirenden Zahnheilkunde

Dritte Auflage

W.D. Miller

Lehrbuch der conservirenden Zahnheilkunde
Dritte Auflage

ISBN/EAN: 9783744695763

Hergestellt in Europa, USA, Kanada, Australien, Japan

Cover: Foto ©berggeist007 / pixelio.de

Weitere Bücher finden Sie auf **www.hansebooks.com**

LEHRBUCH

DER

ANALYTISCHEN GEOMETRIE

BEARBEITET

VON

O. FORT und O. SCHLÖMILCH,

PROFESSOREN AN DER POLYTECHNISCHEN SCHULE ZU DRESDEN.

ERSTER THEIL.

ANALYTISCHE GEOMETRIE DER EBENE

VON

O. FORT.

DRITTE AUFLAGE.

MIT IN DEN TEXT GEDRUCKTEN HOLZSCHNITTEN.

LEIPZIG,

VERLAG VON B. G. TEUBNER.

1872.

Vorrede zur zweiten Auflage.

Bei der ersten Bearbeitung des jetzt in zweiter Auflage erscheinenden Lehrbuches der analytischen Geometrie der Ebene waren es hauptsächlich zwei Gesichtspunkte, welche ich fortwährend im Auge behielt. Was zuvörderst in materieller Hinsicht die Auswahl des Stoffes betrifft, so war mein Augenmerk darauf gerichtet, wenigstens innerhalb bestimmter Grenzen eine gewisse Vollständigkeit zu erzielen. Die mehr praktische Richtung meiner Zuhörer an der hiesigen polytechnischen Schule, für welche das Lehrbuch zunächst bestimmt ist, wies mich darauf hin, aus dem reichen Materiale, welches namentlich die Theorie der Linien zweiten Grades darbietet, besonders solche Sätze auszuwählen, welche eine constructive Anwendung gewähren. Ich habe mich bemüht, diese Sätze zu einem organischen Ganzen zu vereinigen, welches die Bestimmung hat, die Verschiedenartigkeit der Methoden der analytischen Geometrie klar hervortreten zu lassen. — In formeller Hinsicht war in Betreff der Darstellung mein Streben besonders auf Vereinfachung des Calcüls mittelst geometrischer Deutung der Gleichungen und auf eine möglichst natürliche Verknüpfung der einzelnen Untersuchungen gerichtet. Die letztere Rücksicht ist namentlich für mich bei der Anordnung des Inhaltes der Capitel IV bis VIII entscheidend gewesen. Da bei den in den ersten Capiteln enthaltenen geometrischen Lehrsätzen grossentheils an Resultate angeknüpft werden konnte, welche ich als aus der Elementargeometrie bekannt voraussetzen durfte, so schien es mir zweckmässig, auch bei Untersuchung der Kegelschnitte von einer allgemeinen Eigenschaft dieser Linien auszugehen, welche sich leicht rein geometrisch begründen lässt. Sind aus dieser allgemeinen Eigenschaft die Kegelschnittsformen nebst den zugehörigen Gleichungen gewonnen, so können dieselben nachher mittelst der Methoden der analytischen Geometrie weiter verfolgt werden; aus diesen speciellen Discussionen, welche sich auf Bekanntes stützen, lässt sich dann leichter eine mit um so grösserer Strenge zu führende allgemeine Untersuchung ableiten. Die scheinbare Identität der Ueberschriften „die Kegelschnitte" im vierten und „die Linien zweiten Grades" im achten Capitel findet in diesem Gedankengange ihre Rechtfertigung. Am ersteren Orte tritt der stereometrische Ausgangspunkt in den Vordergrund, an der letzteren Stelle soll seine Beziehung zu den Gleichungen zweiten Grades erläutert werden.

Diesen der Hauptsache nach bereits in der Vorrede zur ersten Auflage niedergelegten Bemerkungen habe ich wenig hinzuzufügen, da der Inhalt der neuen Auflage nicht wesentlich von der ersten abweicht. Neu hinzugekommen ist nur der von der Quadratur der Hyperbel handelnde Abschnitt, sowie Einzelnes bei der Discussion der allgemeinen Gleichung zweiten Grades. Der erstere Zusatz hat die Bestimmung, die auf die Quadratur der Kegelschnitte bezüglichen Untersuchungen zu vollkommener Abrundung zu bringen; bei der neuen Bearbeitung eines Theiles des achten Capitels strebte ich danach, Betrachtungen, welche für den Anfänger in der Regel nicht ohne Schwierigkeit sind, eine grössere Schärfe und Klarheit zu verleihen. Aus demselben Streben sind eine Menge kleinerer Aenderungen, welche fast jeder Paragraph enthält, hervorgegangen.

Dresden, Ostern 1863.

O. Fort.

Vorrede zur dritten Auflage.

Die gegenwärtige dritte Auflage meiner analytischen
Geometrie der Ebene unterscheidet sich von der zweiten nur
durch eine Menge kleinerer, auf Strenge der Begründung
und Klarheit des Ausdruckes bezüglicher Aenderungen. Die
Einführung einiger abgeänderter Bezeichnungen wurde durch
den Wunsch, mit anderwärts Ueblichem in besseren Einklang
zu kommen, bedingt. Wenn im Uebrigen der Inhalt des
Buches derselbe geblieben ist und die neueren Theorieen,
namentlich der Gebrauch der Liniencoordinaten, sowie der
homogenen Coordinaten, nicht Berücksichtigung gefunden
haben, so ist daran zu erinnern, dass die Auswahl des Stoffes
hauptsächlich mit Rücksicht auf das praktische Bedürfniss
künftiger Techniker getroffen wurde. Dafür, dass ein Lehrbuch innerhalb der beschränkten Grenzen des vorliegenden
auch für grössere Kreise Befriedigung gewährt, dürfte der
rasche Absatz zweier starker Auflagen ein Zeugniss ablegen.

·Dresden, im September 1871.

O. Fort.

Inhalt.

VIII

Einleitung.

Das Gebiet der niederen Geometrie beschränkt sich auf die Untersuchung der Eigenschaften derjenigen räumlichen Gestalten, welche mit Benutzung des Lineals und Zirkels darstellbar sind, d. i. der geradlinigen Gebilde und des Kreises, sowie derjenigen Flächen und Körper, deren Entstehung in einfacher Weise auf diese beiden Grundformen zurückgeführt werden kann. Ihre Methode geht dabei im Wesentlichen von der Anschauung aus, und wenn sie sich zu ihren Untersuchungen auch der reichen Hülfsmittel der Algebra bedient, so geschieht dies doch nur zu dem Zwecke, um die Formen von Grössenbeziehungen, welche ursprünglich der geometrischen Construction entnommen wurden, umzubilden und dadurch zu Lehrsätzen oder zur Lösung von Aufgaben zu gelangen. Dieser Art von Anwendung der Arithmetik auf die Raumlehre gehört die sogenannte rechnende Geometrie und die gewöhnlich als besonderer Theil davon getrennte Trigonometrie an.

Bei jeder solchen Benutzung der Zahlenlehre zu geometrischen Untersuchungen ist die Möglichkeit vorausgesetzt, dass man die Zahlen ebenso, wie der Raum an keiner Stelle unterbrochen erscheint, als stetig veränderlich auffassen kann. Die Erweiterungen, welche die Zahlenreihe durch die Operationen der allgemeinen Zahlenlehre erlangt, geben hierzu die Mittel an die Hand. Während nämlich die Weite der Sprünge, welche beim Uebergange von einer Zahl zu ihrer nächstfolgenden oder nächstvorhergehenden stattfinden müsssen, durch die Einschiebung der gebrochenen Zahlen beliebig klein gemacht werden kann, gewährt die Einführung der Irrationalzahlen die Möglichkeit, die auch hierbei noch bleibenden Lücken auszufüllen; mittelst der negativen Zahlen wird aber die anfänglich

vorhandene einseitige Begrenzung aufgehoben. Durch diese Erwei-
terungen wird die Reihe der auf einander folgenden Zahlen mit einer
nach beiden Seiten unbegrenzten geraden Linie vergleichbar; der
Uebergang von einem Punkte dieser Geraden zu einem andern mit
Durchlaufung aller möglichen Zwischenpunkte lässt sich durch den
Uebergang von einer Zahl zu einer andern darstellen.

Diese durch die stetige Veränderlichkeit der Zahlen erlangte
Analogie zwischen den Zahl- und Raumgrössen ist für die Entwickelung der geometrischen Wissenschaft von der grössten Wichtigkeit
geworden. Descartes (1596—1650) fand hierin die Mittel, auch
Beziehungen der Lage in einer arithmetischen Form darzustellen
und dadurch der Geometrie eine Untersuchungsmethode zu eröffnen,
welche ziemlich unabhängig von der unmittelbaren Anschauung der
zu untersuchenden Raumgebilde bleibt.

Dieser Methode liegt die Bemerkung zu Grunde, dass, wenn
man einer von zwei Zahlen, welche durch eine Gleichung an einander gebunden sind, der Reihe nach alle möglichen Werthe annehmen
lässt, die andere Zahl eine von der jedesmaligen Grösse der ersten
abhängige Folge von Werthen erlangt. Solchen am Faden einer
Gleichung fortlaufenden veränderlichen Zahlen legte Descartes
geometrische Deutungen unter und gewann durch dieses Hülfsmittel
aus jeder Gleichung eine stetige Folge von Punkten der Ebene, deren
geometrischer Ort durch ein bestimmtes, von der besonderen Natur
der benutzten Gleichung abhängiges Bewegungsgesetz festgestellt
ist. Die Gleichung ward so für ihn der arithmetische Ausdruck der
Form einer Linie. Hiermit war einer neuen Wissenschaft, der analytischen Geometrie, die Entstehung gegeben*, durch welche
die Raumlehre eine völlige Umgestaltung erlangt hat. Die Lehre
von den Gleichungen zwischen veränderlichen Zahlen wird in ihr zu
einer unerschöpflichen Bildungsquelle räumlicher Gestalten; zugleich
gewährt sie aber auch die Mittel, durch neue, rein algebraische
Untersuchungsmethoden die Eigenschaften dieser Gebilde zu ent-
decken.

Während dieser Zweig der Geometrie durch Descartes auf
Betrachtung der Linien in der Ebene beschränkt blieb, so erlangte

---

* Die Grundlagen der neuen Wissenschaft sind in einem kleinen
Werke von Descartes enthalten, welches 1637 unter dem einfachen
Titel: „Geometrie" in französischer Sprache erschien.

er durch die Nachfolger desselben bald eine wesentliche Erweiterung, indem er sich auch des nach drei Dimensionen ausgedehnten Raumes bemächtigte. Parent (1666 — 1716) wendete zuerst drei veränderliche Zahlen an, um eine krumme Oberfläche durch eine Gleichung auszudrücken; namentlich aber erhielt diese erweiterte Anwendung der analytischen Geometrie ihre vollständige Entwickelung durch Clairaut (1713 — 1765) in einem Werke über die Linien doppelter Krümmung und die krummen Oberflächen. Seitdem hat eine grosse Zahl der vorzüglichsten Mathematiker sich die Fortbildung der neuen Disciplin zur Aufgabe gemacht.

Ihrem historischen Entwickelungsgange getreu zerfällt die analytische Geometrie, in Uebereinstimmung mit der Eintheilung der niederen Geometrie in Planimetrie und Stereometrie, in zwei Haupttheile: die analytische Geometrie der Ebene und die analytische Geometrie des Raumes. Die erstere benutzt die Lehre von den veränderlichen Zahlen zur Untersuchung der Linien in der Ebene, die letztere beschäftigt sich mit den Linien im Raume und den Flächen.

Die analytische Geometrie der Ebene, die hier zunächst unsere Aufgabe bilden soll, hat ihren Ausgang zu nehmen von den Methoden, mittelst deren die Lage eines Punktes der Ebene in der Bezeichnungsweise dieser Wissenschaft ausgedrückt wird.

Erstes Capitel.

Die Punkte in der Ebene.

---

§ 1.

Punkte in einer Geraden. Rechtwinkliges Coordinatensystem.

In einer im Punkte A einseitig begrenzten geraden Linie (einem Strahl) AX (Fig. 1) wird die Lage eines beliebigen Punktes P durch die Strecke AP, d. i. durch seinen Abstand vom Anfangspunkte vollständig bestimmt. Die Beschrän-

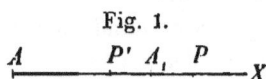

Fig. 1.

kung, hierbei die Linie in A begrenzt anzunehmen, scheint deshalb noth-
wendig, weil ausserdem derselbe Abstand zweien zu beiden Seiten von A gelegenen Punkten zukommen würde. Wir gelangen jedoch dahin, diese vorläufige Einschränkung zu beseitigen, wenn wir einen neuen Punkt A_1 zum Ausgange für die Messung der Abstände wählen und den Beziehungen, durch welche die frühere und jetzige Entfernung des Punktes P vom Anfange der Messung an einander geknüpft sind, allgemeine Geltung zuschreiben. Setzen wir nämlich $AP = x$, $A_1P = x_1$ und $AA_1 = a$, so folgt:

1)
$$x = x_1 + a$$

und

2)
$$x_1 = x - a.$$

Die letztere und somit auch die erste Gleichung findet aber für jede beliebige Lage des Punktes P Anwendung, wenn man für solche Punkte, bei denen $x < a$ ist, den Werth von x_1 negativ in Rechnung bringt. Haben daher z. B. P und P' gleiche Abstände von A_1, so kommen den von A_1 aus nach entgegengesetzter Richtung verlaufenden Strecken A_1P und A_1P' gleiche, aber mit entgegengesetzten Vorzeichen versehene Zahlwerthe zu.

Sowie wir in der obigen Figur von einem links gelegenen Punkte A der Linie AX ausgingen, konnten wir uns auch dieselbe Gerade anfänglich nach rechts begrenzt vorstellen und ganz wie vorher von ihrem Endpunkte nach A_1 übergehen. Wir gelangen hierdurch ohne Schwierigkeit zu ganz entsprechenden Beziehungen, gewinnen aber zugleich die Ueberzeugung, dass es lediglich Sache eines vorläufigen Uebereinkommens ist, auf welcher Seite vom beliebig gewählten Anfangspunkte aus die Entfernungen aller übrigen Punkte derselben Geraden als positiv oder negativ in Rechnung zu ziehen sind.

Werden die in 1) und 2) gewonnenen Gleichungen in der Form

$$x = x_1 + (+ a) \text{ und } x_1 = x + (- a)$$

geschrieben, so erhalten beide eine gemeinschaftliche Schreibweise und zeigen, wie man von den Entfernungen, welche einem anfänglich gewählten Anfangspunkte zugehören, zu den auf einen neuen Anfang bezogenen übergeht. Beachtet man hierbei, dass in Uebereinstimmung mit dem Vorigen zu entgegengesetzten Verschiebungen des Anfangspunktes entgegengesetzte Vorzeichen gehören, so kann die Formel 1) als Inbegriff beider Gleichungen angesehen werden.

Wir gelangen nach diesen Vorbetrachtungen zu der Bestimmung der Lage eines an beliebiger Stelle in einer gegebenen Ebene gelegenen Punktes, wenn wir zunächst eine gerade Linie als seinen geometrischen Ort fixiren und in dieser seinen Abstand von einem festen Anfangspunkte bestimmen. Zu diesem Zwecke seien XX' und YY' (Fig. 2) zwei der Lage nach gegebene, auf einander senkrechte und im Punkte O sich schneidende Gerade derjenigen Ebene, in welcher die Lage eines Punktes P_1 bestimmt werden soll. Zieht man von P_1 die Gerade P_1N senkrecht auf YY', also parallel mit XX', so wird durch die Strecke $NP_1 = OM$ der Abstand

Fig. 2.

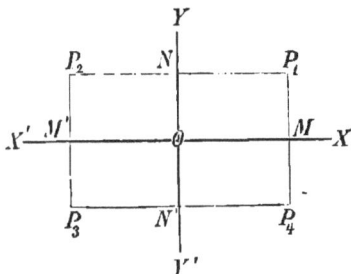

der Geraden P_1P_4, in welcher der zu bestimmende Punkt gelegen ist, von der Linie YY' gemessen. Wählt man hierauf in P_1P_4 den Punkt M als Ausgang für die Messung der Entfernung aller übrigen Punkte, so ist in dieser Geraden durch die Strecke $MP_1 = ON$ die

Lage von P_1 vollständig bestimmt. Dasselbe Resultat, nämlich die Abhängigkeit der Lage des Punktes P_1 von den Entfernungen NP_1 und MP_1, wird gewonnen, wenn wir anfänglich durch MP_1 die Lage der Geraden P_1P_2 fixiren und in ihr N als Anfangspunkt der Strecke NP_1 wählen.

Fassen wir das Vorhergehende zusammen, so kommt es im Wesentlichen darauf hinaus, die Lage eines Punktes in der Ebene durch seine senkrechten Abstände von zwei in dieser Ebene gelegenen, auf einander senkrechten Geraden zu bestimmen. Durch diese beiden festen Linien, auf welche die Lage aller anderen Punkte der Ebene bezogen werden soll, wird dieselbe in vier Felder, die Winkelräume XOY, YOX' $X'OY'$ und $Y'OX$ zerlegt. Insofern nun jedesmal ein Punkt in jedem dieser Felder dieselben Entfernungen von XX' und YY' besitzt, geht die bei Punkten in einer Geraden bereits vorhandene Unbestimmtheit in eine Vierdeutigkeit über, der wir uns jedoch, wie dort, entziehen, wenn wir die entgegengesetzte Richtung der Abstände durch einen Wechsel des Vorzeichens ausdrücken. Da es hierbei nur Sache eines vorgängigen Uebereinkommens ist, wohin man die positiven und wohin man die negativen Strecken zu verlegen hat, so soll ein für allemal die Bestimmung getroffen werden, dass, wo nichts Anderes besonders festgesetzt wird, die Distanzen nach der rechten Seite von YY' aus und nach Oben von XX' als positive, die entgegengesetzt gelegenen dagegen negativ in Rechnung gebracht werden. Haben daher z. B. in Fig. 2 die Punkte P_1, P_2, P_3, P_4 die gleichen Abstände $NP_1 = NP_2 = N'P_3 = N'P_4 = a$ und $MP_1 = M'P_2 = M'P_3 = M'P_4 = b$, so ist nach unserem Uebereinkommen die Entfernung des Punktes P_1 von der Geraden $YY' = + a$, von der Geraden $XX' = + b$,

P_2 „ „   „   „ $= - a$, „ „   „   „ $= + b$,

P_3 „ „   „   „ $= - a$, „ „   „   „ $= - b$,

P_4 „ „   „   „ $= + a$, „ „   „   „ $= - b$.

Die beiden Linien XX' und YY', von denen die Lage aller Punkte der Ebene abhängig gemacht ist, haben die Namen Coordinatenachsen erhalten und bilden zusammengenommen ein rechtwinkliges Coordinatensystem. Ihr Durchschnittspunkt O führt die Benennung Anfangspunkt oder Ursprung der Coordinaten, oder auch Mittelpunkt des Coordinatensystems; die Strecken MP und NP werden die Coordinaten des Punktes P genannt. Um die beiden Coordinaten, sowie die zugehörigen

Achsen auseinander zu halten, wollen wir die mit der Achse XX' parallele Coordinate mit x, die zu YY' parallele mit y bezeichnen und sie entsprechend ihrer Bezeichnung die x- und die y-Coordinate nennen; von den Achsen selbst soll XX' mit dem Namen x-Achse oder Achse der x, YY' mit dem Namen y-Achse oder Achse der y belegt werden. Nach dem Obigen ist daher für den Punkt P_1 die x-Coordinate $x = + a$ und die y-Coordinate $y = + b$, für P_2 aber $x = - a$, $y = + b$ u. s. f.

Insofern in Fig. 2 $NP_1 = OM$ ist, muss es auch ausreichen, zur Bestimmung der Lage von P_1 nur die y-Coordinate MP_1 zu construiren und die auf der x-Achse abgeschnittene Strecke OM als die zugehörige x-Coordinate zu betrachten. Bei dieser zur Abkürzung des Verfahrens gebräuchlichen Construction führt die auf der x-Achse abgeschnittene Coordinate den Namen Abscisse, das entsprechende y den Namen Ordinate des Punktes P_1. Beide Benennungen lassen sich dann auch auf die Achsen übertragen, so dass die x-Achse den Namen Abscissen- und die y-Achse den Namen Ordinatenachse erhält. Mit demselben Rechte kann allerdings auch die x-Coordinate NP_1 direct als Ordinate construirt und das zugehörige y als Abscisse ON auf der y-Achse abgeschnitten werden; man entgeht jedoch dieser Unbestimmtheit, wenn man im letzteren Falle auch die Bezeichnung der Achsen verwechselt.

Die zuletzt mitgetheilten abgekürzten Constructionen gewinnen besonders dann eine nutzbare Anwendung, wenn in einer gegebenen Bildebene ein bestimmter Punkt mittelst seiner Coordinaten aufgetragen werden soll. Aus dem Früheren erhellt, dass diese Aufgabe nur eine Lösung haben kann, wenn das Coordinatensystem und die zur Abmessung der geradlinigen Strecken dienende Längeneinheit fixirt ist.

Wird zur Darstellung eines Punktes nur eine seiner beiden Coordinaten gegeben, so genügt der gestellten Aufgabe jeder Punkt derjenigen Geraden, welche in einem der gegebenen Coordinate gleichen Abstande parallel zur anderen Achse gelegt werden kann.* Die Gleichung

3) $$x = a$$

---

* Durch die nöthige Rücksicht auf die Vorzeichen der Coordinaten werden hierbei die beiden in gleichem Abstande von einer Geraden gelegenen Parallelen unterschieden.

umfasst also die Lagen aller Punkte einer in der Entfernung a zur
y-Achse gezogenen Parallelen, während die Gleichung

4) $y = b$

einer Parallelen zur x-Achse angehört. In gleicher Weise beziehen
sich die Formeln

5) $x = 0$ und $y = 0$

auf alle in den beiden Coordinatenachsen gelegenen Punkte, und
zwar die erstere auf die y-, die letztere auf die x-Achse. Durch das
Zusammentreffen der beiden letzten Gleichungen wird der Coordinatenanfang bestimmt.

Die Gleichungen 3) bis 5) stellen einen ersten Fall dar, in welchem durch eine Gleichung der Lauf einer Linie bestimmt ist. Eine
Gleichung, welche diese Eigenschaft besitzt, führt den Namen:
Gleichung der Linie. In Nr. 3) ist daher die Gleichung einer
Parallelen zur y-Achse, in 4) die einer Parallelen zur x-Achse enthalten; Nr. 5) umfasst die Gleichungen der beiden Coordinatenachsen. — Da zur Bestimmung eines Punktes zwei Gleichungen der
unter Nr. 3) und 4) enthaltenen Formen nothwendig sind, so zeigt
sich, dass die angewendete Bestimmungsmethode darauf hinaus
läuft, die Lage eines Punktes durch den Durchschnitt zweier geraden Linien zu fixiren.

<h1 style="text-align:center">§ 2.</h1>

Schiefwinkliges Coordinatensystem.   Polarcoordinaten.

Dieselben Beziehungen, welche im vorigen Paragraphen für
die Lage eines Punktes gegen ein rechtwinkliges Coordinatensystem

Fig. 3.

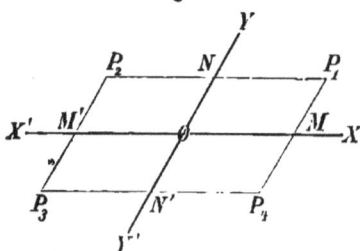

aufgestellt wurden, finden auch
für zwei einen beliebigen schie-
fen Winkel einschliessende Coordinatenachsen   Anwendung,
wenn man nur die Coordinaten
des Punktes nicht mehr in senk-
rechter Richtung, sondern in
einer zu den Achsen parallelen
Lage misst. Fig. 2 geht hierbei
in Fig. 3 über, an welcher alle auf die erstere Figur bezüglichen
Betrachtungen wiederholt werden können. — Der von den positiven

Achsenseiten eingeschlossene zwischen 0 und 180^0 gelegene Winkel $X O Y$ führt hier den Namen Coordinatenwinkel, das System selbst heisst ein schiefwinkliges Coordinatensystem. Alle übrigen Benennungen werden vom rechtwinkligen System übertragen. Die rechtwinkligen und schiefwinkligen Coordinaten lassen sich in dem Namen Parallelcoordinaten zusammenfassen.

Die Anwendung eines rechtwinkligen Coordinatensystems führt grossentheils zu einfacheren Rechnungen, als die Wahl eines schiefwinkligen; doch werden wir auch Fälle kennen lernen, wo durch letzteres eine Vereinfachung erlangt wird. Vorläufig beschränken wir uns auf eine Untersuchung, welche unabhängig vom Coordinatenwinkel für beide Arten von Parallelcoordinaten Geltung hat.

Wird die y-Achse eines Parallelcoordinatensystems parallel mit sich selbst um eine auf der x-Achse gemessene Strecke a verschoben, so verkleinern sich hierdurch die Abscissen um diese Grösse a, wenn die Verschiebung nach der Seite der positiven x vor sich geht; sie nehmen dagegen um dieselbe Strecke zu, sobald die Verschiebung im entgegengesetzten Sinne stattfindet. Bezeichnen wir mit x die auf die anfängliche y-Achse bezogene Abscisse eines beliebigen Punktes, dagegen mit x_1 die entsprechende Entfernung desselben Punktes von der neuen Achse, so lassen sich beide Fälle in der Formel

$$1) \qquad x = x_1 + a$$

zusammenfassen, wenn nur ein nach der Seite der negativen x liegendes a auch als negative Abscisse in Rechnung gezogen wird. Die Analogie mit der in § 1 besprochenen Verschiebung des Anfangspunktes für Messung der Abstände von Punkten in einer Geraden enthält hierfür den Beweis. — Wird ferner die x-Achse um eine auf der y-Achse gemessene Strecke b parallel zu sich selbst verschoben und bezeichnet man dabei mit y und y_1 die ursprünglichen und neuen Ordinaten eines Punktes der Coordinatenebene, so ergiebt sich in gleicher Weise, wie vorhin, das Resultat:

$$2) \qquad y = y_1 + b.$$

Insofern a und b die nach der Richtung der x und y gemessenen Verschiebungen beider Achsen bezeichnen, stellen sie zugleich die Verschiebungen des den Achsen gemeinschaftlichen Punktes dar, oder bilden mit anderen Worten die Coordinaten des neuen Anfangspunktes. Bestätigt wird dieses Resultat, wenn man in 1) und 2) nach Anleitung von 5) in § 1 für den neuen Coordinatenanfang

$x_1 = 0$ und $y_1 = 0$ setzt. Der Inhalt der Formeln 1) und 2) lässt
sich hiernach zu der Regel zusammenfassen, dass bei paralleler
Achsenverschiebung jede der beiden ursprünglichen Coordinaten
eines Punktes ausgedrückt wird durch die algebraische Summe aus
der entsprechenden neuen Coordinate desselben Punktes und der des
neuen Anfanges.

Zu einer von dem Vorigen wesentlich verschiedenen Methode,
die Lage eines Punktes in einer Ebene zu bestimmen, gelangt man
durch Vertauschung der parallel mit sich selbst verschiebbaren Linie,
welche bei Anwendung der Parallelcoordinaten alle Punkte der
Ebene in sich aufnehmen muss, mit einer um einen festen Punkt
drehbaren Geraden. Dies geschieht in den sogenannten Polarcoordinaten, welche die Lage eines jeden Punktes der Coordinatenebene durch seinen Abstand von einem festen Punkte — dem
Pol — und den Winkel ausdrücken, den seine geradlinige Entfernung vom Pole mit einer festen durch den Pol gelegten Achse
einschliesst. Stellt nämlich OX in Fig. 4 die Achse des Polarcoordi-

Fig. 4.

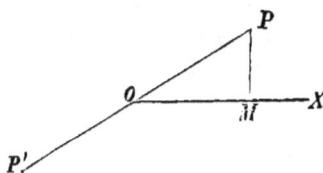

natensystems dar, die wir uns im
Pole O begrenzt, nach X zu aber
unbegrenzt denken müssen, so wird
die Lage des Punktes P durch den
Abstand OP — seinen sogenannten
Radiusvector oder Leitstrahl
— bestimmt, wenn ausserdem der
Winkel XOP gegeben ist, den dieser Radiusvector mit der Achse
bildet, nebst der Drehrichtung, in welcher dieser Winkel gemessen
werden soll. Wir wollen den Leitstrahl OP mit r und den Winkel
XOP, welcher die Anomalie, die Amplitude oder auch der
Polarwinkel genannt wird, mit φ bezeichnen; r und φ bilden
dann die Polarcoordinaten des Punktes P.

Lässt man den Winkel φ immer in derselben Richtung von OX
aus von 0 bis 360^0 wachsen, so geht der bewegliche Radiusvector,
der hierbei von O nach P hin unbegrenzt angenommen werden muss,
durch alle Punkte der Ebene hindurch, ohne dass er rückwärts über
O hinaus verlängert zu werden braucht. Haben also z. B. die in eine
Gerade zusammenfallenden Strecken OP und OP' dieselbe Grösse,
so kommen den Punkten P und P' gleiche Werthe von r zu, während
die Anomalie des letzteren Punktes um 180^0 grösser ist, als die des
Punktes P. So lange es daher nur gilt, die Lage aller Punkte der

Ebene durch Polarcoordinaten zu fixiren, können negative Leitstrahlen ebensowohl ausgeschlossen werden, als Polarwinkel ausserhalb der Grenzen 0 bis 360°. Sollen dagegen alle möglichen Werthe von r und φ, wie sie sich z. B. als Wurzeln einer Gleichung ergeben können, geometrisch gedeutet werden, so ist es auch nöthig, negative Werthe von r und φ, sowie Winkel zuzulassen, welche eine volle Umdrehung überschreiten. Negative Leitstrahlen sind hierbei in Uebereinstimmung mit den bei den Parallelcoordinaten getroffenen Bestimmungen als entgegengesetzt gerichtete Strecken zu deuten; negative Polarwinkel entsprechen in analoger Weise einer entgegengesetzten Drehrichtung; Winkelwerthe endlich, welche über eine Umdrehung hinausgehen, werden durch die Bemerkung erledigt, dass, wenn man einen Winkelschenkel festhält und dem andern eine volle Umdrehung, sei es nach der einen oder andern Seite, giebt, dadurch immer die ursprüngliche Schenkellage wieder hergestellt wird.

Zwischen den Polar- und den rechtwinkligen Coordinaten eines Punktes finden sehr einfache Beziehungen statt, wenn man den Pol mit dem Coordinatenanfange des rechtwinkligen Systems und die Achse der Polarcoordinaten mit der positiven Seite der x-Achse zusammenfallen lässt, wobei die Grösse des Winkels φ in der Drehrichtung von OX aus nach der Seite der positiven y hin wachsen soll. Aus Fig. 4, worin unter den gegebenen Bedingungen OM und MP die rechtwinkligen Coordinaten des Punktes P darstellen, ergiebt sich dann unmittelbar:

$$3) \qquad x = r\ cos\ \varphi, \qquad y = r\ sin\ \varphi.$$

Die allgemeine Giltigkeit dieser beiden Relationen zeigt sich, sobald man in Fig. 2 die Leitstrahlen der vier Punkte P_1, P_2, P_3, P_4 construirt, wobei, wenn der Polarwinkel von P_1 mit α bezeichnet wird, die Polarwinkel der drei übrigen Punkte die Werthe $180° - \alpha$, $180° + \alpha$ und $360° - \alpha$ erhalten. Beschränkt man sich zunächst auf positive r und Werthe von φ zwischen den Grenzen 0 und 360°, so bleiben hierbei r und die absoluten Werthe von x und y ungeändert, während die früher genannten verschiedenen Vorzeichen der rechtwinkligen Coordinaten der vier Punkte P sich aus den Vorzeichen der Sinus und Cosinus ebenfalls richtig ergeben; es bleibt also auch die Richtigkeit der obigen Formeln bestehen. Werden nun negative Werthe von r aufgenommen, so führen die Coordinatenbezeichnungen $-r$ und φ, sowie $+r$ und $180° + \varphi$ zu

derselben Lage eines Punktes; die Vertauschung dieser beiderseitigen
Werthe ist aber ohne Einfluss auf die Richtigkeit der Gleichungen 3),
weil dabei beide Factoren der rechten Theile derselben gleichzeitig
ihre Vorzeichen ändern. Was endlich negative Werthe des Winkels φ
betrifft, sowie solche Werthe, welche 360° überschreiten, so lassen
sich dieselben durch Hinzu- und Hinwegnehmen einer ganzen Anzahl von Umdrehungen immer auf Winkel zurückführen, welche
zwischen den Grenzen 0 und 360° enthalten sind. Dabei bleibt aber
die Schenkellage und hiermit auch die Grösse der trigonometrischen
Functionen ungeändert; die Formeln 3) bleiben also zu Recht bestehen.

Sowie diese Gleichungen dazu dienen, um von den gegebenen
Polarcoordinaten eines Punktes zu seinen rechtwinkligen überzugehen, so erhält man Formeln zur Lösung der entgegengesetzten
Aufgabe, wenn man die ersteren auf r und φ reducirt. Werden nämlich beide Gleichungen quadrirt und addirt, so entsteht:

$$4) \qquad r^2 = x^2 + y^2, \text{ also } r = \sqrt{x^2 + y^2},$$

während man durch Division zu der Gleichung

$$5) \qquad tan\,\varphi = \frac{y}{x}$$

gelangt. Die Unbestimmtheit, welche die Formeln 4) und 5) sowohl
durch das doppelte Vorzeichen der Quadratwurzel als durch die Viel-
deutigkeit eines durch seine Tangente gegebenen Winkels herbei-
führen, liegt in der Natur der Sache, wird aber dadurch beseitigt,
dass durch die besonderen Vorzeichen von x und y im Voraus der
Quadrant gegeben ist, in welchem der durch r und φ zu bestimmende Punkt gelegen sein muss.

Fig. 5.

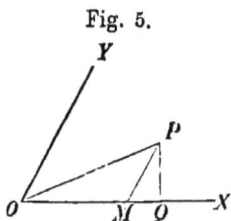

Etwas complicirter gestalten sich die
Beziehungen zwischen den schiefwinkligen
und Polarcoordinaten eines Punktes, wobei
wieder beide Systeme den oben aufgestellten Bedingungen unterworfen werden sollen. Wir halten uns hierbei an Fig. 5, wo
$OM = x$ und $MP = y$ die schiefwinkligen
Coordinaten des Punktes P, $OP = r$ und
$\angle MOP = \varphi$ seine Polarcoordinaten darstellen. Der Coordinatenwinkel XOY soll mit ω bezeichnet werden. Nimmt man ein rechtwinkliges System mit demselben Anfangspunkte und derselben

x-Achse zu Hülfe, in welchem OQ und OP die Coordinaten des Punktes P darstellen, so haben nach den Gleichungen 3) diese Coordinaten für jede Lage des Punktes P die Werthe $r\cos\varphi$ und $r\sin\varphi$. Wird ferner der Coordinatenanfang in diesem Hülfssystem nach M verschoben, so erlangen die neuen rechtwinkligen Coordinaten des Punktes P, nämlich MQ und QP, in gleicher Weise die Werthe $y\cos\omega$ und $y\sin\omega$. Da nun bei dieser Verschiebung der neue Coordinatenanfangspunkt im ursprünglichen Systeme die Coordinaten x und 0 besitzt, so folgt aus den Gleichungen 1) und 2) dieses Paragraphen:

6) $\qquad r\cos\varphi = y\cos\omega + x, \qquad r\sin\varphi = y\sin\omega^{*}.$

Wird hierin auf x und y reducirt, so folgt:

7) $\qquad x = \dfrac{r\sin(\omega-\varphi)}{\sin\omega}, \qquad y = \dfrac{r\sin\varphi}{\sin\omega}.$

Werden ferner die beiden Gleichungen 6) quadrirt und addirt, so erhält man:

8) $\qquad r^2 = x^2 + y^2 + 2xy\cos\omega,$

während man durch Division derselben beiden Gleichungen zu dem Resultate

9) $\qquad \tan\varphi = \dfrac{y\sin\omega}{y\cos\omega + x}$

gelangt. — Die allgemeine Giltigkeit dieser Gleichungen folgt daraus, dass die dabei zu Grunde gelegten Formeln für jede Lage des Punktes P Geltung haben.

§ 3.
Aufgaben.

Durch die bis jetzt gewonnenen Coordinatenbegriffe nebst ihren gegenseitigen Beziehungen sind wir in den Stand gesetzt, mehrfache Aufgaben zu lösen. Folgende mögen hier Platz finden.

---

* Da die linken Seiten beider Gleichungen die Projectionen von r auf die x-Achse und eine rechtwinklig hierzu durch 0 gelegte y-Achse darstellen, so müssen sie auch die Projectionen der aus x und y zusammengesetzten gebrochenen Linie OMP ausdrücken, welche mit r im Anfangs- und Endpunkte übereinstimmt. Beide Gleichungen enthalten hiernach den bekannten Satz, dass die Projection einer gebrochenen Linie der algebraischen Summe der diese Linie zusammensetzenden Strecken gleich ist.

I. Durch die gegebenen Coordinaten zweier Punkte P und P_1 ihre Entfernung P_1P auszudrücken.

A. Bei Anwendung rechtwinkliger Coordinaten (Fig. 6.)

Fig. 6.

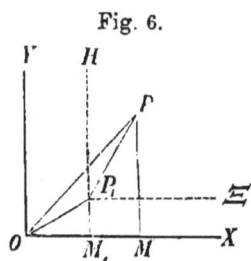

Es seien x und y die rechtwinkligen Coordinaten OM und MP des Punktes P und x_1, y_1 die entsprechenden Grössen für P_1; ferner werde die Entfernung P_1P mit e bezeichnet.

Wir verschieben die gegebenen Coordinatenachsen parallel zu sich selbst in die Lage $\Xi P_1 H$, so dass P_1 zum neuen Coordinatenanfange wird, und bezeichnen mit ξ und η die auf dieses neue System bezogenen Coordinaten des Punktes P. Dann ist nach Formel 4) in § 2

$$e^2 = \xi^2 + \eta^2.$$

Zugleich entsteht aus 1) und 2) desselben Paragraphen

$$x = \xi + x_1 \text{ und } y = \eta + y_1,$$

also auch:

$$\xi = x - x_1 \text{ und } \eta = y - y_1.$$

Die Verbindung dieser Formeln giebt:

1) $$e^2 = (x - x_1)^2 + (y - y_1)^2$$

oder

$$e = \sqrt{(x - x_1)^2 + (y - y_1)^2}.$$

Die allgemeine Geltung der zu Grunde gelegten Formeln lässt dieses Resultat als unabhängig von der besonderen Lage der Punkte P und P_1 erscheinen.

B. Ist das Coordinatensystem ein schiefwinkliges mit dem Coordinatenwinkel ω, so führt das im Vorigen angewendete Verfahren bei Benutzung der Gleichung 8) in § 2 zu dem Resultate:

2) $$e^2 = (x - x_1)^2 + (y - y_1)^2 + 2(x - x_1)(y - y_1) \cos \omega.$$

C. Sind endlich P und P_1 durch ihre Polarcoordinaten r, φ und r_1, φ_1 bestimmt, so dass z. B. $OP = r$ und $\angle MOP = \varphi$, so lässt sich die in diesen Werthen ausgedrückte Entfernung leicht aus der Gleichung 1) ableiten. Werden nämlich die hierin enthaltenen Klammern aufgelöst, so ergiebt sich durch Substitution der in den Formeln 3) und 4) des vorigen Paragraphen enthaltenen Werthe mit Hülfe der goniometrischen Relation

$$cos\,(\varphi - \varphi_1) = cos\,\varphi \cdot cos\,\varphi_1 + sin\,\varphi \cdot sin\,\varphi_1$$
das Resultat:
$$3) \qquad e^2 = r^2 + r_1{}^2 - 2\,r\,r_1\,cos\,(\varphi - \varphi_1).$$

Da dasselbe unmittelbar dem Dreiecke $P\,O\,P_1$ entnommen werden kann, so lässt sich der im Vorigen enthaltene Gedankengang auch umkehren. Setzt man nämlich den der Figur entnommenen Werth von e^2 in Nr. 3) dem unter 1) aufgestellten gleich, so erhält man nach Auflösung der Klammern und Streichung der nach der Formel 4) in § 2 gleichen Werthe zunächst:

$$2\,r\,r_1\,cos\,(\varphi - \varphi_1) = 2\,x\,x_1 + 2\,y\,y_1.$$

Mit Benutzung der Gleichungen 3) des vorigen Paragraphen gelangt man hieraus zu der goniometrischen Formel für den Cosinus der Winkeldifferenz zurück.

II. **Aus den Coordinaten der Punkte P und P_1 den Flächeninhalt des zwischen diesen beiden Punkten und dem Coordinatenanfange enthalteneu Dreiecks zu berechnen** (Fig. 6).

Behalten wir alle früheren Bezeichnungen bei und setzen ausserdem die Fläche des zu berechnenden Dreiecks $= \varDelta$, so giebt bei Anwendung von Polarcoordinaten die Figur für die doppelte Fläche den Ausdruck
$$4) \qquad 2\,\varDelta = r\,r_1\,sin\,(\varphi - \varphi_1),$$

unter der Voraussetzung, dass $\varphi > \varphi_1$ und dabei die Differenz der beiden Anomalieen kleiner als 180^0 ist. Ueberschreitet die Differenz den letzteren Werth, so ist die kleinere Anomalie in den Minuenden zu setzen, wenn man ein negatives Resultat vermeiden will, welches übrigens seinem absoluten Werthe nach den gesuchten Flächeninhalt ebenfalls richtig darstellen würde. Die Vergleichung der beiden im Vorigen erwähnten Fälle führt zu dem Resultate, dass die Gleichung 4) allgemein die Dreiecksfläche darstellt, sobald man mit P denjenigen der beiden Punkte bezeichnet, welcher bei Umgehung des Dreiecksumfanges in der für die Messung des Winkels φ festgestellten Drehrichtung dem Coordinatenanfang O vorhergeht.

Wollen wir jetzt zu rechtwinkligen Coordinaten übergehen, so ist $sin\,(\varphi - \varphi_1)$ zu entwickeln, worauf die Formeln 3) des vorigen Paragraphen benutzt werden können. Wir erhalten:

$$2\,\varDelta = r\,sin\,\varphi \cdot r_1\,cos\,\varphi_1 - r\,cos\,\varphi \cdot r_1\,sin\,\varphi_1$$

und hieraus:

5) $2 \varDelta = y x_1 - x y_1.$

Fig. 6 führt unmittelbar zu demselben Resultate, wenn man das Dreieck $P O P_1$ als Differenz des rechtwinkligen Dreiecks $O P M$ und des Vierecks $O P_1 P M$ auffasst und letzteres wieder in das rechtwinklige Dreieck $O P_1 M_1$ und das Trapez $M_1 P_1 P M$ zerlegt. Dann ist

$$2 \varDelta = x y - x_1 y_1 - (y + y_1) (x - x_1)$$

und die Ausführung der in den Klammern angedeuteten Multiplication leitet zu der Gleichung 5) zurück.

Der letztere Weg ist noch insofern von Interesse, als, wenn man auf ihm zu der genannten Formel gelangt und dieselbe dann mit der oben gewonnenen Gleichung 4) zusammenstellt, sich hierdurch der Ausdruck für den Sinus einer Winkeldifferenz finden lässt. Man erhält nämlich bei Division durch $r r_1$

$$sin \, (\varphi - \varphi_1) \doteq \frac{y}{r} \cdot \frac{x_1}{r_1} - \frac{x}{r} \cdot \frac{y_1}{r_1},$$

und dies giebt mit Benutzung der schon mehrfach gebrauchten Relationen zwischen Polar- und rechtwinkligen Coordinaten:

$$sin \, (\varphi - \varphi_1) = sin \, \varphi \cdot cos \, \varphi_1 - cos \, \varphi \cdot sin \, \varphi_1.$$

Bei Anwendung schiefwinkliger Coordinaten mit dem Coordinatenwinkel ω sind in der obigen Gleichung

$$2 \varDelta = r \, sin \, \varphi \cdot r_1 \, cos \, \varphi_1 - r \, cos \, \varphi \cdot r_1 \, sin \, \varphi_1$$

die in Nr. 6) des vorigen Paragraphen enthaltenen Werthe zu substituiren. Nach Streichung der sich aufhebenden Glieder bleibt dann das Resultat:

6) $2 \varDelta = (y x_1 - x y_1) \, sin \, \omega.$

III. Wir sind jetzt in den Stand gesetzt, den Flächeninhalt eines beliebigen Dreiecks zu berechnen, wenn die Parallelcoordinaten seiner drei Eckpunkte gegeben sind.

Die Eckpunkte heissen P, P_1, P_2, ihre Coordinaten der Reihe nach x, x_1, x_2 und y, y_1, y_2; die Dreiecksfläche werde wieder mit $\varDelta$ bezeichnet. Verschieben wir beide Achsen parallel zu sich selbst, bis der Punkt P_2 Coordinatenanfang wird, so sollen ξ, η und ξ_1, η_1 die auf das neue System bezogenen Coordinaten der Punkte P und P_1 sein.

Wird zunächst ein rechtwinkliges Coordinatensystem angewendet, so ergiebt sich aus Formel 5)

$$2\,\varDelta = \eta\,\xi_1 - \xi\,\eta_1.$$

Nach Analogie der bei Aufgabe I. unter A. angestellten Betrachtungen ist aber

$$\xi = x - x_2, \qquad \eta = y - y_2,$$
$$\xi_1 = x_1 - x_2, \qquad \eta_1 = y_1 - y_2;$$

folglich erhält man:

$$2\,\varDelta = (y - y_2)(x_1 - x_2) - (x - x_2)(y_1 - y_2)$$

und nach Ausführung der Rechnung und geänderter Ordnung der einzelnen Glieder:

7) $\qquad 2\,\varDelta = (y x_1 - x y_1) + (y_1 x_2 - x_1 y_2) + (y_2 x - x_2 y)$

oder auch:

8) $\qquad 2\,\varDelta = y(x_1 - x_2) + y_1(x_2 - x) + y_2(x - x_1).$

Beide Formeln sind so gesetzmässig gebildet, dass sie ohne Weiteres hingeschrieben werden können, wenn man den Kreislauf beachtet, welcher im Wechsel der Stellenzeiger der einzelnen Coordinaten stattfindet. Je nachdem man bei der Numerirung der einzelnen Eckpunkte dieselben nach der einen oder nach der entgegengesetzten Richtung durchläuft, erhält man für den Flächeninhalt einen positiven oder einen negativen Ausdruck; aus der oben bei Gleichung 4) gemachten Bemerkung kann leicht abgeleitet werden, dass jedesmal ein positives Resultat entsteht, wenn man die drei Eckpunkte des Dreiecks mit P, P_1 und P_2 in der Reihenfolge bezeichnet, nach welcher sie zu durchlaufen sind, wenn die Drehrichtung mit derjenigen übereinstimmen soll, welche die positive Seite der y-Achse auf dem kürzesten Wege in die Lage der positiven x-Achse überführt.

Wiederholen wir die vorhergehende Untersuchung für ein schiefwinkliges Coordinatensystem, so geht die Gleichung 6) in den der Formel 8) entsprechenden Ausdruck:

9) $\qquad 2\,\varDelta = [y(x_1 - x_2) + y_1(x_2 - x) + y_2(x - x_1)]\,sin\,\omega$

über, worin ω den Coordinatenwinkel bezeichnet.

Wird in Nr. 7) und 9) die Fläche $\varDelta = 0$ gesetzt, so ergiebt sich als Bedingungsgleichung dafür, dass die drei Punkte P, P_1 und P_2 in einer geraden Linie liegen, die Formel:

10) $y(x_1 - x_2) + y_1(x_2 - x) + y_2(x - x_1) = 0.$

Soll endlich der Flächeninhalt des Dreiecks in Polarcoordinaten ausgedrückt werden, so gelangt man zu der hierfür geltenden Formel am einfachsten, wenn man in der Gleichung 7) die rechtwinkligen Coordinaten in polare umwandelt. Die Auffindung des Resultates, von welchem in den späteren Theilen des Lehrbuches kein weiterer Gebrauch gemacht wird, kann der Selbstübung des Lesers überlassen bleiben.

IV. Eine im Folgenden mehrfach zur Anwendung kommende Aufgabe verlangt: den Mittelpunkt P der geraden Verbindungslinie zweier durch Parallelcoordinaten bestimmten Punkte P_1 und P_2 in Coordinaten desselben Systems auszudrücken.

Um sogleich zu möglichst allgemeinen Resultaten zu gelangen, geben wir dem Coordinatenwinkel XOY in Fig. 7 eine beliebige Grösse. Die Coordinaten der Punkte P, P_1 und P_2 werden wie in der vorigen Aufgabe bezeichnet und beide Achsen wieder parallel zu sich selbst verlegt, so dass P_2 Coordinatenanfang wird. Im neuen Systeme erhalten die Coordinaten der Punkte P und P_1 ebenfalls die obigen Bezeichnungen.

Fig. 7.

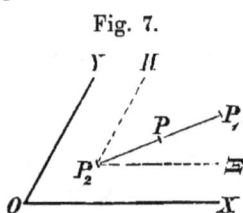

Betrachtet man zunächst $P_2 \Xi$ als Achse eines polaren Coordinatensystems mit dem Anfangspunkte P_2, wobei die Anomalieen in der Drehrichtung von $P_2 \Xi$ nach $P_2 H$ gezählt werden sollen, und bezeichnet man in diesem Systeme die Coordinaten der Punkte P und P_1 mit r, φ und r_1, φ_1, so lauten die Bedingungen der gestellten Aufgabe:

$$\varphi = \varphi_1, \qquad r = \tfrac{1}{2} r_1.$$

In Verbindung mit den Gleichungen 7) in § 2 folgt hieraus:

$$\xi = \tfrac{1}{2}\xi_1, \qquad \eta = \tfrac{1}{2}\eta_1,$$

also auch:

$$x - x_2 = \frac{x_1 - x_2}{2}, \qquad y - y_2 = \frac{y_1 - y_2}{2},$$

und nach Reduction auf x und y:

11) $$x = \frac{x_1 + x_2}{2}, \qquad y = \frac{y_1 + y_2}{2}.$$

V. Verallgemeinern wir die vorhergehende Aufgabe dahin, die Lage des Punktes P in der Verbindungslinie zwischen P_1 und P_2 so zu bestimmen, dass das Verhältniss

$$P_2 P : P_2 P_1 = 1 : n$$

stattfindet, so erhalten wir mit Beibehaltung der vorigen Bezeichnungen:

$$\xi = \frac{1}{n}\,\xi_1, \qquad \eta = \frac{1}{n}\,\eta_1,$$

also auch:

$$x - x_2 = \frac{x_1 - x_2}{n} \text{ und } y - y_2 = \frac{y_1 - y_2}{n},$$

und hieraus:

12) $$x = \frac{x_1 + (n-1)\,x_2}{n}, \qquad y = \frac{y_1 + (n-1)\,y_2}{n}.$$

Diese Resultate finden eine interessante Anwendung in der folgenden Aufgabe, welche als eine neue Verallgemeinerung von Nr. IV. betrachtet werden kann:

Wenn die n Punkte P_1, P_2, ... P_{n-1}, P_n nach ihrer Lage gegen ein Parallelcoordinatensystem gegeben sind, so wird nach der Bedeutung des Punktes P gefragt, dessen Coordinaten die arithmetischen Mittel für die entsprechenden Coordinaten der gegebenen Punkte darstellen.

Sind x_m und y_m die Coordinaten eines Punktes P_m, so gelten nach der gestellten Aufgabe für den zu untersuchenden Punkt die Gleichungen:

$$x = \frac{x_1 + x_2 + \ldots + x_{n-1} + x_n}{n}, \qquad y = \frac{y_1 + y_2 + \ldots + y_{n-1} + y_n}{n}.$$

Setzen wir zur Abkürzung

$$x' = \frac{x_1 + x_2 + \ldots + x_{n-1}}{n-1}, \qquad y' = \frac{y_1 + y_2 + \ldots + y_{n-1}}{n-1},$$

so hat der Punkt P', dem diese Coordinaten zukommen, dieselbe Bedeutung für die $n-1$ Punkte P_1, P_2, ... P_{n-1}, welche P für alle n Punkte besitzt. Aus der Gleichung

$$(n-1)\,x' = x_1 + x_2 + \ldots + x_{n-1}$$

folgt dann in Verbindung mit dem Werthe von x:

13) $$x = \frac{x_n + (n-1)\,x'}{n}.$$

In ganz gleicher Weise führen die Werthe von y und y' zu dem Resultate:

14) $$y = \frac{y_n + (n-1)\,y'}{n}.$$

Die Vergleichung der Ausdrücke 13) und 14) mit Nr. 12) zeigt eine vollkommene Uebereinstimmung in der Form. Gehen wir daher auf die den Gleichungen 12) zu Grunde liegende Bedingung zurück, so zeigt sich, dass der Punkt P in der Verbindungslinie zwischen P' und P_n gelegen ist und dabei die Proportion

$$P'P : P'P_n = 1 : n$$

stattfindet. — Wird jetzt der Reihe nach $n = 2, 3, 4$ u. s. f. gesetzt, so gelangt man zu folgender Construction des Punktes P:

Man verbinde P_1 und P_2 geradlinig und theile die Verbindungslinie $P_1 P_2$ in zwei gleiche Theile. Der gefundene Theilpunkt, den wir P' nennen wollen, wird mit P_3 verbunden und hierauf die Linie $P'P_3$ in drei gleiche Theile getheilt; der zunächst an P' liegende Theilpunkt heisse P''. Theilt man jetzt $P''P_4$ in vier gleiche Theile, so erhält man in dem zunächst an P'' gelegenen Theilpunkte einen Punkt, dessen Verbindungslinie mit P_5 in fünf gleiche Theile zu theilen ist u. s. f. Der Fortgang dieses Verfahrens ist leicht zu übersehen und giebt schliesslich bei Theilung der letzten Verbindungslinie in n gleiche Theile den gesuchten Punkt P. Fig. 8

Fig. 8.

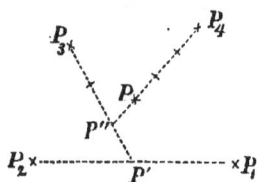

zeigt die Ausführung der Construction für vier gegebene Punkte P_1, P_2, P_3 und P_4.

Es ist zu beachten, dass die im Vorigen gefundene constructive Darstellung des gesuchten Punktes sich völlig unabhängig von der besonderen Lage des der Aufgabe zu Grunde gelegten Coordinatensystems zeigt. Für welche zwei Achsen wir daher auch die Bedingungen der Aufgabe als gegeben betrachten mögen, so wird doch der zu construirende Punkt derselbe bleiben, wenn nur die n bestimmenden Punkte ihre Lage in der Ebene nicht ändern Nehmen wir das Coordinatensystem rechtwinklig an, so gelangen wir zu dem Resultate, dass die Entfernung des unserer Aufgabe entsprechenden Punktes von jeder Geraden in der Ebene seiner Bestimmungspunkte das arithmetische Mittel der Abstände dieser Punkte von derselben Linie bildet. Wir nennen ihn mit Rücksicht auf diese Eigenschaft den **Punkt der mittleren Entfernung*** für das gegebene Punktsystem.

Noch ist zu bemerken, dass bei Ausführung der besprochenen Construction die Reihenfolge, in welcher die gegebenen Punkte benutzt werden, keinen Einfluss auf das gesuchte Resultat ausüben kann. Der Umstand, dass durch Aenderung dieser Reihenfolge an der Grundbedingung der Aufgabe nichts geändert wird, liefert den Beweis für die aufgestellte Behauptung.

§ 4.
Transformation der Parallelcoordinaten.

Häufig wird es bei analystischen Untersuchungen nothwendig, die Coordinaten zu **transformiren**, d. h. die auf ein gegebenes System bezogenen Coordinaten eines Punktes in Coordinaten eines neuen Systems auszudrücken. Die einfachsten hierher gehörigen Fälle sind in § 2 besprochen und in den vorigen Aufgaben zur Anwendung gebracht worden. Es erübrigt uns noch eine Ergänzung, wobei wir uns jedoch lediglich auf Parallelcoordinaten beschränken, was deshalb völlig ausreichend ist, weil die wenig vorkommende Aufgabe der Transformation von Polarcoordinaten leicht durch Vermittelung von Hülfssystemen rechtwinkliger Parallelcoordinaten bewältigt werden kann.

Man gelangt von einem gegebenen Parallelcoordinatensysteme zu jedem andern in derselben Ebene gelegenen durch parallele Verschiebung und durch Drehung der Achsen, von welchen zwei Fällen der erstere bereits in § 2 erledigt wurde.

Fig. 9.

Was die Achsendrehung betrifft, so betrachten wir zunächst den **Uebergang von einem rechtwinkligen Systeme zu einem beliebigen andern mit demselben Anfangspunkte.**

Die x-Achse des rechtwinkligen Systems OX und OY in Fig. 9 ist um den

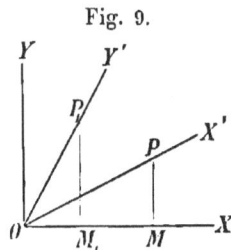

---

* Derselbe ist identisch mit dem Schwerpunkte gleicher in den n Punkten befindlichen Massen.

Winkel $XOX' = \alpha$ gedreht worden, wobei dieser Winkel nach Art der Polarwinkel von 0 bis 360^0 gezählt werden soll. Für einen in der neuen x-Achse gelegenen Punkt P bilden dann $OP = x'$ und der Winkel α die Polarcoordinaten, während $OM = x$ und $MP = y$ die zugehörigen rechtwinkligen Coordinaten darstellen. Nach Nr. 3) in § 2 ist daher

$$x = x' \cos \alpha, \quad y = x' \sin \alpha.$$

Wird ferner der Winkel XOY' oder die Anomalie der neuen y-Achse mit β bezeichnet, so folgt in ganz gleicher Weise für einen in dieser Achse gelegenen Punkt P_1

$$x = y' \cos \beta, \quad y = y' \sin \beta,$$

wobei wir $OP_1 = y'$, $OM_1 = x$ und $M_1 P_1 = y$ setzen.

Fig. 10.

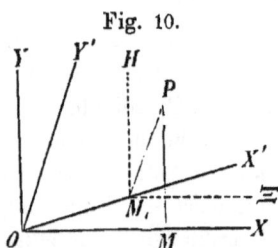

Für einen beliebigen Punkt P in Fig. 10 seien $OM = x$ und $MP = y$ die ursprünglichen rechtwinkligen Coordinaten, dagegen $OM_1 = x'$ und $M_1 P = y'$ die Coordinaten in dem durch Achsendrehung entstandenen neuen Systeme. Denken wir uns YOX parallel zu sich selbst in die Lage $HM_1 \Xi$ verschoben, so sind nach dem Vorigen $x' \cos \alpha$ und $x' \sin \alpha$ die rechtwinkligen Coordinaten des neuen Anfangspunktes, $y' \cos \beta$ und $y' \sin \beta$ aber die Coordinaten des Punktes P im Systeme $M_1 \Xi$ und $M_1 H$, wobei α und β die früheren Bedeutungen behalten. Nach Nr. 1) und 2) in § 2 ist demnach:

1) $\qquad \begin{cases} x = x' \cos \alpha + y' \cos \beta \\ y = x' \sin \alpha + y' \sin \beta. \end{cases}$

Die rechten Seiten dieser Gleichungen enthalten die Projectionen der aus x' und y' zusammengesetzten gebrochenen Linie $OM_1 P$ auf die x- und y-Achse; beide Gleichungen liefern daher den in der Anmerkung zu Seite 13 angeführten Satz über die Projection einer gebrochenen Linie.

Betrachten wir jetzt einige specielle Fälle.

A. Wird nur eine der beiden Achsen geändert, so ist, wenn man $\alpha = 0$ setzt, also die x-Achse beibehält,

2) $\qquad x = x' + y' \cos \beta, \qquad y = y' \sin \beta.$

Ebenso ergiebt sich unter Beibehaltung der y-Achse aus der Substitution $\beta = 90^0$:

3) $x = x' \cos \alpha, \qquad y = x' \sin \alpha + y'.$

B. Soll das neue System gleichfalls ein rechtwinkliges sein, so ist, wenn hierbei beide Achsen nach derselben Seite hin um den Winkel α gedreht werden, $\beta = 90^0 + \alpha$ zu setzen. Man erhält dann:

4) $x = x' \cos \alpha - y' \sin \alpha, \qquad y = x' \sin \alpha + y' \cos \alpha.$

Der Fall, wo die Drehung der y-Achse in einem der Drehung der x-Achse entgegengesetzten Sinne bis dahin geschieht, wo der Coordinatenwinkel wieder ein rechter geworden ist, ergiebt sich hieraus einfach durch Aenderung der Vorzeichen von y'.

C. Der neue Coordinatenwinkel sei 2γ und werde von der früheren x-Achse halbirt, so dass β in γ und α in $360^0 - \gamma$ übergeht. Diese Substitutionen geben mit Aushebung gemeinschaftlicher Factoren:

5) $x = (y' + x') \cos \gamma, \qquad y = (y' - x') \sin \gamma.$

Uebergang von einem schiefwinkligen Coordinatensysteme zu einem beliebigen andern mit demselben Anfangspunkte.

Das System OX und OY (Fig. 11) habe den Coordinatenwinkel ω und wir behalten im Uebrigen die früheren Bezeichnungen bei, so dass z. B. in der vorliegenden Figur $\beta - \alpha$ den neuen Coordinatenwinkel $Y'OX'$ darstellt. Nehmen wir ein drittes Coordinatensystem zu Hülfe, welches neben der Achse OX die darauf rechtwinklige OH besitzt, und setzen $NP = M_1 P_1 = \eta$, so folgt in gleicher Weise wie bei Fig. 9:

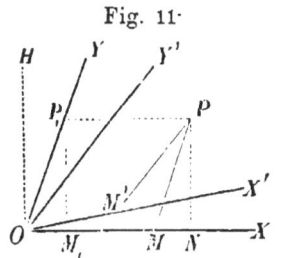

Fig. 11·

$$\eta = y \sin \omega.$$

Zu gleicher Zeit erhalten wir aus der zweiten Gleichung unter Nr. 1)

$$\eta = x' \sin \alpha + y' \sin \beta$$

und aus Verbindung der beiden letzten Formeln die Gleichung

$$y \sin \omega = x' \sin \alpha + y' \sin \beta,$$

der in gleicher Weise wie den unter Nr. 1) aufgeführten Formeln eine auf Projection bezügliche Deutung untergelegt werden kann.

Insofern die Achsen OX und OY in ihrer Bezeichnung vertauscht werden können, gilt ebenso die Relation:

$$x \sin \omega = x' \sin \alpha' + y' \sin \beta',$$

wenn wir uns unter α' und β' die von den neuen Achsen und OY eingeschlossenen, in entgegengesetzter Richtung mit α und β zu messenden Winkel vorstellen. Dann ist aber $\alpha + \alpha' = \beta + \beta' = \omega$, also $\alpha' = \omega - \alpha$ und $\beta' = \omega - \beta$, und man erhält hierdurch:

$$x \sin \omega = x' \sin (\omega - \alpha) + y' \sin (\omega - \beta).^*$$

Die hier entwickelten Resultate führen zu den Transformationsformeln:

6)
$$
\begin{cases}
x = x' \dfrac{\sin (\omega - \alpha)}{\sin \omega} + y' \dfrac{\sin (\omega - \beta)}{\sin \omega} \\[2ex]
y = x' \dfrac{\sin \alpha}{\sin \omega} + y' \dfrac{\sin \beta}{\sin \omega},
\end{cases}
$$

von denen man zu den unter Nr. 1) gewonnenen wieder zurückgehen kann, wenn man $\omega = 90^0$ setzt.

Wird in den Formeln unter 6) $\beta = 90^0 + \alpha$ gesetzt, so wird das neue Coordinatensystem ein rechtwinkliges, und man erhält für diesen Fall:

7)
$$
\begin{cases}
x = x' \dfrac{\sin (\omega - \alpha)}{\sin \omega} - y' \dfrac{\cos (\omega - \alpha)}{\sin \omega} \\[2ex]
y = x' \dfrac{\sin \alpha}{\sin \omega} + y' \dfrac{\cos \alpha}{\sin \omega},
\end{cases}
$$

woraus für $\omega = 90^0$ wieder die Gleichungen 4) hervorgehen.

Wir gelangen jetzt zu den allgemeinsten Relationen für Umwandlung von Parallelcoordinaten, wenn wir mit der Aenderung der Achsenrichtung noch die Verlegung des Coordinatenanfangspunktes verknüpfen. Bezeichnen a und b die im ursprünglichen Systeme gemessene Abscisse und Ordinate des neuen

---

* Die Formel: $\alpha + \alpha'' = \omega$ gilt, streng genommen, nur so lange, als OX', wie in Fig. 11, innerhalb des Winkels ω liegt, so dass $\alpha < \omega$ ist. Für $\alpha > \omega$ ergiebt sich, wenn man α' immer in der obigen Drehrichtung misst: $\alpha - (360^0 - \alpha') = \omega$ oder $\alpha + \alpha' = 360^0 + \omega$. Dadurch wird aber die Richtigkeit des gefundenen Resultates nicht beeinträchtigt, weil Winkeln, die um eine ganze Umdrehung verschieden sind, dieselben gonometrischen Functionen zukommen. Gleiches gilt für β und β'.

Anfanges, so giebt die Verbindung der Formeln 6) mit den bereits mehrfach benutzten für parallele Achsenverschiebung:

$$8) \quad \begin{cases} x = a + x' \dfrac{sin\,(\omega - \alpha)}{sin\,\omega} + y' \dfrac{sin\,(\omega - \beta)}{sin\,\omega} \\[2mm] y = b + x' \dfrac{sin\,\alpha}{sin\,\omega} + y' \dfrac{sin\,\beta}{sin\,\omega}. \end{cases}$$

Ist hierbei das ursprüngliche Coordinatensystem ein rechtwinkliges, so entstehen, indem man entweder sogleich von den Gleichungen 1) ausgeht oder auch in den jetzt gefundenen $\omega = 90^0$ setzt, die einfacheren Beziehungen:

$$9) \quad \begin{cases} x = a + x'\,cos\,\alpha + y'\,cos\,\beta \\ y = b + x'\,sin\,\alpha + y'\,sin\,\beta. \end{cases}$$

Bemerkenswerth ist für die Anwendung der in diesem Paragraphen gefundenen Transformationsformeln, dass sie in Beziehung auf die in ihnen enthaltenen Coordinaten sämmtlich Gleichungen ersten Grades darstellen. Es genügt zur Bestätigung dieser Bemerkung, die Form der Gleichungen unter Nr. 8) zu betrachten, welche als die allgemeinsten alle übrigen in sich schliessen.

Zweites Capitel.

Die gerade Linie.

---

§ 5.

Gleichungsformen der geraden Linie.

Die charakteristische Eigenschaft der geraden Linie, dass sie durchaus nach einer und derselben Richtung verläuft, lässt sich am einfachsten in der Sprache der analytischen Geometrie ausdrücken, wenn man irgend einen ihrer Punkte zum Pole eines Polarcoordinatensystems wählt. Bezeichnet unter dieser Voraussetzung α den zwischen 0 und 180^0 gelegenen und in der Drehrichtung der Polarwinkel gemessenen Winkel, welchen die Gerade mit der Achse des benutzten Systems bildet, so wird die Lage aller ihrer Punkte durch die Gleichung

$$\varphi = \alpha$$

ausgedrückt, sobald man ebensowohl negative als positive Leitstrahlen zulässt.

Gehen wir jetzt zu einem Parallelcoordinatensysteme über, dessen positive Seite der x-Achse unter Beibehaltung des Poles als Coordinatenanfang mit der Achse des Polarsystems zusammenfällt, so folgt bei Anwendung rechtwinkliger Coordinaten aus Nr. 5) in § 2

$$\frac{y}{x} = tan\,\alpha$$

als diejenige Gleichung, durch welche die beiden Coordinaten jedes einzelnen Punktes der in Rede stehenden Linie von einander abhängen. Der Winkel α ist hierbei spitz oder stumpf, je nachdem die durch den Coordinatenanfang gehende Gerade innerhalb der beiden

von den Achsen gebildeten Felder liegt, welchen gleiche Vorzeichen der Coordinaten zukommen, oder im anderen Falle die beiden übrigen Felder durchschneidet. Bezeichnen wir zur Abkürzung
tan α mit dem Buchstaben A, so geht die obige Gleichung in

1) $$y = A x$$

über. — Genau dieselbe Gleichungsform kann auch benutzt werden,
um bei Anwendung schiefwinkliger Coordinaten Abscisse und
Ordinate jedes Punktes von einander abhängig zu machen, der sich
in einer durch den Anfangspunkt des Systems gezogenen Geraden
befindet. Lassen wir nämlich der x-Achse die oben angegebene Lage
und bezeichnen wie früher den Coordinatenwinkel mit ω, so ergiebt
sich für diesen Fall aus den Formeln 7) in § 2

$$\frac{y}{x} = \frac{\sin \alpha}{\sin (\omega - \alpha)},$$

wo wieder $\dfrac{\sin \alpha}{\sin (\omega - \alpha)}$ einen für den ganzen Verlauf der geraden
Linie unveränderlichen Werth besitzt, den wir nur mit A zu be-
zeichnen brauchen, um auf's Neue zur Gleichung 1) zu gelangen.
Setzen wir $\omega - \alpha = \beta$, so ist β der von der y-Achse und der Geraden eingeschlossene Winkel, der aber negativ in Rechnung gezogen
werden muss, wenn $\alpha > \omega$, d. h. wenn die Gerade diejenigen von
den Achsen gebildeten Felder durchschneidet, in welchen den Coordinaten der darin enthaltenen Punkte verschiedene Vorzeichen zugehören. Der Zahlwerth A hat mit Einführung der gewählten Bezeichnung die allgemeine Bedeutung

2) $$A = \frac{\sin \alpha}{\sin \beta},$$

und es ist hierin immer $\alpha + \beta = \omega$, ferner α zwischen den Grenzen
0 und 180⁰ und β zwischen ω und ω — 180⁰ enthalten. Für ein
rechtwinkliges Coordinatensystem sind α und β Complementwinkel,
wodurch man zu der Gleichung $A = tan α$ zurückkommt. — Wir
wollen der beständigen oder constanten Grösse A, da sie einzig
von der Richtung der geraden Linie gegen das Coordinatensystem
abhängt, den Namen Richtungsconstante geben.

In Uebereinstimmung mit der am Schlusse von § 1 gemachten
Bemerkung nennen wir die Formel $y = A x$, welche auch in $x = \dfrac{y}{A}$
umgeformt werden kann, die Gleichung einer durch den Co-

ordinatenanfang gehenden Geraden, insofern sie dazu
dient, um bei gegebener Richtung der Linie die veränderlichen
oder variabelen (laufenden) Coordinaten jedes ihrer Punkte von
einander abhängig zu machen. Setzen wir nach einander $\alpha = 0$ und
$\alpha = \omega$, wobei β die Werthe ω und 0 annimmt, so geht das erste
Mal A in 0 und das andere Mal in ∞ über und man erhält, wenn
man im zweiten Falle die Form $x = \dfrac{y}{A}$ zur Anwendung bringt,

$$y = 0 \text{ und } x = 0$$

als Gleichungen der x- und y-Achse, wie schon in § 1 unter Nr. 5)
aus dem Begriffe der Coordinaten hergeleitet wurde. — Als ein
zweites Beispiel wählen wir die Gleichungen der beiden (auf einander
senkrechten) Geraden, welche den Coordinatenwinkel und seinen
Nebenwinkel halbiren. Für die erste derselben ist $\beta = \alpha$, also
$A = 1$, für die zweite $\beta = -(180^0 - \alpha)$ und $A = -1$, wonach sich

$$y = x \text{ und } y = -x$$

als Gleichungen dieser beiden Linien ergeben.

Wir gelangen jetzt dazu, die allgemeine Gleichung einer
in beliebigen Punkten die Coordinatenachsen schneidenden Geraden
festzustellen, wenn wir eine der beiden Achsen parallel zu sich selbst
in den Durchschnittspunkt der zu untersuchenden Geraden und der
anderen Achse verschieben.

Fig. 12.

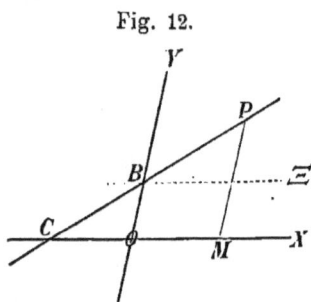

PC in Fig. 12 sei die gegebene
Linie, welche die Coordinatenachsen
in den Punkten C und B schneidet.
Wir verschieben die x-Achse in die
Lage $B \,\Xi$, so ist, wenn η die auf
das neue System bezogene Ordinate
des beliebigen Punktes P, und
$OM = x$ seine Abscisse, ferner A
die Richtungsconstante der Geraden
PC bezeichnet,

$$\eta = A x.$$

Da durch die parallele Achsenverschiebung die zur Bestimmung
von A dienenden Winkel nicht geändert werden, so behält die Richtungsconstante auch für die ursprüngliche Lage der x-Achse ihren
Werth bei und wir gelangen nach den bereits oft angewendeten

Sätzen für Verlegung der Achsen zu dem ursprünglichen Systeme zurück, wenn wir $y = \eta + b$ setzen, wo $b = OB$ die Ordinate des Durchschnittspunktes der Geraden und der y-Achse ausdrückt. Als allgemeine Gleichung der geraden Linie erhalten wir hiernach:

$$3) \qquad\qquad y = Ax + b.$$

Die von uns eingeführte Bedeutung der constanten Grösse b findet hierin ihre Bestätigung, wenn wir $x = 0$ setzen, indem sich dann $y = b$ als Ordinate des in der y-Achse gelegenen Punktes der Geraden ergiebt. In gleicher Weise findet sich, wenn a die Abscisse des in der x-Achse gelegenen Punktes C bezeichnet,* aus der Substitution $y = 0$

$$4) \qquad\qquad Aa + b = 0 \ \text{ oder } A = -\frac{b}{a}.$$

Schaffen wir mittelst der ersten dieser beiden Formeln aus der Gleichung 3) die Grösse b hinweg, so lässt sie sich in

$$5) \qquad\qquad x = \frac{y}{A} + a$$

umwandeln. Dieselbe Gleichung entsteht unmittelbar, wenn man anfänglich die x-Achse ungeändert lässt, dagegen die y-Achse parallel zu sich selbst nach C verschiebt.

Die vorhergehenden Entwickelungen der allgemeinen Gleichung der geraden Linie in der Form unter Nr. 3) oder der daraus hergeleiteten unter 5) scheinen insofern noch eine Lücke zu enthalten, als die dabei angewendete Verlegung einer der beiden Coordinatenachsen ihre Anwendbarkeit versagt, wenn die Gerade zur anderen Achse parallel liegt. Demohngeachtet behalten auch hier die allgemeinen Formeln ihre Giltigkeit, wie sich zeigt, wenn wir in 5) $A = \infty$ und in 3) $A = 0$ einsetzen. Die durch diese Substitutionen gewonnenen Gleichungen

$$x = a \ \text{ und } \ y = b$$

kommen nämlich auf die bereits in den §§ 1 und 2 für Parallelen zu den Coordinatenachsen gefundenen Formeln zurück.

In Nr. 3) und 5) wurde die Gleichung der Geraden von der Richtung der Linie (mittelst der Constanten A) und der Lage eines

---

* Nach der Anlage von Fig. 12 muss darin a als Abscisse eines auf der Seite der negativen x gelegenen Punktes einen negativen Werth erhalten.

ihrer Punkte (mittelst der Constanten b oder a) abhängig gemacht; zu einer mehr symmetrisch gestalteten Gleichungsform gelangen wir jedoch, wenn wir die Gerade durch ihre beiden in den Achsen gelegenen Punkte fixiren oder, mit anderen Worten, die Gleichung einzig von den Constanten a und b abhängig machen. Wird zu diesem Endzwecke in der Formel $y = Ax + b$ aus Nr. 4) der Werth $A = -\dfrac{b}{a}$ substituirt, so lässt sich die hierdurch entstandene Gleichung leicht in

$$6) \qquad\qquad \frac{x}{a} + \frac{y}{b} = 1$$

umgestalten — eine Gleichungsform der geraden Linie, die sich unter Anderem noch dadurch empfiehlt, dass die Bedeutung der in ihr enthaltenen beständigen Grössen a und b (Coordinaten der Durchschnittspunkte mit den Achsen) von dem angewendeten Coordinatenwinkel völlig unabhängig bleibt. Der Fall des Parallelismus der Geraden zu einer der beiden Achsen ist in dieser Gleichung eingeschlossen, wenn man für ihn den Durchschnittspunkt mit der parallelen Achse in eine unendliche Entfernung versetzt, wie sich aus den Substitutionen $b = \infty$ oder $a = \infty$ herleiten lässt.

Der allgemeinen Anwendbarkeit der letzten Gleichung steht einzig der Umstand entgegen, dass sie sich nicht unmittelbar für den Fall einer durch den Coordinatenanfang gehenden Geraden anwenden lässt, was ohne alle Rechnung schon daraus folgt, dass dann die beiden zur Bestimmung dienenden Punkte in einen übergehen.

Eine weitere Verallgemeinerung der in Nr. 3) und 6) gewonnenen Gleichungsformen der geraden Linie gewähren die beiden folgenden Fundamentalaufgaben.

I. Es soll die Gleichung einer Geraden gefunden werden, deren Richtung gegen die Achsen bestimmt ist und welche durch einen gegebenen Punkt $x_1 y_1$* geht.

Aus den mit den Coordinatenachsen gebildeten Winkeln α und β ergiebt sich ohne Weiteres die Richtungsconstante $A = \dfrac{\sin\alpha}{\sin\beta}$, oder bei Anwendung von rechtwinkligen Coordinaten $A = \tan\alpha$.

---

* Wir nennen zur Abkürzung einen Punkt xy, wenn x und y seine Parallelcoordinaten bezeichnen. Bei Anwendung von Polarcoordinaten kann in gleicher Weise von einem Punkte $r\varphi$ gesprochen werden.

Die zu suchende Gleichung der Geraden hat nun nach 3) die Form:

$$y = Ax + b,$$

in welcher der Werth von b unbestimmt bleibt. Die Bedingung, dass x_1 und y_1 die Coordinaten eines Punktes dieser Geraden sein sollen, führt zu der zweiten Gleichung:

$$y_1 = Ax_1 + b,$$

in welcher A und b dieselben Werthe wie vorher besitzen müssen und woraus in Verbindung mit der vorigen Gleichung das unbestimmte b durch Subtraction eliminirt werden kann. Man erhält dann:

7) $$y - y_1 = A(x - x_1)$$

als Resultat der gestellten Aufgabe. Setzt man hierin nach einander $y = 0$ und $x = 0$, so findet man leicht als Coordinaten für die auf den Achsen gelegenen Punkte der in Rede stehenden Geraden:

8) $$a = x_1 - \frac{y_1}{A}, \quad b = y_1 - Ax,$$

welche beiden Werthe übrigens nur Umformungen der Gleichungen 5) und 3) darstellen.

II. Es soll die Gleichung derjenigen Geraden gesucht werden, welche die Punkte $x_1 y_1$ und $x_2 y_2$ in sich enthält.

Zu der die gerade Linie charakterisirenden Formel

$$y = Ax + b$$

treten hier die beiden Bedingungsgleichungen:

$$y_1 = Ax_1 + b$$
$$y_2 = Ax_2 + b,$$

aus denen in gleicher Weise, wie in der vorigen Aufgabe

$$y_1 - y_2 = A(x_1 - x_2)$$

hergeleitet wird. Hieraus findet sich zunächst für die Richtungsconstante der durch die beiden gegebenen Punkte gehenden Geraden

9) $$A = \frac{y_1 - y_2}{x_1 - x_2}$$

und durch Einsetzung dieses Werthes in die Formel 7), welche die Gleichungen aller den Punkt $x_1 y_1$ in sich enthaltenden Geraden umfasst, als Gleichung der gesuchten Linie:

10) $$y - y_1 = \frac{y_1 - y_2}{x_1 - x_2}(x - x_1).$$

Die Substitutionen $y = 0$ und $x = 0$ geben für die Coordinaten
der beiden auf den Achsen gelegenen Punkte:

11) $$a = \frac{x_2 y_1 - x_1 y_2}{y_1 - y_2}, \qquad b = \frac{y_2 x_1 - y_1 x_2}{x_1 - x_2}.$$

Insofern die Gleichung 10) die gegenseitige Abhängigkeit der
Coordinaten x und y jedes mit $x_1 y_1$ und $x_2 y_2$ in derselben Geraden
gelegenen Punktes enthält, ist sie zugleich der analytische Ausdruck
dafür, dass drei Punkte in einer geraden Linie liegen. Wenn
wir sie zu diesem Zwecke in die Form:

12) $$(x - x_1) : (x_1 - x_2) = (y - y_1) : (y_1 - y_2)$$

bringen, giebt sie die für drei in einer geraden Linie gelegenen
Punkte charakteristische Eigenschaft, dass ihre Abscissendiffe-
renzen den entsprechenden Ordinatendifferenzen proportional sein müssen. — Wandelt man endlich die letzte Proportion in eine Productgleichung um, so findet sich nach einigen
Reductionen die bereits in Nr. 10) des § 3 gewonnene Formel wieder, deren geometrische Deutung das Resultat ausspricht, dass die
zwischen den drei Punkten enthaltene Dreiecksfläche gleich Null ist.

§ 6.
Zwei Gerade.

Sind zwei gerade Linien durch ihre Gleichungen für Parallelcoordinaten gegeben, so entsteht die Frage nach der gegenseitigen
Richtung dieser Linien und, wenn sie sich schneiden, nach der
Lage ihres Durchschnittspunktes. Wir beginnen mit der letzten
dieser beiden Untersuchungen.

I. Es seien
$$y = A_1 x + b_1$$
$$y = A_2 x + b_2$$

die Gleichungen der beiden gegebenen Geraden, so müssen für die
Coordinaten eines gemeinschaftlichen Punktes beide Formeln gleichzeitig ihre Giltigkeit behalten. Die Berechnung dieser Coordinaten
kommt daher einzig darauf hinaus, ein x und y zu finden, welches
beiden Gleichungen Genüge leistet. Da wir es hierbei nur mit
Gleichungen ersten Grades zu thun haben, so kann die

Rechnung für jede der beiden Unbekannten nur e i n e n Werth geben; sie führt daher zu dem Resultate zurück, dass zwei nicht zusammenfallende Gerade nicht mehr als e i n e n gemeinschaftlichen Punkt besitzen können. Für seine Coordinaten findet sich nach den gewöhnlichen Eliminationsmethoden aus den obigen Gleichungen:

$$1) \qquad x = \frac{b_2 - b_1}{A_1 - A_2}, \qquad y = \frac{A_1 b_2 - A_2 b_1}{A_1 - A_2}.$$

Hierbei verdienen folgende Fälle besondere Erwähnung:

α. Ist $b_1 = b_2$, so ist $x = 0$, d. h. der Durchschnittspunkt liegt in der Ordinatenachse. In der That bezeichneten aber auch die beständigen Grössen b_1 und b_2 die Lage der in der y-Achse gelegenen Punkte beider Geraden, so dass bei Uebereinstimmung dieser Werthe die beiden Linien durch denselben Punkt der genannten Achse gehen müssen.

β. Wenn $A_1 b_2 = A_2 b_1$, so ist $y = 0$, d. h. der gemeinschaftliche Punkt liegt in der Abscissenachse. Wir übersehen sofort die Richtigkeit dieses Resultates, wenn wir die gewonnene Bedingungsgleichung in die Form: $-\frac{b_1}{A_1} = -\frac{b_2}{A_2}$ bringen, worin nach Nr. 4) des vorigen Paragraphen die gleichen Grössen die Abscissen der in der x-Achse gelegenen Punkte bezeichnen.

γ. Für $A_1 = A_2$ erhalten beide Coordinaten unendliche Werthe, d. h. der Durchschnittspunkt liegt in unendlicher Entfernung. Wegen Uebereinstimmung der Richtungsconstanten ist dies der Fall des Parallelismus beider Geraden.

δ. Wenn irgend zwei von den drei vorhin genannten Beziehungen gleichzeitig stattfinden, so ist $A_1 = A_2$ und auch $b_1 = b_2$, und man erhält für beide Coordinaten die unbestimmte Form $\frac{0}{0}$. Dann sind aber auch die Gleichungen beider Geraden identisch, weshalb letztere in a l l e n Punkten zusammenfallen müssen.

Sind die Gleichungen der beiden Linien in der Form

$$\frac{x}{a_1} + \frac{y}{b_1} = 1$$

$$\frac{x}{a_2} + \frac{y}{b_2} = 1$$

gegeben, so findet man ebenfalls durch Elimination als Coordinaten des Durchschnittspunktes:

2) $x = \dfrac{a_1 a_2 (b_1 - b_2)}{a_2 b_1 - a_1 b_2}$, $y = \dfrac{b_1 b_2 (a_1 - a_2)}{b_2 a_1 - b_1 a_2}$.

Dasselbe Resultat kann auch aus den Gleichungen 11) des vorigen Paragraphen abgeleitet werden, sobald man die Gleichung einer Geraden auf die Form

$$\alpha x + \beta y = 1$$

bringt, worin α und β die reciproken Werthe von a und b darstellen. Die in Nr. 11) § 5 gelöste Aufgabe kommt dann darauf hinaus, Werthe von α und β zu finden, welche den Gleichungen

$$\alpha x_1 + \beta y_1 = 1$$
$$\alpha x_2 + \beta y_2 = 1$$

genügen, während jetzt der Werth von x und y aus dem Gleichungssysteme

$$\alpha_1 x + \beta_1 y = 1$$
$$\alpha_2 x + \beta_2 y = 1$$

abgeleitet werden soll. Da die letzteren beiden Gleichungen aus den beiden vorhergehenden durch einfache Vertauschung der Buchstaben α und x, sowie β und y hervorgehen, so kann durch eine gleiche Vertauschung das Resultat der einen Aufgabe aus dem der anderen abgeleitet werden. Giebt man zu diesem Zwecke den Gleichungen 11) des vorhergehenden Paragraphen die Form

$$\alpha = \dfrac{y_1 - y_2}{x_2 y_1 - x_1 y_2}, \qquad \beta = \dfrac{x_1 - x_2}{y_2 x_1 - y_1 x_2},$$

so erhält man hieraus in der angegebenen Weise als Resultat der jetzigen Aufgabe:

$$x = \dfrac{\beta_1 - \beta_2}{\alpha_2 \beta_1 - \alpha_1 \beta_2}, \qquad y = \dfrac{\alpha_1 - \alpha_2}{\beta_2 \alpha_1 - \beta_1 \alpha_2}.$$

Durch Substitution von $\alpha_1 = \dfrac{1}{a_1}$, $\beta_1 = \dfrac{1}{b_1}$ u. s. f. gelangt man hiervon zu den Gleichungen 2). — Bemerkenswerth ist die letztere Ableitung insofern, als sie ein einfaches Mittel an die Hand giebt, die auf den Durchschnitt von geraden Linien bezüglichen Aufgaben auf die Lage von Punkten in einer geraden Linie zurückzuführen. Aus der in Nr. 10) des § 3 enthaltenen Bedingung für die Lage dreier Punkte in einer geraden Linie erhält man z. B. durch die im Vorigen

enthaltene Methode als Bedingungsgleichung dafür, dass d r e i G e-
r a d e d u r c h d e n s e l b e n P u n k t h i n d u r c h g e h e n:

$$\beta\,(\alpha_1 - \alpha_2) + \beta_1\,(\alpha_2 - \alpha) + \beta_2\,(\alpha - \alpha_1) = 0$$

oder nach Einführung der Werthe von α, β u. s. f.

3) $\qquad \dfrac{1}{b}\left(\dfrac{1}{a_1} - \dfrac{1}{a_2}\right) + \dfrac{1}{b_1}\left(\dfrac{1}{a_1} - \dfrac{1}{a}\right) + \dfrac{1}{b_2}\left(\dfrac{1}{a} - \dfrac{1}{a_1}\right) = 0.$

II. Soll der Winkel δ gefunden werden, den zwei gegebene
Gerade einschliessen, so verschiebe man beide Linien parallel zu
sich selbst in einen und denselben Punkt der x-Achse, wodurch
ihre gegenseitige Lage nicht geändert wird. Sind dann α_1 und α_2
die im früher festgestellten Sinne gemessenen Winkel, welche beide
Gerade mit der x-Achse einschliessen, so erhält man in jedem Falle:

$$tan\,\delta = \pm\,tan\,(\alpha_1 - \alpha_2).$$

Um in dieser Gleichung die Richtungsconstanten A_1 und A_2 der
beiden Geraden einzuführen, beschränken wir uns zunächst auf
r e c h t w i n k l i g e C o o r d i n a t e n, weil bei deren Anwendung die
einfachsten Beziehungen zwischen den Constanten A_1 und A_2 und
den Winkeln α_1 und α_2 stattfinden. Dann ist: $tan\,\alpha_1 = A_1$ und
$tan\,\alpha_2 = A_2$, und es folgt hieraus:

4) $\qquad\qquad tan\,\delta = \pm\,\dfrac{A_1 - A_2}{1 + A_1 A_2}.$

Der Doppelwerth von $tan\,\delta$ kann hier als einem spitzen und einem
stumpfen Winkel zugehörig betrachtet werden, und giebt somit die
von den beiden Geraden gebildeten Nebenwinkel. Wo nur der spitze
Werth verlangt wird, ist dasjenige Vorzeichen zu wählen, durch
welches $tan\,\delta$ einen positiven Ausdruck erlangt. — Folgende zwei
Fälle verdienen besondere Beachtung:

α. Ist $A_1 = A_2$, so wird $tan\,\delta = 0$, also $\delta = 0$ oder $\delta = 180^0$,
wodurch wir auf die schon oben besprochene Bedingung des P a-
r a l l e l i s m u s z w e i e r G e r a d e n zurückgeführt werden.

β. Wenn $1 + A_1 A_2 = 0$, wobei nicht gleichzeitig $A_1 = A_2$ sein
kann, so wird $tan\,\delta = \infty$, also $\delta = 90^0$; d i e b e i d e n L i n i e n
d u r c h s c h n e i d e n s i c h d a h e r r e c h t w i n k l i g. Man findet
dann:

5) $\qquad\qquad A_1 = -\dfrac{1}{A_2}, \quad A_2 = -\dfrac{1}{A_1},$

d. h. zwei Gerade stehen bei Anwendung von rechtwinkligen Parallelcoordinaten senkrecht aufeinander, wenn ihren Richtungsconstanten
reciproke Werthe mit entgegengesetzten Vorzeichen zukommen. —
Setzen wir, sobald die Gleichungen der beiden Geraden in der Form

$$\frac{x}{a_1} + \frac{y}{b_1} = 1 \quad \text{und} \quad \frac{x}{a_2} + \frac{y}{b_2} = 1 \text{ gegeben sind, nach § 5 Nr. 4)}$$

$$A_1 = -\frac{b_1}{a_1} \text{ und } A_2 = -\frac{b_2}{a_2}, \text{ so geht die Bedingungsgleichung für}$$

den rechtwinkligen Durchschnitt in $a_1 a_2 + b_1 b_2 = 0$ über. — An
die letzten Betrachtungen schliessen sich folgende zwei Aufgaben:

A. Es soll die Gleichung einer Geraden gefunden
werden, die durch einen Punkt $x_1 y_1$ geht und eine gegebene Gerade $y = Ax + b$* rechtwinklig durchschneïdet.

Da die Gerade durch den Punkt $x_1 y_1$ gehen soll, so muss ihre
Gleichung die Form von Nr. 7) des vorigen Paragraphen besitzen.
Nach der zweiten gegebenen Bedingung erhält die Richtungscon-
stante den Werth: $-\frac{1}{A}$; die gesuchte Gleichung ist daher:

$$6) \qquad\qquad y - y_1 = -\frac{1}{A}(x - x_1).$$

Als specielles Beispiel hierzu wählen wir den Fall, wenn die
gegebene Gerade durch den Coordinatenanfang geht und den Winkel γ mit der x-Achse bildet, der gegebene Punkt aber in einem
Abstande d vom Coordinatenanfange auf der Geraden selbst liegt.
Unter diesen Bedingungen ist $A = tan\gamma$, und da d und γ die Polarcoordinaten des gegebenen Punktes darstellen, $x_1 = d\cos\gamma$, $y_1 = d\sin\gamma$;
man erhält also:

$$y - d\sin\gamma = -\frac{1}{tan\gamma}(x - d\cos\gamma)$$

oder nach Multiplication mit $\sin\gamma$ und einigen Umformungen:

$$x\cos\gamma + y\sin\gamma = d.$$

Wählt man jetzt die x-Achse des benutzten rechtwinkligen
Coordinatensystems zur Achse von Polarcoordinaten, mit Beibehal-
tung des Coordinatenanfanges, so ist nach den oft angewendeten
Transformationsformeln $x = r\cos\varphi$, $y = r\sin\varphi$ zu setzen. Für

---

* Wir bedienen uns von hier an der Abkürzung, eine Linie mit
ihrer Gleichung zu benennen.

Polarcoordinaten findet sich hieraus als Gleichung einer geraden Linie, welche durch die Coordinaten d, γ für den Fusspunkt des vom Pole auf sie gefällten Perpendikels bestimmt ist,

$$r \cos(\varphi - \gamma) = d.$$

Es wird keine Schwierigkeit gewähren, die Richtigkeit dieser Gleichung, welche d als Projection des Radiusvector darstellt, in einer dazu construirten Figur nachzuweisen.

B. Die Entfernung eines Punktes $x_1 y_1$ von der Geraden $y = Ax + b$ soll berechnet werden.

Bezeichnen wir mit x', y' die Coordinaten für den Fusspunkt des von $x_1 y_1$ auf die Gerade gefällten Perpendikels und mit e die gesuchte Entfernung, so ist, da unsere Aufgabe die Anwendung von rechtwinkligen Coordinaten voraussetzt, nach Nr. 1) in § 3

$$c^2 = (x' - x_1)^2 + (y' - y_1)^2.$$

Insofern nun der Punkt $x' y'$ ein Mal auf der gegebenen Geraden, ein anderes Mal auf dem erwähnten Perpendikel liegt, so gelten für seine Coordinaten die Gleichungen:

$$y' = Ax' + b$$

$$y' - y_1 = -\frac{1}{A}(x' - x_1),$$

von denen die letztere unmittelbar aus der vorhergehenden Aufgabe folgt. Wird die erstere in

$$y' - y_1 = A(x' - x_1) - (y_1 - Ax_1 - b)$$

umgeformt, und hierin mittelst der zweiten $y' - y_1$ eliminirt, so folgt:

$$x' - x_1 = \frac{A(y_1 - Ax_1 - b)}{1 + A^2},$$

und hieraus wieder nach der zweiten der oben für x' und y' gegebenen Gleichungen:

$$y' - y_1 = -\frac{(y_1 - Ax_1 - b)}{1 + A^2}.$$

Setzen wir die letzten beide Werthe in die Gleichung für e^2 ein, so ergiebt sich nach Absonderung der gemeinschaftlichen Factoren und nöthiger Hebung:

$$e^2 = \frac{(y_1 - Ax_1 - b)^2}{1 + A^2}$$

oder

$$e = \pm \frac{y_1 - (A x_1 + b)}{\sqrt{1 + A^2}},$$

wobei, sofern nur die absolute Grösse der Entfernung in Frage kommt, in jedem Falle das positive Resultat festzuhalten ist.

Beachtet man in dem gefundenen Ausdrucke, dass $A x_1 + b$ die der Abscisse x_1 zugehörige Ordinate für einen in der Geraden $y = A x + b$ gelegenen Punkt bezeichnet, so ist die Richtigkeit des Resultates leicht in Fig. 13 zu bestätigen. P_1 sei der gegebene Punkt, LL die gegebene Gerade, welche die x-Achse unter dem Winkel α schneidet, ferner $P_1 N$ die gesuchte Entfernung e. Da $OM = x_1$, so ist

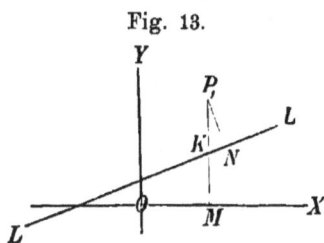

Fig. 13.

$MK = A x_1 + b$, und man erhält, durch Einsetzung von $\sqrt{1 + A^2}$ $= \sqrt{1 + tan^2 \alpha} = sec\,\alpha$, sofort: $e = \dfrac{MP_1 - MK}{sec\,\alpha}$ oder: $NP_1 = KP_1 . cos\,\alpha$, was unmittelbar mit der Figur übereinstimmt, wenn man die Gleichheit der Winkel $NP_1 K$ und α in Betracht nimmt.

Soll die Untersuchung über den von zwei Geraden eingeschlossenen Winkel auf schiefwinklige Coordinaten ausgedehnt werden, so sind zunächst unter Beibehaltung der früheren Bezeichnungen die Winkel α_1 und α_2 durch die Richtungsconstanten A_1 und A_2 auszudrücken. Nach der in Nr. 2, des § 5 gefundenen Formel ist, sobald der Coordinatenwinkel mit ω bezeichnet wird, mit Rücksicht auf die Bedeutung des dort angewendeten Winkels β die Constante

$A = \dfrac{sin\,\alpha}{sin\,(\omega - \alpha)}$ zu setzen. Wird hierin der Nenner entwickelt und Zähler und Nenner durch $cos\,\alpha$ dividirt, so entsteht:

$$A = \frac{tan\,\alpha}{sin\,\omega - tan\,\alpha\,cos\,\omega},$$

woraus man leicht zu dem Resultat gelangt:

8) $$tan\,\alpha = \frac{A\,sin\,\omega}{1 + A\,cos\,\omega}.$$

Unter Berücksichtigung der Gleichung $tan\,\delta = \pm\, tan\,(\alpha_1 - \alpha_2)$, sowie von Nr. 8) folgt nun:

$$\tan\delta = \pm\ \frac{\tan\alpha_1 - \tan\alpha_2}{1 + \tan\alpha_1\,.\,\tan\alpha_2}, \qquad \tan\alpha_1 = \frac{A_1\sin\omega}{1 + A_1\cos\omega},$$

$$\tan\alpha_2 = \frac{A_2\sin\omega}{1 + A_2\cos\omega}.$$

Durch Substitution der beiden letzten Werthe in die erste dieser Gleichungen entsteht nach den nöthigen Reductionen:

9) $$\tan\delta = \pm\ \frac{(A_1 - A_2)\sin\omega}{1 + (A_1 + A_2)\cos\omega + A_1 A_2}.$$

Wird hierin der Zähler $= 0$ gesetzt, so erhält man für den Fall des Parallelismus wieder die schon früher als allgemein giltig erkannte Formel: $A_1 = A_2$. Sollen dagegen die Geraden senkrecht auf einander stehen, so erwächst für diesen Fall die Bedingungsgleichung:

10) $$1 + (A_1 + A_2)\cos\omega + A_1 A_2 = 0.$$

Mit Einführung dieses Resultates können die im Vorhergehenden unter *A.* und *B.* gestellten Aufgaben für schiefwinklige Coordinaten gelöst werden. Wir unterlassen diese etwas umständlicheren Rechnungen, da das Vorhergehende hinreichen wird, die Ueberzeugung zu gewähren, dass für derartige Aufgaben die Anwendung rechtwinkliger Coordinaten zu grösserer Einfachheit führt.

§ 7.

Die allgemeine Gleichung des ersten Grades.

Die in den vorhergehenden Paragraphen angewendeten Gleichungsformen der geraden Linie besitzen sämmtlich das gemeinschaftliche Merkmal, dass sie in Beziehung auf die veränderlichen Parallelcoordinaten dem ersten Grade angehören. Es würde zur Bestätigung dieser Bemerkung vollkommen ausreichen, wenn sie sich für irgend eine Lage der Geraden gegen das Coordinatensystem als richtig erwiese. Von den für einen solchen besonderen Fall gefundenen Relationen, z. B. den für die Achsen selbst geltenden $x = 0$ und $y = 0$, gelangen wir nämlich zu den auf jede andere Lage bezüglichen Gleichungen mittelst der in § 4 aufgestellten Transformationsformeln. Da nun letztere selbst ersten Grades sind, so kann, wenn man sie mit der Gleichung der Geraden in Verbindung bringt, nach einem bekannten Satze der Algebra hierdurch der

Grad dieser Gleichung nicht abgeändert werden.* Im vorliegenden
Falle ist es nicht nöthig, auf diese allgemeine Bemerkung zurück
zugehen, da die für die gerade Linie aufgestellten Gleichungen sich
bereits als allgemein giltig erwiesen haben. — Es erübrigt noch die
wichtige Frage, ob die Wechselbeziehung zwischen den Eigenschaften einer geraden Linie und einer Gleichung ersten Grades für
die veränderlichen x und y eine so innige ist, dass, so oft sich eine
Gleichung dieser Art vorfindet, dieselbe als einer geraden Linie an-
gehörend betrachtet werden kann. Uutersuchen wir zu diesem Zwecke
die allgemeinste Form einer Gleichung ersten Grades zwischen zwei
veränderlichen Grössen.

Jede Gleichung ersten Grades zwischen x und y kann, wenn
man die mit gleichen Factoren versehenen Glieder in eines zusammenfasst, auf die Form

1) $$Ax + By + C = 0$$

gebracht werden, worin A**, B und C beliebige zwischen $-\infty$
und $+\infty$ gelegene beständige Coefficienten ausdrücken, von denen
nur A und B nicht gleichzeitig verschwinden dürfen. Betrachten
wir jetzt drei Punkte xy, $x_1 y_1$, $x_2 y_2$, deren Coordinaten sämmtlich
dieser Gleichung Genüge leisten sollen, so gelten für dieselben folgende Relationen:

$$Ax + By + C = 0$$
$$Ax_1 + By_1 + C = 0$$
$$Ax_2 + By_2 + C = 0,$$

aus denen, wenn man die erste derselben mit $x_1 - x_2$, die zweite
mit $x_2 - x$, die dritte mit $x - x_1$ multiplicirt, und die drei hierdurch erhaltenen Gleichungen addirt, das Resultat

---

* Es leuchtet sofort ein, dass durch Anwendung der dem ersten
Grade angehörenden Transformationsformeln der Grad einer algebraischen
Gleichung nicht erhöht werden kann; eine Erniedrigung in der Art,
dass etwa alle Glieder höheren Grades in Wegfall kämen, ist aber deshalb nicht möglich, weil dann bei der Rückkehr zum ursprünglichen
Systeme eine Erhöhung eintreten müsste.
** Es bedarf wohl kaum der Erinnerung, dass diese Constante A
im Allgemeinen nicht mit der Richtungsconstante der geraden Linie
verwechselt werden darf. Ausgenommen ist der einzige Fall, wenn
$B = -1$ und $C = b$, in welchem die obige Gleichung 1) mit Nr. 3) in
§ 5 identisch wird.

2) $\qquad B\left[y\left(x_1 - x_2\right) + y_1\left(x_2 - x\right) + y_2\left(x - x_1\right)\right] = 0$

hervorgeht. In gleicher Weise erhält man durch Multiplication der ersten Gleichung mit $y_2 - y_1$, der zweiten mit $y - y_2$, der dritten mit $y_1 - y$, und nachfolgende Addition:

$$A\left[x\left(y_2 - y_1\right) + x_1\left(y - y_2\right) + x_2\left(y_1 - y\right)\right] = 0,$$

oder bei geänderter Anordnung der Glieder:

3) $\qquad A\left[y\left(x_1 - x_2\right) + y_1\left(x_2 - x\right) + y_2\left(x - x_1\right)\right] = 0.$

Da nun wenigstens eine der Grössen A und B von 0 verschieden sein muss, so kann dem Zusammenbestehen der Gleichungen 2) und 3) nur genügt werden, wenn

$$y\left(x_1 - x_2\right) + y_1\left(x_2 - x\right) + y_2\left(x - x_1\right) = 0$$

ist, d. h. nach der geometrischen Bedeutung von Nr. 10) in § 3, wenn die drei Punkte in einer geraden Linie liegen. Insofern dies für je drei Punkte gilt, deren Coordinaten der Gleichung 1) Genüge leisten, so gehört diese selbst einer geraden Linie an.

Wenn die Lage aller Punkte einer Linie durch eine algebraische Gleichung n^{ten} Grades zwischen den veränderlichen Parallelcoordinaten bestimmt ist, so wird diese Linie selbst eine Linie n^{ten} Grades oder n^{ter} Ordnung genannt.* Die Gerade ist nach dem Vorhergehenden die einzige Linie erster Grades.**

Die in Nr. 1) aufgestellte allgemeinste Gleichungsform aller Linien erster Ordnung, d. h. aller Geraden, lässt sich, wenn man beiderseits durch eine der drei beständigen Grössen A, B, C (die aber von 0 verschieden sein muss) dividirt, immer so umgestalten, dass sie nur noch zwei Constanten, d. i. zwei der zwischen A, B und C bestehenden Verhältnisse, in sich enthält. Diese beiden Verhältnisse müssen entweder unmittelbar gegeben sein, wenn sich die Gleichung auf eine bestimmte Gerade beziehen soll, oder es sind die-

---

* Die Berechtigung, eine Linie nach dem Grade ihrer Gleichung zu benennen, erwächst daraus, dass nach der im Eingange dieses Paragraphen gemachten Bemerkung der Grad der für eine specielle Lage des Coordinatensystems gefundenen Gleichung auch bei Aenderung dieser Lage gewahrt bleibt und der Linie selbst als ein beständiges Merkmal anhaftet.

** Mit Beziehung hierauf hat eine Gleichung ersten Grades zwischen veränderlichen Zahlen den Namen lineare Gleichung erhalten.

selben aus zwei von einander unabhängigen Bedingungen zu berechnen. So führt die analytische Untersuchung darauf zurück, dass
eine Gerade unter Anderem durch ihre Richtung und einen Punkt,
durch zwei ihrer Punkte u. s. f. vollständig bestimmt ist. — Soll
demnach an einer gegebenen Gleichung ersten Grades die Untersuchung geführt werden, ob sie für ein bestimmtes Parallelcoordinatensystem zu einer gegebenen Geraden gehört oder nicht, so muss
es nach dem Vorhergehenden ausreichen, zu diesem Zwecke an zwei
Punkten der Linie die Probe zu machen. Es folgt hieraus, dass
eine Gleichung ersten Grades zwischen den veränderlichen x und y
den Coordinaten aller Punkte einer geraden Linie Genüge leistet,
sobald dies bei zweien dieser Punkte geschieht. Wäre z. B.,„um an
einen bereits behandelten Fall anzuknüpfen, die Gleichung

$$\frac{x}{a} + \frac{y}{b} = 1$$

nicht bereits als die einer Geraden bekannt, welche auf der x- und
y-Achse die Strecken a und b abschneidet, so würde dies ohne Weiteres daraus folgen, dass sie als Gleichung ersten Grades den Durchschnittspunkten der vorher erwähnten Linie mit den beiden Coordi-
natenachssn entspricht.

Werden die Gleichungen zweier Geraden durch Addition oder
Subtraction verbunden, wobei noch die eine mit einem beliebigen
Factor multiplicirt werden kann, so entsteht wieder eine Gleichung
ersten Grades, die von denselben x und y befriedigt wird, welche
b e i d e n ursprünglich gegebenen Gleichungen Genüge leisten. Die
durch die neue Gleichung charakterisirte Gerade muss sich demnach
mit den beiden ersten Geraden in e i n e m Punkte schneiden.

Sind z. B. die Gleichungen der beiden Geraden in der Form

$$y = A_1 x + b_1, \cdot \qquad y = A_2 x + b_2$$

gegeben, so möge die letztere mit dem unbestimmten Factor λ multiplicirt werden, worauf beide addirt werden sollen, um in dem hierdurch entstehenden Resultate

4) $$\qquad y\,(1 + \lambda) = x\,(A_1 + A_2\,\lambda) + b_1 + b_2\,\lambda$$

die Gleichung einer neuen Geraden zu erhalten, welche mit den
beiden ersten durch e i n e n Punkt geht. Bringen wir Nr. 4) in
die Form

5) $$y = \frac{A_1 + A_2\lambda}{1+\lambda} x + \frac{b_1 + b_2\lambda}{1+\lambda},$$

so stellt der Ausdruck $\frac{A_1 + A_2\lambda}{1+\lambda}$ für die neue Gerade die Richtungsconstante dar, welche mit Feststellung besonderer Werthe für das
bis jetzt unbestimmt gebliebene λ noch jede mögliche Grösse annehmen kann. Nr. 4) und 5) sind demnach Gleichungen aller derjenigen Geraden, welche durch den Durchschnittspunkt der beiden
gegebenen Linien hindurchgehen. Eine vollständige Bestimmtheit
tritt erst dann ein, wenn durch eine neu hinzutretende Bedingung
der Factor λ einen speciellen Zahlwerth erlangt. Ist z. B. die Richtung einer solchen Geraden durch die Constante A gegeben, so erhält man aus der Bedingung

$$A = \frac{A_1 + A_2\lambda}{1+\lambda}$$

für λ den Werth:

$$\lambda = \frac{A_1 - A}{A - A_2}$$

und durch Substitution in Nr. 5)

$$y = A x + \frac{b_1 (A - A_2) + b_2 (A_1 - A)}{A_1 - A_2}.$$

Die letzte Gleichung gehört also einer geraden Linie an, die
mit gegebener Richtungsconstante A durch den Durchschnittspunkt
der beiden Geraden $y = A_1 x + b_1$ und $y = A_2 x + b_2$ hindurchgeht.

Zur Einübung des im Vorhergehenden enthaltenen Verfahrens,
zu Gleichungen gerader Linien zu gelangen, welche mit zwei gegebenen Geraden einen gemeinschaftlichen Durchschnittspunkt besitzen, wählen wir die beiden Aufgaben des folgenden Paragraphen.

§ 8.

Aufgaben.

I. Durch die drei Eckpunkte eines Dreiecks ABC
(Fig. 14) sind drei in einem Punkte O sich schneidende
Gerade AD, BE, CF gezogen. Es soll untersucht wer-
den, in welchem Verhältnisse hierbei eine der drei
Dreiecksseiten getheilt wird, wenn die Theilungsver-
hältnisse der beiden anderen Seiten bekannt sind.

Fig. 14.

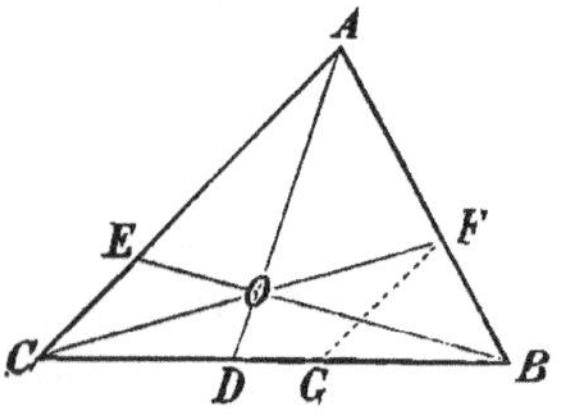

Wir wählen CB als x-Achse und CA als y-Achse eines Parallelcoordinatensystems mit dem Anfangspunkte C und gebrauchen die Bezeichnungen: $CB=a$, $CA=b$, $CD=a_1$, $CE=b_1$. Die Geraden AD und BE haben dann die Gleichungen:

$$\frac{x}{a_1}+\frac{y}{b}=1, \qquad \frac{x}{a}+\frac{y}{b_1}+1.$$

Wird die zweite von der ersten subtrahirt, so entsteht:

$$\frac{x\,(a-a_1)}{a\,a_1}-\frac{y\,(b-b_1)}{b\,b_1}=0.$$

Es ist dies die Gleichung einer Geraden, die mit AD und BE den Durchschnittspunkt O gemein hat und die, weil in ihr x und y gleichzeitig 0 werden, durch den Coordinatenanfang geht, oder mit anderen Worten: es ist die Gleichung von CF. Setzen wir darin zur Abkürzung $a-a_1=a_2$, $b-b_1=b_2$, so gelten für den Punkt F, welcher ausserdem noch auf der Geraden AB liegt, die Gleichungen:

$$\frac{x\,a_2}{a\,a_1}-\frac{y\,b_2}{b\,b_1}=0, \qquad \frac{x}{a}+\frac{y}{b}=1.$$

Durch Elimination von y ergiebt sich hieraus für die Abscisse des Punktes F:

$$x=\frac{a\,a_1\,b_2}{a_2\,b_1+a_1\,b_2}=CG,$$

und, wenn man diese Grösse von a subtrahirt,

$$a-x=\frac{a\,a_2\,b_1}{a_2\,b_1+a_1\,b_2}=GB.$$

Die Verbindung der letzten Resultate durch Division führt zu der Formel:

$$CG:GB=a_1\,b_2:a_2\,b_1=\frac{b_2}{b_1}:\frac{a_2}{a_1},$$

oder, wenn man $CG:GB$ mit dem gleichen Verhältnisse $AF:FB$ vertauscht und die Werthe von a_1, a_2, b_1 und b_2 einsetzt:

$$AF:FB=\frac{EA}{CE}:\frac{DB}{CD}.$$

Diese Proportion enthält die Lösung der gestellten Aufgabe.
Sind z. B. CA und CB in den Punkten E und D halbirt, so wird auch
$AF = FB$, was zu dem bekannten Satze führt, dass **die drei
Mittellinien eines Dreiecks** (die Geraden von den Eckpunkten nach den Mitten der Gegenseiten) **sich in einem Punkte
schneiden.** — Bemerkenswerth ist noch folgende Form, auf welche
die obige Proportion gebracht werden kann:

$$AF . BD . CE = FB . DC . EA.$$

Sie enthält den planimetrischen Lehrsatz: **Werden durch die
Eckpunkte eines Dreiecks drei in einem Punkte sich
schneidende Transversalen gezogen, so ist von den
auf den Gegenseiten gebildeten Abschnitten immer
das Product dreier nicht an einander stossenden dem
Producte der drei übrigen gleich.**

II. **Auf der Geraden** OA_2 (Fig. 15) **sind drei feste
Punkte** O, A_1, A_2 **gegeben. Durch dieselben werden
die beliebigen Geraden** OB_2, A_1C, A_2C **gezogen, die
sich in den Punkten** B_1, B_2 **und** C **schneiden. Wir verbinden** B_1 **mit** A_2, B_2 **mit** A_1 **geradlinig und endlich den
Durchschnittspunkt** D **der beiden letzten Linien mit
dem vorher gefundenen Punkte**   Fig. 15.
C. **Die Gerade** CD **schneidet die
Linie** OA_2 **im Punkte** A. **Es soll**
$OA = a$ **berechnet werden, wenn
die Strecken** $OA_1 = a_1$, $OA_2 = a_2$
gegeben sind.

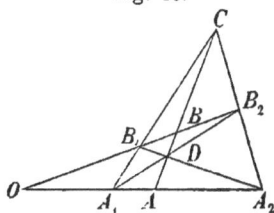

Wir wählen OA_2 zur x-Achse und
OB_2 zur y-Achse eines Parallelcoordi-
natensystems und setzen $OB_1 = b_1$, $OB_2 = b_2$. Dann sind die folgenden Gleichungen 1) bis 4) der Reihe nach die Gleichungen der
Geraden A_1C, A_2C, A_1B_2 und A_2B_1:

$$1)\quad \frac{x}{a_1} + \frac{y}{b_1} = 1 \qquad\qquad 3)\quad \frac{x}{a_1} + \frac{y}{b_2} = 1$$

$$2)\quad \frac{x}{a_2} + \frac{y}{b_2} = 1 \qquad\qquad 4)\quad \frac{x}{a_2} + \frac{y}{b_1} = 1.$$

Addirt man entweder 1) und 2) oder 3) und 4) und dividirt durch
2, so entsteht beide Male das Resultat:

5)
$$\frac{x\left(\dfrac{1}{a_1}+\dfrac{1}{a_2}\right)}{2}+\frac{y\left(\dfrac{1}{b_1}+\dfrac{1}{b_2}\right)}{2}=1.$$

Es ist dies die Gleichung einer Geraden, welche durch die Durchschnittspunkte von $A_1 C$ und $A_2 C$, sowie von $A_1 B_2$ und $A_2 B_1$ hindurchgeht, d. h. der Geraden AC. Hieraus findet sich für die auf der x-Achse abgeschnittene Strecke $OA = a$, wenn wir gleichzeitig $y = 0$ und $x = a$ setzen:

6)
$$\frac{1}{a}=\frac{\dfrac{1}{a_1}+\dfrac{1}{a_2}}{2}\quad\text{oder}\quad a=\frac{2\,a_1 a_2}{a_1 + a_2}.$$

In gleicher Weise führt, wenn wir $OB = b$ setzen, die Substitution $x = 0$ und $y = b$ in Nr. 5) zu dem Resultate:

7)
$$\frac{1}{b}=\frac{\dfrac{1}{b_1}+\dfrac{1}{b_2}}{2}\quad\text{oder}\quad b=\frac{2\,b_1 b_2}{b_1 + b_2}.$$

Bemerkenswerth ist hierbei, dass die Lage des Punktes A nur von der Lage der Punkte O, A_1 und A_2 abhängt, so das man immer auf denselben Punkt A stossen muss, nach welcher Richtung man auch bei Ausführung der in der Aufgabe vorgelegten Construction die Geraden OB_2, $A_1 C$ und $A_2 C$ gezogen haben mag. Gleiches gilt für den Punkt B, dessen Lage nur durch O, B_1 und B_2 bedingt ist.

Die Strecke OA bildet das sogenannte harmonische Mittel* zwischen OA_1 und OA_2. Nach den Eigenschaften der stetigen harmonischen Proportion folgt hieraus:

$$(OA_2 - OA) : (OA - OA_1) = OA_2 : OA_1$$

oder in Form einer Productgleichung:

8)
$$A_1 A \cdot OA_2 = OA_1 \cdot AA_2.$$

---

* Eine Zahl x wird das harmonische Mittel zwischen zwei Zahlen a und b, von denen $a > b$ sein mag, genannt, wenn

$$(a - x) : (x - b) = a : b,$$

d. h. wenn eine sogenannte stetige harmonische Proportion zwischen a, x und b stattfindet. Dann ist

$$x = \frac{2\,ab}{a + b}\quad\text{oder}\quad\frac{1}{x}=\frac{\dfrac{1}{a}+\dfrac{1}{b}}{2}.$$

Ueberhaupt stehen vier Zahlen a, b, c, d in harmonischer Proportion, wenn

$$(a - b) : (c - d) = a : d.$$

Da die Form der letzten Gleichung ungeändert bleibt, mögen die Punkte O, A_1, A, A_2 in der hier bezeichneten oder in der entgegengesetzten Reihenfolge durchlaufen werden, so lässt sich auch rückwärts schliessen, dass $A_1 A_2$ ebenfalls das harmonische Mittel zwischen $A A_2$ und $O A_2$ darstellen muss, ein Resultat, welches auch leicht durch Rechnung bestätigt werden kann.

Bei der durch die Gleichungen 6) und 8) näher bestimmten Lage werden die auf derselben Geraden gelegenen Punkte O, A_1, A und A_2 harmonische Punkte genannt, und zwar je zwei solche, die, wie O und A oder A_1 und A_2 einen dritten zwischen sich haben, zugeordnete oder conjugirte Punkte. Die von einem Paar conjugirter harmonischer Punkte begrenzte Strecke wird als in den beiden anderen Punkten harmonisch getheilt bezeichnet, wonach $O A$ in A_1 und A_2, $A_1 A_2$ in O und A harmonisch getheilt ist. Hierbei soll von den beiden conjugirten Punkten der vom anderen Paare eingeschlossene der innere, der andere der äussere genannt werden.

Nach den vorhergehenden Resultaten bildet auf der die harmonischen Punkte O, A_1, A und A_2 enthaltenden Strecke $O A_2$ die Entfernung von je zwei conjugirten Punkten das harmonische Mittel zwischen den Abständen jedes der beiden anderen Punkte vom äusseren des ersten conjugirten Paares. Nehmen wir aber darauf Rücksicht, dass in den obigen Gleichungen 1) bis 4) unter den Strecken a, a_1, a_2 auch negative Werthe vorkommen können, so lässt sich in dem vorhergehenden Satze der äussere Punkt des conjugirten Paares auch mit dem inneren vertauschen, sobald man nur entgegengesetzt gelegene Strecken mit entgegengesetzten Vorzeichen in Rechnung nimmt. Es wird hierzu genügen, wenn wir auf Fig. 16 verweisen, die mit Ausnahme der Bezeichnung eine Copie von Fig. 15 darstellt. Der Punkt O liegt jetzt zwischen A_1 und A_2; im Uebrigen sind alle durch die Aufgabe bedingten Constructionen wiederholt worden, um zum Punkte A zu gelangen. Werden die früheren Bezeichnungen hierher übertragen, so gelten wieder für $A_1 C$, $A_2 C$, $A_1 B_2$ und $A_2 B_1$ die Gleichungen 1) bis 4), wodurch auch die Relationen 5) bis 7) ihre Bestätigung erlangen. — Da nach der letzten dieser Gleichungen auch O, B_1, B und B_2

Fig. 16.

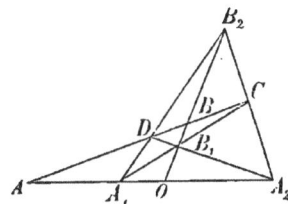

als harmonische Punkte erscheinen, so gilt in Fig. 15 dasselbe von
den Punkten A, D, B und C. Diese letzte Bemerkung gewährt ein
Mittel, alle vorhergehenden Untersuchungen über harmonische Theilung in einen einzigen Lehrsatz zusammenzufassen. Das von den
vier Geraden $A_1 C$, $A_2 C$, $A_1 B_2$, $A_2 B_1$ in Fig. 15 begrenzte geradlinige Gebilde stellt nämlich ein sogenanntes vollständiges Vier-
seit dar, dessen drei Diagonalen OA_2, OB_2, AC harmonisch getheilt sind. Diese Auffassung bringt das Resultat unserer Aufgabe
unter den Satz, dass jede der drei Diagonalen eines vollständigen Vierseits durch die beiden anderen in Punkten geschnitten wird, welche zu den Endpunkten jener
Diagonale harmonisch liegen und dabei conjugirte
sind. Mittelst dieses Satzes ist es leicht, zu je drei Punkten einer
Geraden einen vierten harmonisch gelegenen durch blose Anwendung des Lineals zu construiren.

Legt man vier von einem Punkte ausgehende Strahlen durch
vier harmonische Punkte, so führen diese Geraden den Namen harmonische Strahlen oder Harmonikalen und bilden zusammengenommen ein harmonisches Strahlenbüschel. Es wird
dabei nicht ausgeschlossen, dass die einzelnen Strahlen des Büschels
sich in unendlicher Entfernung schneiden oder parallel laufen können.
Von den Harmonikalen gilt der allgemeine Satz, dass ihre Durchschnitte mit jeder beliebigen Geraden harmonisch gelegene Punkte bilden. Betrachten wir, um diesen Satz zu be-

Fig. 17.

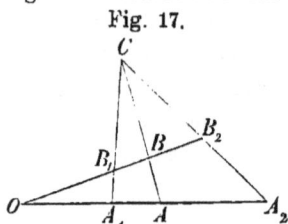

weisen, zunächst Fig. 17, worin O, A_1,
A und A_2 harmonische Punkte bilden
sollen, so dass CA_1, CA, CA_2 drei
Strahlen eines harmonischen Büschels
darstellen. Mit Beibehaltung der zu
Fig. 15 eingeführten Bezeichnungen
sind die obigen Gleichungen 1) und 2)

den Strahlen CA_1 und CA_2 angehörig. Da nun die durch Addition entstehende Gleichung 5) von den Punkten C und A befriedigt
wird, so bezieht sie sich auf alle Punkte des Strahles CA und giebt
für die Strecke OB mittelst der Substitution $x = 0$ wieder die Ausdrücke 7). Es ist also OB in B_1 und B_2 ebenfalls harmonisch getheilt. — Stellen wir jetzt in Fig. 18 das vollständige Strahlenbüschel dar, so folgt, wenn A, B, C und D harmonisch gelegen
sind, nach dem Vorhergehenden zunächst die harmonische Theilung

von AD_1 und hieraus wieder dasselbe
für die Punkte D_1, C_1, B_1 und A_1. —
Laufen ferner die Harmonikalen parallel,
so hat man nur beide Seiten der Gleichung

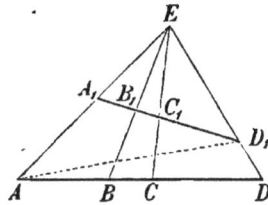

Fig. 18

$$BC \cdot AD = AB \cdot CD$$

in einem und demselben Verhältnisse
abzuändern, um rücksichtlich der mit
AB, BC, CD, AD proportionalen Strecken $A_1 B_1$, $B_1 C_1$, $C_1 D_1$,
$A_1 D_1$ zu der Gleichung

$$B_1 C_1 \cdot A_1 D_1 = A_1 B_1 \cdot C_1 D_1 \qquad .$$

zu gelangen. Hiermit ist dann ebenfalls die harmonische Lage der
Punkte A_1, B_1, C_1 und D_1 bewiesen.

Drittes Capitel.

Der Kreis.

§ 9.

Gleichungsformen des Kreises für rechtwinklige Coordinaten.

An die Betrachtung der geraden Linie, deren Eigenschaften wir aus der Beständigkeit des Polarwinkels in einem Polarcoordinatensysteme herleiteten, schliesst sich am einfachsten die Untersuchung derjenigen Linie, in welcher die Leitstrahlen constant sind. Dies ist aber der Kreis, dessen einzelne Punkte von dem hierbei als Pol angesehenen Mittelpunkte eine unveränderliche Entfernung haben. Soll diese Fundamentaleigenschaft des Kreises zum besseren Anschlusse an die vorhergehenden Discussionen auf Parallelcoordinaten bezogen werden, so kommt sie darauf hinaus, die Gleichung für den geometrischen Ort eines Punktes xy aufzustellen, dessen geradlinige Entfernung von dem durch seine Coordinaten a und b bestimmten Mittelpunkte eine constante Grösse (den Halbmesser k) besitzt. Wir beschränken uns hierbei vorläufig auf rechtwinklige Coordinaten, weil bei deren Anwendung die Entfernung zweier Punkte einen einfacheren Ausdruck gewinnt. Nach Nr. 1) in § 3 erhalten wir dann

$$1) \qquad (x - a)^2 + (y - b)^2 = k^2$$

als allgemeinste Gleichung des Kreises.

Besondere Formen dieser allgemeinen Gleichung werden dadurch gewonnen, dass man dem Coordinatensysteme eine bestimmte Lage gegen den Kreis einräumt. Folgende zwei Fälle verdienen hierbei besondere Beachtung.

A. Wird der Coordinatenanfang in den Mittelpunkt des Kreises verlegt, so ist $a = b = 0$. Hierdurch entsteht das Resultat:

$$2) \qquad x^2 + y^2 = k^2.$$

Wir wollen diese einfachste Form der Gleichung des Kreises mit Rücksicht auf die Lage des Coordinatenanfanges seine **Mittelpunktsgleichung** nennen. Insofern dieselbe in Beziehung auf jede der beiden veränderlichen Coordinaten eine rein quadratische Form besitzt, gehören in ihr jedem x zwei absolut gleiche, aber mit entgegengesetzten Vorzeichen behaftete y zu, und dasselbe findet bei den einem gegebenen y entsprechenden x statt, soweit sich überhaupt **reelle** Resultate vorfinden. Man erhält nämlich aus Nr. 2)

$$y = \pm \sqrt{k^2 - x^2} \text{ und } x = \pm \sqrt{k^2 - y^2},$$

was nur so lange mögliche Werthe giebt, als x und y zwischen den Grenzen $-k$ und $+k$ eingeschlossen sind. Aus den gleichen Doppelwerthen der x und y folgt die **Symmetrie** des Kreises gegen jeden der beiden zu Achsen gewählten Durchmesser, also auch **gegen alle Durchmesser**, da immer eine der beiden Achsen in beliebiger Richtung durch den Mittelpunkt gelegt werden kann.

Schreiben wir die Gleichung 2) in der Form

$$y^2 = (k + x)(k - x) \text{ oder } (k - x) : y = y : (k + x),$$

so zeigt sich y als mittlere Proportionale zwischen $k - x$ und $k + x$, was auf einen bekannten planimetrischen Lehrsatz hinauskommt.

B. Nimmt man einen Punkt der Peripherie zum Anfangspunkte und legt die positive Seite der x-Achse durch den Mittelpunkt, so ist $b = 0$ und $a = k$. Hieraus ergiebt sich nach Reduction auf y^2:

3) $$y^2 = 2kx - x^2.$$

Diese Gleichung soll **Scheitelgleichung** des Kreises genannt werden. Da sie nur in Beziehung auf y rein quadratisch ist, so hat bei der jetzigen Gestaltung des Coordinatensystems der Kreis nur noch gegen die x-Achse eine symmetrische Lage.

Bringen wir Nr. 3) auf die Form

$$x^2 + y^2 = 2kx$$

und beachten, dass $\sqrt{x^2 + y^2}$ die Entfernung des beliebigen Peripheriepunktes xy vom Coordinatenanfange ausdrückt, die wir zur Abkürzung mit r bezeichnen wollen, so können wir auch schreiben:

$$x : r = r : 2k.$$

Es wird keine Schwierigkeit darbieten, dieses Resultat in der Form eines bekannten planimetrischen Lehrsatzes zu deuten.

4*

Um zu allgemeinen Betrachtungen über den Kreis zu gelangen, kehren wir zunächst zu der in Nr. 1) aufgestellten allgemeinen Gleichung zurück und geben ihr mit Ausführung der darin angedeuteten Operationen die Gestalt:

4) $$x^2 + y^2 - 2ax - 2by + P = 0,$$

wobei zur Abkürzung

5) $$P = a^2 + b^2 - k^2$$

gesetzt worden ist. Es gilt vor allen Dingen, die geometrische Deutung dieser neu eingeführten Constanten P zu untersuchen. Halten wir hierbei fest, dass $\sqrt{a^2 + b^2}$ die Entfernung des Mittelpunktes ab vom Coordinatenanfange darstellt, die wir mit e bezeichnen wollen, so können wir auch schreiben:

6) $$P = e^2 - k^2.$$

Wir untersuchen nun folgende drei Fälle:

α. Ist $e > k$, so liegt der Anfangspunkt O ausserhalb des Kreises (Fig. 19).

Fig. 19.

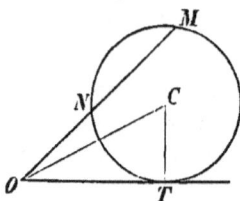

Verbinden wir O geradlinig mit dem Mittelpunkte C und ziehen die Tangente OT, so ist $OC = e$, $CT = k$, also:

$$P = e^2 - k^2 = \overline{OT}^2$$

oder nach einer bekannten Eigenschaft der Kreistangente:

$$P = OM \cdot ON,$$

wenn OM eine beliebige durch O gelegte Secante darstellt. P ist daher die sogenannte Potenz* des Coordinatenanfanges in Beziehung auf den Kreis:

Fig. 20.

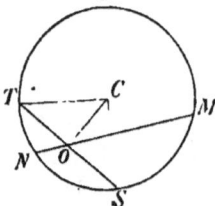

β. Wenn $e < k$, befindet sich der Anfangspunkt O innerhalb des Kreises (Fig. 20).

Wir legen rechtwinklig gegen CO die Sehne ST, so ist

$$P = - (k^2 - e^2) = - \overline{OT}^2$$

oder, da $OT = OS$, mit Rücksicht auf die Eigenschaft der in einem Punkte sich schneidenden Kreissehnen,

---

* Potenz eines Punktes in Beziehung auf einen Kreis heisst das Product der beiden zwischen ihm und dem Kreisumfange gelegenen Abschnitte jeder durch diesen Punkt gehenden geraden Linie.

$$P = - OS . OT = - OM . ON,$$

wo wieder MN eine beliebige durch O gezogene Sehne bezeichnen mag. P behält hiermit die vorhergehende Bedeutung, ist aber ne - gativ in Rechnung zu ziehen, da die beiden als Factoren der Po- tenz auftretenden Strecken eine entgegengesetzte Lage haben.

γ. Ist $e = k$, oder liegt der Anfangspunkt auf der Peripherie, so wird

$$P = 0,$$

was ebenfalls mit dem Begriffe der Potenz des Coordinatenanfanges zum Kreise insofern übereinstimmt, als hier einer der beiden Fac- toren in Null übergeht. *

Kehren wir von dem im Vorhergehenden enthaltenen Excurs zur Untersuchung der allgemeinen Kreisgleichung zurück, so lässt sich an den in Nr. 1) und 4) aufgestellten Formen das gemeinschaft- liche Merkmal festhalten, dass in beiden die Beschränkung auf einen bestimmten Kreis von drei Constanten a, b und k oder a, b und P abhängig gemacht ist, von denen P und k vermittelst der beiden andern Constanten a und b durch die Relation 5) an einander ge- bunden sind. Sobald nun diese beständigen Grössen nicht unmittel- bar gegebene Werthe besitzen, erfordern sie zu ihrer Feststellung drei von einander unabhängige Bedingungsgleichungen. Wir gewinnen so aus der Gleichungsform das Resultat, dass zur Be- stimmung eines Kreises drei Bedingungen nöthig sind. Untersuchen wir den Fall, wenn der Kreis durch drei gegebene Punkte $x_1 y_1$, $x_2 y_2$, $x_3 y_3$ hindurchgehen soll.

Zur Bestimmung der Constanten sind bei dieser Aufgabe unter Festhaltung der Form 4) folgende drei Gleichungen vor- handen:

$$x_1{}^2 + y_1{}^2 - 2 a x_1 - 2 b y_1 + P = 0$$
$$x_2{}^2 + y_2{}^2 - 2 a x_2 - 2 b y_2 + P = 0$$
$$x_3{}^2 + y_3{}^2 - 2 a x_3 - 2 b y_3 + P = 0.$$

Werden je zwei derselben von einander subtrahirt, so entstehen die neuen Relationen:

---

* Dieselben Resultate werden auch gewonnen, wenn man Nr. 6) in
$$P = (e + k)(e - k)$$
umformt. Hierbei sind $e + k$ und $e - k$ als Strecken auf der Verbin- dungsgeraden des Coordinatenanfanges und des Kreismittelpunktes zu deuten.

$$x_1{}^2 - x_2{}^2 + y_1{}^2 - y_2{}^2 - 2\,a\,(x_1 - x_2) - 2\,b\,(y_1 - y_2) = 0$$
$$x_2{}^2 - x_3{}^2 + y_2{}^2 - y_3{}^2 - 2\,a\,(x_2 - x_3) - 2\,b\,(y_2 - y_3) = 0$$
$$x_3{}^2 - x_1{}^2 + y_3{}^2 - y_1{}^2 - 2\,a\,(x_3 - x_1) - 2\,b\,(y_3 - y_1) = 0,$$

die so von einander abhängen, dass aus je zweien derselben die
dritte gewonnen wird, wenn man die ersteren addirt und nachher
sämmtliche Vorzeichen mit den entgegengesetzten vertauscht. Aus
jedem Paare dieser Gleichungen können daher die Constanten a und
b berechnet werden, womit die Lage des Mittelpunktes bestimmt ist.
Der Radius ergiebt sich dann als Entfernung des Punktes $a\,b$ von
einem der drei gegebenen Punkte. Wir wollen von dieser in der allgemeinen Ausführung etwas umständlichen, aber durchaus keine
Schwierigkeit darbietenden Rechnung absehen und dafür durch Betrachtung der Form der drei letzten Gleichungen zu einer einfacheren
Lösung zu gelangen suchen. Es genügt hierbei, nur eine dieser
Gleichungen ins Auge zu fassen, da sie mit Vertauschung der Stellenzeiger für die drei Punkte sämmtlich in der Form übereinstimmen.

Aus der ersten entsteht, wenn man gemeinschaftliche Factoren
aushebt und durch $- 2$ dividirt,

$$(x_1 - x_2)\left(a - \frac{x_1 + x_2}{2}\right) + (y_1 - y_2)\left(b - \frac{y_1 + y_2}{2}\right) = 0.$$

Hierin bedeuten nach § 3 Nr. 11) $\frac{x_1 + x_2}{2}$ und $\frac{y_1 + y_2}{2}$ die Coordi-

naten des Mittelpunktes der Verbindungsgeraden von $x_1\,y_1$ und $x_2\,y_2$,
die mit ξ und η bezeichnet werden sollen. Betrachten wir nun a und
b als veränderlich, so gehören sie einem Punkte der geraden Linie

$$(x_1 - x_2)\,(x - \xi) + (y_1 - y_2)\,(y - \eta) = 0$$

an, wo x und y die laufenden Coordinaten ausdrücken. Die letzte
Gleichung kann auf die Form

$$y - \eta = - \frac{x_1 - x_2}{y_1 - y_2}\,(x - \xi)$$

gebracht werden und zeigt nach Nr. 6) in § 6 die Gleichung einer
durch den Punkt $\xi\,\eta$ gehenden Geraden an, welche auf einer Geraden

mit der Richtungsconstante $\frac{y_1 - y_2}{x_1 - x_2}$ oder nach § 5 Nr. 9) auf der

Verbindungslinie von $x_1\,y_1$ und $x_2\,y_2$ senkrecht steht. So gelangen
wir zu dem bekannten Satze, dass der Mittelpunkt des durch drei

gegebene Punkte gehenden Kreises in den drei Perpendikeln gelegen ist, welche in den Mitten der diese drei Punkte verbindenden Sehnen errichtet werden können.

Ein zweites Merkmal, welches den für den Kreis aufgestellten Gleichungsformen anhaftet, ist, dass sie sämmtlich in Beziehung auf die laufenden Coordinaten dem zweiten Grade angehören. Die allgemeinste Gestalt einer Gleichung zweiten Grades zwischen den ver änderlichen x und y ist aber, wenn man jedesmal die mit gleichen Factoren versehenen Glieder in eines zusammenfasst:

7) $A x^2 + B y^2 + 2 C x y + 2 D x + 2 E y + F = 0$,

worin A, B, $C \ldots F$ beliebige zwischen $- \infty$ und $+ \infty$ gelegene beständige Coefficienten vertreten, von denen immer e i n e r, der jedoch von Null verschieden sein muss, durch Division entfernt werden kann. Soll es nun möglich sein, diese Gleichung 7) auf die in Nr. 4) gefundene Form der allgemeinen Kreisgleichung zurückzuführen, so ist die Erfüllung folgender Bedingungen nothwendig und ausreichend:

α. Die Coefficienten der Quadrate von x und y müssen gleich, aber von Null verschieden sein, also: $A = B \gtrless 0$.

β. Es darf nicht das Product der beiden Grössen x und y vorkommen, d. h. es muss $C = 0$ sein.

Unter diesen Bedingungen erhält man nämlich mittelst Division durch A aus Nr. 7)

$$x^2 + y^2 + 2 \frac{D}{A} x + 2 \frac{E}{A} y + \frac{F}{A} = 0,$$

eine Gleichung, die mit Nr. 4) vollständig übereinstimmt, wenn

$\dfrac{D}{A} = - a$, $\dfrac{E}{A} = - b$ und $\dfrac{F}{A} = P$ gesetzt wird. a und b bedeuten

dann die Coordinaten des Mittelpunktes eines durch die letzte Gleichung charakterisirten Kreises, dessen Radius mittelst der aus Nr. 5) folgenden Relation

$$k = \sqrt{a^2 + b^2 - P}$$

berechnet werden kann. Soll dieser Kreis möglich sein, so ist es noch nöthig, dass die Bedingung

$$a^2 + b^2 > P$$

erfüllt wird. Im gegentheiligen Falle ist kein Kreis, aber auch überhaupt keine Linie möglich.

Sobald nämlich $P = a^2 + b^2$, so entsteht aus Nr. 4)

$$(x - a)^2 + (y - b)^2 = 0,$$

ein Resultat, dem in reellen Zahlen nur genügt wird, wenn gleichzeitig $x = a$ und $y = b$ ist. Der Kreis schwindet dabei in e i n e n Punkt — den Mittelpunkt — zusammen.

Soll ferner $P > a^2 + b^2$ sein, so kann man

$$P = a^2 + b^2 + c^2$$

setzen, worin c eine reelle, von Null verschiedene Constante bezeichnet. Man erhält dann aus der in Untersuchung stehenden Gleichung

$$(x - a)^2 + (y - b)^2 + c^2 = 0.$$

Die dieser Gleichung zu Grunde liegende Forderung kann aber in reellen Zahlen nicht erfüllt werden, wenn nicht jedes Glied einzeln $= 0$ ist.

Wir erkennen hieraus, dass eine den beiden oben gegebenen Bedingungen entsprechende Gleichung zweiten Grades zwischen x und y, wenn überhaupt eine Linie, nothwendig einen Kreis geben muss. Zur Einübung dieses Gesetzes benutzen wir die folgenden beiden Aufgaben.

I. M a n s o l l d e n O r t d e r S c h e i t e l a l l e r d e r j e n i g e n D r e i e c k e s u c h e n, w e l c h e a u f e i n e r g e g e b e n e n G r u n d - l i n i e c s t e h e n u n d i n w e l c h e n d i e b e i d e n a n d e r e n S e i - t e n e i n c o n s t a n t e s V e r h ä l t n i s s $1 : \varepsilon$ b e s i t z e n.

Die Grundlinie c werde zur x-Achse und einer ihrer Endpunkte zum Coordinatenanfange gewählt. Bezeichnen nun für irgend eine Lage des Dreiecks x und y die Coordinaten des Scheitels, so sind die Längen der beiden anderen Dreiecksseiten (vgl. § 3 Nr. 1)

$$\sqrt{x^2 + y^2} \text{ und } \sqrt{(x - c)^2 + y^2},$$

und wenn sich diese wie $1 : \varepsilon$ verhalten, so entsteht als Gleichung des geometrischen Ortes

$$\varepsilon \sqrt{x^2 + y^2} = \sqrt{(x - c)^2 + y^2},$$

oder nach Quadrirung und Verbindung der gleichnamigen Glieder

8) $$(x^2 + y^2)(1 - \varepsilon^2) - 2cx + c^2 = 0$$

oder unter der Voraussetzung, dass ε einen von der Einheit verschiedenen Werth besitzt,

$$x^2 + y^2 - 2\frac{c}{1 - \varepsilon^2}x + \frac{c^2}{1 - \varepsilon^2} = 0.$$

Die letztere Form zeigt für den gesuchten Ort einen Kreis an, der zu Mittelpunktscoordinaten $a = \dfrac{c}{1 - \varepsilon^2}$ und $b = 0$ hat. Die Potenz des Coordinatenanfanges für diesen Kreis ist $\dfrac{c^2}{1 - \varepsilon^2}$, und man findet hieraus den Radius

$$k = \sqrt{\frac{c^2}{(1 - \varepsilon^2)^2} - \frac{c^2}{1 - \varepsilon^2}} = \frac{c\,\varepsilon}{1 - \varepsilon^2}$$

für den Fall, dass $\varepsilon < 1$. Im entgegengesetzten Falle ist das entgegengesetzte Vorzeichen zu wählen.

Wenn $\varepsilon = 1$, d. h. wenn die Dreiecke gleichschenklig sein sollen, verschwinden in der ersten Gleichungsform unter Nr. 8) die quadratischen Glieder und es bleibt für die gesuchte Ortsgleichung nach gehöriger Hebung

$$x = \frac{c}{2}.$$

Der Kreis geht dann in eine gerade Linie über, welche die gemeinschaftliche Grundlinie der Dreiecke in ihrem Halbirungspunkte rechtwinklig schneidet.

II. Zu n festen Punkten soll der geometrische Ort eines beweglichen Punktes gesucht werden, welcher die Eigenschaft besitzt, dass die Summe der Quadrate seiner Entfernungen von allen gegebenen Punkten einem constanten Quadrate q^2 gleich ist.

Es seien $a_1 b_1$, $a_2 b_2$ . . . $a_n b_n$ die Coordinaten der n festen Punkte und xy die des gesuchten Punktes in einer seiner Lagen, so führt die gestellte Aufgabe zu der Gleichung:

$$\left. \begin{array}{l} (x - a_1)^2 + (y - b_1)^2 \\ + (x - a_2)^2 + (y - b_2)^2 \\ + \quad . \quad . \quad . \quad . \quad . \\ + (x - a_n)^2 + (y - b_n)^2 \end{array} \right\} = q^2.$$

Nach Auflösung der Klammern und Verbindung der in den einzelnen Horizontalreihen gleiche Stellung einnehmenden Glieder führen wir mit Anwendung des Summenzeichens Σ die abgekürzten Bezeichnungen ein:

$$\Sigma(a) = a_1 + a_2 + \ldots + a_n$$
$$\Sigma(a^2) = a_1^2 + a_2^2 + \ldots + a_n^2 \text{ u. s. f.}$$

Dann ergiebt sich für die gesuchte Ortsgleichung:

$$n\,x^2 + n\,y^2 - 2\,x\,.\,\Sigma\,(a) - 2\,y\,.\,\Sigma\,(b) + \Sigma\,(a^2) + \Sigma\,(b^2) - q^2 = 0$$

oder nach Division durch n:

$$x^2 + y^2 - 2\,x\,.\,\frac{\Sigma(a)}{n} - 2\,y\,.\,\frac{\Sigma(b)}{n} + \frac{\Sigma(a^2) + \Sigma(b^2) - q^2}{n} = 0.$$

Man erkennt hierin einen Kreis mit den Mittelpunktscoordinaten

$$a = \frac{\Sigma(a)}{n} = \frac{a_1 + a_2 + \ldots + a_n}{n}$$

$$b = \frac{\Sigma(b)}{n} = \frac{b_1 + b_2 + \ldots + b_n}{n}.$$

Nach den bei der Aufgabe V. in § 3 angestellten Untersuchungen sind dies die Coordinaten des Punktes der mittleren Entfernung für das gegebene System fester Punkte. Beachten wir hierbei, dass in der auf den gesuchten Kreis bezogenen Potenz $\dfrac{\Sigma(a^2) + \Sigma(b^2) - q^2}{n}$ des angenommenen Coordinatenanfanges der Werth q immer so gewählt werden kann, dass der Radius eines der Aufgabe genügenden Kreises jeden beliebigen Werth erhält, so gelangen wir zu folgendem Lehrsatze:

Wenn man den Punkt der mittleren Entfernung in einem Systeme fester Punkte zum Centrum eines Systems concentrischer Kreise wählt, so besitzen diese Kreise die Eigenschaft, dass die Quadrate der Entfernungen jedes ihrer Punkte von allen gegebenen Punkten eine für jeden einzelnen Kreis unveränderliche Summe geben.

§ 10.
Der Kreis und die Gerade.

Zur Aufsuchung der Beziehungen, welche zwischen einem Kreise und einer Geraden stattfinden, wenden wir, um für die erstere Linie eine möglichst einfache Gleichung zu erlangen, ein rechtwinkliges Coordinatensystem an, dessen Anfang im Kreismittelpunkte gelegen ist. Die Gleichungen der beiden Linien haben die Form:

$$x^2 + y^2 = k^2 \text{ und } y = A\,x + b,$$

wobei den Constanten A und b die aus der Theorie der geraden Linie bekannten Deutungen zukommen.

Sollen beide Linien gemeinschaftliche Punkte besitzen, so müssen deren Coordinaten den beiden gegebenen Gleichungen Genüge leisten. Durch Elimination von y findet sich für das x solcher Punkte

1) $\qquad (1 + A^2)\, x^2 + 2\, A\, b\, x + (b^2 - k^2) = 0.$

Das zugehörige y kann aus der Gleichung $y = A x + b$ berechnet werden.

Die unter Nr. 1) aufgestellte Gleichung ist unter allen Umständen eine quadratische, da der zu x^2 gehörende Factor $1 + A^2$ nie kleiner als die positive Einheit werden kann. Man erhält daher immer zwei Werthe von x und eben so viele für die zugehörigen y, deren Beschaffenheit aus der sogenannten D i s c r i m i n a n t e * dieser quadratischen Gleichung abgeleitet werden kann, nämlich aus:

$$\Delta = A^2 b^2 - (1 + A^2)\,(b^2 - k^2),$$

oder, wie man nach einfacher Umformung erhält:

$$\Delta = (1 + A^2)\left(k^2 - \frac{b^2}{1 + A^2}\right).$$

Da in dem letzteren Ausdrucke der Factor $1 + A^2$ weder verschwinden, noch einen Einfluss auf das Vorzeichen des Productes ausüben kann, so hängt die Beschaffenheit der beiden Wurzeln lediglich von dem Factor $k^2 - \dfrac{b^2}{1 + A^2}$ ab, und es sind dieselben reell und verschieden, reell und gleich oder endlich imaginär, je nachdem

$$k^2 \gtreqless \frac{b^2}{1 + A^2}.$$

---

* Aus der quadratischen Gleichung $\alpha x^2 + 2\beta x + \gamma = 0$ findet man nach den gewöhnlichen Methoden

$$x = \frac{-\beta \pm \sqrt{\Delta}}{\alpha},$$

worin zur Abkürzung des Ausdruckes

$$\Delta = \sqrt{\beta^2 - \alpha\gamma}$$

gesetzt ist. Die beiden Wurzeln sind hiernach reell und verschieden, reell und gleich oder endlich imaginär, je nachdem $\Delta > 0$, $\Delta = 0$ oder $\Delta < 0$. Die Grösse Δ, deren Werth hierbei entscheidend ist, wird die Discriminante oder Determinante der betrachteten quadratischen Gleichung genannt.

Die bei Unterscheidung dieser drei Fälle vorkommende Grösse $\frac{b^2}{1+A^2}$ ist nach Nr. 7) in § 6 das Quadrat der Entfernung der gegebenen geraden Linie vom Coordinatenanfange, d. i. hier vom Kreismittelpunkte; es kommen also die drei Fälle darauf hinaus, dieses Quadrat mit dem Quadrate des Halbmessers, oder, wenn wir zu den ersten Potenzen zurückgehen, den Radius mit der erwähnten Entfernung zu vergleichen. Je nachdem der Halbmesser grösser ist als die Entfernung, ihr gleich oder kleiner ist, haben Kreis und Gerade zwei Punkte, einen Punkt oder keinen Punkt gemein. Durch die gefundenen Bedingungen werden daher in der Sprache der analytischen Geometrie Secanten, Tangenten und solche Gerade unterschieden, welche gänzlich ausserhalb des Kreises liegen.

Bringt man die Gleichung 1), indem man durch $1+A^2$ dividirt, auf die Form

$$x^2 + 2x \cdot \frac{Ab}{1+A^2} + \frac{b^2-k^2}{1+A^2} = 0,$$

so finden nach der Theorie der quadratischen Gleichungen, wenn x_1 und x_2 die Wurzeln dieser Gleichung, d. i. die Abscissen der dem Kreise und der Geraden gemeinschaftlichen Punkte bedeuten, die Relationen statt:

$$\frac{x_1 + x_2}{2} = -\frac{Ab}{1+A^2}, \qquad x_1 x_2 = \frac{b^2-k^2}{1+A^2}.$$

Um zunächst die geometrische Bedeutung der letzten dieser beiden Gleichungen darzuthun, verweisen wir auf Figur 21. Darin ist

Fig. 21.

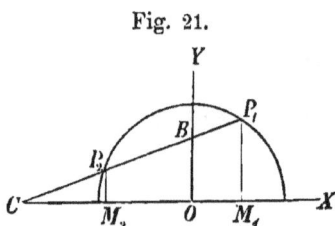

$x_1 = OM_1$, $x_2 = OM_2$, $b = OB$, $A = tan\,\alpha$, wenn α den $\angle\,M_1 C P_1$ bezeichnet. Die fragliche Gleichung geht hiermit über in

$$OM_1 \cdot OM_2 = \frac{b^2-k^2}{sec^2\,\alpha}$$

oder, wenn wir beiderseitig mit $sec^2\,\alpha$ multipliciren und für $OM_1 \cdot sec\,\alpha$ und $OM_2 \cdot sec\,\alpha$ ihre Werthe einsetzen:

$$BP_1 \cdot BP_2 = b^2 - k^2.$$

Das Product $BP_1 \cdot BP_2$ zeigt sich hiernach einzig von der Lage des Punktes B und dem Radius des Kreises abhängig, ohne dass die Richtung der besonderen Geraden in Frage kommt, welcher die Durchschnittspunkte P_1 und P_2 ihre Entstehung verdanken. Die Untersuchung führt somit zu der bereits im vorigen Paragraphen benutzten Eigenschaft der Potenz eines Punktes in Beziehung auf einen gegebenen Kreis zurück.

Was ferner den Werth von $\dfrac{x_1 + x_2}{2}$ betrifft, so wollen wir zunächst die Abkürzungen $\dfrac{x_1 + x_2}{2} = \xi$, $\dfrac{y_1 + y_2}{2} = \eta$ einführen, wobei y_1 und y_2 die den Abscissen x_1 und x_2 zugehörigen Ordinaten der Punkte P_1 und P_2 bedeuten sollen. ξ und η sind unter diesen Voraussetzungen die Coordinaten des Halbirungspunktes der Sehne $P_1 P_2$. Dann ist, mit Rücksicht darauf, dass dieser Punkt auf der Geraden $y = A x + b$ liegt:

$$\xi = -\frac{Ab}{1 + A^2}, \quad \eta = A\xi + b.$$

Durch Elimination von b folgt hieraus das Resultat

$$\xi + A\eta = 0$$

als Gleichung für die Coordinaten der Mitten aller derjenigen Sehnen, welche nur in der Richtungsconstante A übereinstimmen, d. h. es ist die Gleichung des geometrischen Ortes der Halbirungspunkte eines Systemes paralleler Sehnen. Wird dieselbe in

$$\eta = -\frac{1}{A}\,\xi$$

umgestaltet, so zeigt sich aus Vergleichung mit Nr. 6) in § 6, dass sie einer durch den Coordinatenanfang (den Kreismittelpunkt) gehenden Geraden angehört, welche auf den parallelen Sehnen mit der Richtungsconstante A senkrecht steht. Die Mitten paralleler Sehnen liegen hiernach, wie schon aus der Elementargeometrie bekannt ist, in einem zu den Sehnen senkrechten Durchmesser.

Da sich das letzte Resultat auf alle Geraden mit der Richtungsconstante A bezieht, so hat es auch dann noch Giltigkeit, wenn eine solche Gerade Tangente wird. Die beiden Punkte P_1 und P_2 fallen dann mit $\xi \eta$ in einen, nämlich den Berührungspunkt zusammen, und die Gleichung

$$\xi + A\eta = 0$$

gehört, wenn man ξ und η als veränderliche Coordinaten betrachtet, dem im Berührungspunkte auf der Tangente errichteten Perpendikel oder der sogenannten Normale an. Die Form dieser Gleichung zeigt, dass alle Normalen des Kreises durch seinen Mittelpunkt gehen. Mittelst dieser bekannten Eigenschaft ist es leicht, die Gleichung einer an den Kreis gezogenen Tangente zu bilden, wenn ihr Berührungspunkt $x_1 y_1$ gegeben ist. Wir finden zunächst für die Richtungsconstante der Normale, da sie durch den Punkt $x_1 y_1$ und den Coordinatenanfang geht, nach Nr. 9) in § 5 den Werth $\frac{y_1}{x_1}$, folglich für die darauf senkrechte Tangente mit Rücksicht auf § 6 Nr. 6) die Gleichung:

$$y - y_1 = -\frac{x_1}{y_1}(x - x_1),$$

woraus nach einfacher Umformung

$$x_1 x + y_1 y = x_1{}^2 + y_1{}^2$$

entsteht. Da $x_1 y_1$ ein Peripheriepunkt, also $x_1{}^2 + y_1{}^2 = k^2$, so erhält man mit Einsetzung dieses Werthes für die Gleichung der im Punkte $x_1 y_1$ an den Kreis gelegten Tangente:

2) $$x_1 x + y_1 y = k^2.$$

Mit Umgehung der Normale gelangen wir zu derselben Gleichung, wenn wir in der Formel 1), welche für die Abscissen der dem Kreise und der Geraden gemeinschaftlichen Punkte giltig war, die Bedingung substituiren, unter welcher die beiden Durchschnittspunkte in einen zusammenfallen. Für den Berührungspunkt $x_1 y_1$ der an den Kreis $x^2 + y^2 = k^2$ gezogenen Tangente $y = Ax + b$ haben wir nämlich nach Nr. 1) die Gleichung:

$$(1 + A^2) x_1{}^2 + 2 A b x_1 + (b^2 - k^2) = 0,$$

worin, damit die beiden Wurzeln gleich werden,

$$(1 + A^2)(b^2 - k^2) = A^2 b^2 \text{ oder } b^2 - k^2 = \frac{A^2 b^2}{1 + A^2}$$

sein muss. Man erhält hiermit nach Division durch $1 + A^2$:

$$x_1{}^2 + 2 x_1 \cdot \frac{A b}{1 + A^2} + \left(\frac{A b}{1 + A^2}\right)^2 = \left(x_1 + \frac{A b}{1 + A^2}\right)^2 = 0,$$

$$x_1 = -\frac{A b}{1 + A^2}.$$

Mittelst der Gleichung $y_1 = A x_1 + b$ findet sich ferner:

$$y_1 = \frac{b}{1 + A^2},$$

und durch Verbindung der beiden letzten Gleichungen entsteht für die Richtungsconstante der Tangente:

$$A = -\frac{x_1}{y_1}.$$

Durch Substitution dieses Werthes in der Gleichung

$$y - y_1 = A\,(x - x_1),$$

welche allen durch den Punkt $x_1\,y_1$ gehenden Geraden, also auch der Berührenden angehört, kommen wir zu der früher gefundenen Tangentengleichung zurück.

Die für eine Tangente mit gegebenem Berührungspunkte gefundene Gleichung 2) gewährt uns die Mittel, folgende Aufgabe zu lösen:

Von einem ausserhalb eines gegebenen Kreises gelegenen Punkte $x_1 y_1$ sollen an diesen Kreis Berührende gezogen werden; es sind die Berührungspunkte zu bestimmen.

Wird ein der gestellten Aufgabe genügender Berührungspunkt mit $\xi \eta$ bezeichnet, so erhält nach dem Vorigen die an diesen Punkt gelegte Tangente die Gleichung:

$$\xi x + \eta y = k^2,$$

die, wenn die Tangente durch den gegebenen Punkt $x_1 y_1$ gehen soll, auch noch mit Einsetzung von x_1 und y_1 für x und y ihre Geltung behalten muss. Beachtet man ferner, dass der Punkt $\xi \eta$ auf der Kreisperipherie liegen soll, so hat man zu seiner Bestimmung folgende zwei Gleichungen:

$$\xi x_1 + \eta y_1 = k^2$$
$$\xi^2 + \eta^2 = k^2.$$

Da die eine dieser beiden Gleichungen quadratisch ist, so müssen sich zwei zusammengehörige Paare von Werthen für ξ und η finden; die Aufgabe lässt also im Allgemeinen eine doppelte Lösung zu, was dem bekannten elementar-geometrischen Satze entspricht, dass von einem Punkte ausserhalb eines Kreises zwei Tangenten an diesen gezogen werden können. — Die Berechnung der Werthe von ξ und η kann der Selbstübung überlassen bleiben. Einfacher gelangen wir auf die folgende Weise zum Ziele.

Wenn in der ersten der beiden zur Ermittelung von ξ und η führenden Gleichungen, nämlich in

$$\xi x_1 + \eta y_1 = k^2$$

ξ und η als veränderlich angesehen werden, so gehört dieselbe als Gleichung ersten Grades einer geraden Linie an, die durch die beiden gesuchten Berührungspunkte hindurchgehen muss. Bezeichnen wir nun wie gewöhnlich die laufenden Coordinaten mit x und y, so ist mit geänderter Ordnung der Factoren

3) $$x_1 x + y_1 y = k^2$$

die Gleichung der sogenannten B e r ü h r u n g s s e h n e (dieselbe nach beiden Seiten hin unendlich verlängert gedacht), in deren Durchschnitten mit dem gegebenen Kreise sich die beiden Berührungspunkte vorfinden. Da die Form dieser Gleichung mit der unter Nr. 2) für die Tangente gefundenen vollkommen übereinstimmt, so besitzt die Berührungssehne wie die Tangente die Eigenschaft, auf der Verbindungsgeraden des Kreismittelpunktes mit dem Punkte $x_1 y_1$ senkrecht zu stehen.   Man gelangt hiermit zur vollständigen Bestimmung der Berührungssehne und hierdurch auch der Berührungspunkte, sobald nur ein Punkt der Sehne bekannt ist. Wir wählen dazu den Durchschnittspunkt mit der eben erwähnten Verbindungslinie. Bezeichnen wir ihn mit xy, so gilt, da er mit dem Coordinatenanfange und dem Punkte $x_1 y_1$ in gerader Linie liegen soll, nach Nr. 12 in § 5 die Proportion

$$x : x_1 = y : y_1$$

oder mit Vertauschung der inneren Glieder

$$x : y = x_1 : y_1.$$

Nach einem aus der Proportionslehre bekannten Satze entsteht hieraus:

$$(x^2 + y^2) : (x x_1 + y y_1) = (x x_1 + y y_1) : (x_1^2 + y_1^2).^*$$

Nun liegt aber der gesuchte Punkt auch auf der Geraden

$$x x_1 + y y_1 = k^2,$$

womit die vorhergehende Proportion die folgende Form annimmt:

$$(x^2 + y^2) : k^2 = k^2 : (x_1^2 + y_1^2).$$

---

* Aus der Proportion

$$x : y = x_1 : y_1$$

erhält man nämlich, wenn m, n, p und q beliebige Zahlen bezeichnen,

$$(m x + n y) : (p x + q y) = (m x_1 + n y_1) : (p x_1 + q y_1).$$

In der obigen Proportion ist $m = x$, $n = y$, $p = x_1$, $q = y_1$ gesetzt.

Setzen wir hierin $z^2 = x^2 + y^2$ und $z_1{}^2 = x_1{}^2 + y_1{}^2$, wo z und z_1 die Abstände der Punkte $x\,y$ und $x_1 y_1$ vom Kreismittelpunkte bedeuten, so entsteht:

$$z^2 : k^2 = k^2 : z_1{}^2 \quad \text{oder} \quad z : k = k : z_1.$$

Es zeigt sich also z als dritte Proportionale zu z_1 und k, oder k als mittlere Proportionale zwischen z und z_1. Hierauf kann leicht eine aus der Elementargeometrie bekannte Construction der Berührungspunkte gegründet werden.

§ 11.
Zwei Kreise.

Die gegenseitigen Lagen zweier Kreise können immer auf die eines Kreises und einer Geraden zurückgeführt werden. Sind nämlich, um von einer möglichst allgemeinen Auffassung auszugehen, die Gleichungen der beiden Kreise nach Nr. 4) in § 9 in der Form

$$1) \qquad \begin{cases} x^2 + y^2 - 2\,a_1 x - 2\,b_1 y + P_1 = 0 \\ x^2 + y^2 - 2\,a_2 x - 2\,b_2 y + P_2 = 0 \end{cases}$$

gegeben, so muss für ihre etwa vorhandenen gemeinschaftlichen Punkte auch jede neue Gleichung giltig sein, welche als nothwendige Folge der beiden gegebenen auftritt. Durch Subtraction entsteht die Gleichung ersten Grades:

$$2) \qquad 2\,x\,(a_1 - a_2) + 2\,y\,(b_1 - b_2) = P_1 - P_2$$

d. i. die Gleichung einer Geraden, welche die Durchschnittspunkte der beiden zu untersuchenden Kreise enthält. Können hiernach die beiden Kreise nur solche Punkte mit einander gemein haben, welche gleichzeitig in dieser Geraden gelegen sind, so folgt zunächst mit Rücksicht auf den vorhergehenden Paragraphen, dass solcher Punkte höchstens zwei vorhanden sein werden. Die durch die Gleichung 2) charakterisirte Linie selbst stellt die g e m e i n s c h a f t l i c h e S e c a n t e der beiden Kreise oder ihre g e m e i n s c h a f t l i c h e T a n g e n t e dar, oder liegt endlich ausserhalb beider Kreise, je nachdem dieselben sich schneiden, sich berühren oder keine gemeinschaftlichen Punkte besitzen. Zu einer auf alle diese drei Lagen bezüglichen Eigenschaft der fraglichen Geraden gelangen wir durch die folgende Untersuchung.

Mit Einführung der abgekürzten Bezeichnung

$$
3) \qquad \left\{ \begin{array}{l} \Pi_1 = x^2 + y^2 - 2\,a_1 x - 2\,b_1 y + P_1 \\ \Pi_2 = x^2 + y^2 - 2\,a_2 x - 2\,b_2 y + P_2 \end{array} \right.
$$

können die Gleichungen der beiden Kreise auf die Ausdrücke

$$
\Pi_1 = 0 \quad \text{und} \quad \Pi_2 = 0
$$

reducirt werden. Die durch Subtraction entstandene Gleichung 2) gewinnt hiermit die Form

$$
\Pi_2 - \Pi_1 = 0,
$$

oder auch

$$
4) \qquad \Pi_1 = \Pi_2.
$$

Hierin ist eine geometrische Eigenschaft der Linie enthalten, zu der man leicht gelangt, wenn man auf die Werthe von Π_1 und Π_2 zurückgeht. Drücken wir zu diesem Endzwecke P_1 mit Benutzung der Formel 5) in § 9 durch a_1, b_1 und k_1 aus, wobei k_1 den Radius des Kreises bedeutet, für welchen a_1 und b_1 die Mittelpunktscoordinaten darstellen, so kann die erste der Gleichungen unter Nr. 3) auf die Form

$$
\Pi_1 = (x - a_1)^2 + (y - b_1)^2 - k_1{}^2
$$

gebracht werden. Nach einer bereits mehrfach angewendeten Formel stellt hierin der Ausdruck

$$
(x - a_1)^2 + (y - b_1)^2
$$

die Entfernung des Punktes xy vom Kreismittelpunkte $a_1 b_1$ dar, die wir mit c_1 bezeichnen wollen. Für Π_1 ergiebt sich hieraus der Werth:

$$
\Pi_1 = c_1{}^2 - k_1{}^2.
$$

Mit Rücksicht auf die in § 9 gewonnene Deutung der dortigen Gleichung 6), welche mit der jetzt gefundenen in der Form vollkommen übereinstimmt, bewährt sich hiernach Π_1 als Potenz des Punktes xy für den Kreis, welchem die Constanten a_1, b_1 und k_1 zukommen. In ganz gleicher Weise gelangen wir zu der Erkenntniss, dass Π_2 die Potenz des Punktes xy für den zweiten der in Untersuchung befindlichen Kreise darstellt. Hieraus folgt, dass die durch die Gleichung 4), also auch durch die hiermit identische unter Nr. 2) bezeichnete Gerade die Eigenschaft besitzt, dass jedem ihrer Punkte in Beziehung auf beide Kreise gleiche Potenzen zukommen. Nach dieser Eigenschaft soll sie die Linie gleicher Potenzen

oder kurz: P o t e n z l i n i e für die beiden Kreise genannt werden.
Mittelst der bekannten Bedeutung der Potenz eines Punktes für einen
Kreis folgt hieraus unter Anderem, dass, wenn man von einem
ausserhalb der beiden Kreise gelegenen Punkte dieser Linie an beide
Kreise Tangenten legt, die zwischen diesem Punkte und den Be-
rührungspunkten gemessenen Strecken dieser Tangenten gleich lang
sind, dass also z. B. die von den Berührungspunkten begrenzten
Strecken der gemeinschaftlichen Tangenten beider Kreise von der
Potenzlinie halbirt werden. Hiernach führt sie auch die Benennung:
L i n i e   d e r   g l e i c h e n   T a n g e n t e n.*

Eine zweite allgemeine Eigenschaft der Potenzlinie wird gewonnen, wenn wir ihre in Nr. 2) enthaltene Gleichung auf die Form

$$y = - \frac{a_1 - a_2}{b_1 - b_2} x + \frac{P_1 - P_2}{2\,(b_1 - b_2)}$$

bringen, worin $-\dfrac{a_1 - a_2}{b_1 - b_2}$ die Richtungsconstante bezeichnet. Nach
Nr. 5) in § 6 zeigt sich, dass eine Gerade mit der Richtungsconstante $\dfrac{b_1 - b_2}{a_1 - a_2}$ von ihr rechtwinklig durchschnitten wird. Diese
letztere Constante gehört aber nach Nr. 9) in § 5 der die Mittelpunkte der beiden Kreise verbindenden Centrallinie zu. Hieraus
entsteht der Satz: D i e   P o t e n z l i n i e   z w e i e r   K r e i s e   s t e h t   a u f
d e r   C e n t r a l l i n i e   d i e s e r   K r e i s e   s e n k r e c h t, wie für den
Fall, wo die Potenzlinie in die gemeinschaftliche Secante oder ge-
meinsame Tangente übergeht, aus der Elementargeometrie bekannt ist.

Wird zu den beiden Kreisen noch ein dritter hinzugefügt, so
können nach Nr. 4) die Gleichungen der Potenzlinien dieser drei
Kreise in der Form

$$\Pi_1 = \Pi_2, \quad \Pi_2 = \Pi_3, \quad \Pi_3 = \Pi_1$$

geschrieben werden. Da jede dieser drei Gleichungen eine nothwendige Folge der beiden anderen ist, so muss ein Punkt, für welchen zwei dieser beiden Gleichungen gelten, auch der dritten genügen, also auch auf der dritten Potenzlinie gelegen sein, oder mit
anderen Worten: D i e   P o t e n z l i n i e n   d r e i e r   K r e i s e   s c h n e i-

---

* Ausserdem kommen noch die Namen: C h o r d a l e, R a d i c a l-
a c h s e u. a. m. vor.

den sich in einem Punkte. Dieser Lehrsatz kann benutzt
werden, um die Potenzlinie zweier sich nicht schneidenden und auch
nicht berührenden Kreise zu construiren. Legt man nämlich einen
dritten Kreis so, dass er die beiden gegebenen Kreise schneidet, so
sind die gemeinschaftlichen Secanten zwei Potenzlinien, durch deren
Durchschnittspunkt auch die dritte, den beiden gegebenen Kreisen
angehörige hindurchgehen muss. Die durch diesen Punkt gelegte
Senkrechte zur Centrallinie der beiden ersten Kreise stellt die gesuchte Gerade dar. Die Fällung der Senkrechten kann auch um-
gangen werden, wenn man einen vierten Kreis zu Hülfe nimmt,
welcher wieder die beiden gegebenen schneidet, und mittelst der
gemeinsamen Secanten einen zweiten Punkt der gesuchten Potenzlinie construirt.

Gehen wir zu der Aufgabe über, mittelst der Potenzlinie die
gegenseitigen Lagen zweier Kreise analytisch zu untersuchen, so
soll zunächst zur Vereinfachung der Rechnung das Coordinatensystem
so gelegt werden, dass die Gleichungen der beiden Kreise eine möglichst einfache Form gewinnen. Wir treffen hierzu folgende Bestimmungen: Der Mittelpunkt des einen der beiden Kreise, und
zwar bei Verschiedenheit der Halbmesser der Mittelpunkt des grösseren (mit dem Radius K) werde zum Coordinatenanfangspunkte
gewählt und die positive Seite der x-Achse durch das Centrum des
zweiten Kreises (dessen Radius k sein soll) gelegt; die positive
Zahl a giebt den Abstand beider Mittelpunkte an. Die Gleichungen
der zwei Kreise sind unter diesen Voraussetzungen:

$$5) \qquad \begin{cases} x^2 + y^2 = K^2 \\ (x-a)^2 + y^2 = k^2. \end{cases}$$

Man erhält hieraus durch Subtraction als Gleichung der Potenzlinie

$$2ax - a^2 = K^2 - k^2,$$

welche leicht auf die Form

$$6) \qquad x = \frac{a^2 + K^2 - k^2}{2a} \text{ oder } x = \frac{a}{2} + \frac{K^2 - k^2}{2a}$$

gebracht werden kann. Nach dieser Form zeigt sich die Potenzlinie
parallel zur y-Achse oder senkrecht zur x-Achse, wodurch wir auf
die bereits erwähnte Eigenschaft der rechtwinkligen Lage zur Centrallinie zurückgebracht werden. Zugleich sehen wir, dass sie stets
dem Mittelpunkte des kleineren Kreises näher gelegen sein muss,

indem sie durch denjenigen Punkt der Centrallinie hindurchgeht, welcher um den nach den Voraussetzungen positiven Abstand $\dfrac{K^2 - k^2}{2a}$ von der Mitte der Strecke a entfernt ist. Im Falle der Gleichheit beider Kreise liegt die Potenzlinie von den Mittelpunkten gleichweit entfernt.

Zur Trennung der möglichen Lagen unterscheiden wir folgende drei Fälle:

α. Ist $x > K$, so liegt die Potenzlinie ausserhalb des grösseren, also auch ausserhalb des kleineren Kreises, da etwa vorhandene gemeinschaftliche Punkte stets allen drei Linien gemeinsam sein müssen. Nach Nr. 6) erhalten wir für diesen Fall die Bedingung

$$\frac{a^2 + K^2 - k^2}{2a} > K$$

und nach leichter Umgestaltung

$$(a - K)^2 - k^2 > 0$$

oder

$$[a - (K + k)]\,[a - (K - k)] > 0.$$

Der letzteren Ungleichung wird nur genügt, wenn

entweder $a > K + k$, wobei von selbst $a > K - k$,

oder $a < K - k$, „ „ „ $a < K + k$.

Im ersteren dieser beiden Fälle ist $a^2 > (K + k)\,(K - k)$ oder $K^2 - k^2 < a^2$, folglich mit Rücksicht auf Nr 6) $x < a$. Die Potenzlinie liegt hiernach zwischen beiden Kreisen, so dass dieselben vollständig von einander getrennt sind. Im zweiten Falle erhält man in gleicher Weise $K^2 - k^2 > a^2$ und $x > a$; die Potenzlinie liegt hierbei ausserhalb der beiden Kreise, von welchen der eine den andern umschliesst.

β. Wenn $x = K$, so ergiebt sich durch eine ähnliche Rechnung wie vorher die Bedingungsgleichung:

$$[a - (K + k)]\,[a - (K - k)] = 0,$$

welche nur Befriedigung erlangt, wenn entweder $a = K + k$ oder $a = K - k$. Die Potenzlinie ist hierbei gemeinsame Tangente der beiden Kreise, welche sich im ersten Falle von Aussen, im zweiten von Innen berühren.

γ. Sobald $x < K$, schneidet die Potenzlinie beide Kreise, die sich demnach selbst durchschneiden müssen. Als Bedingung hierfür entsteht:

$$[a - (K + k)]\ [a - (K - k)] < 0,$$

was nur möglich ist, wenn gleichzeitig

$$K + k > a > K - k.$$

Die analytische Untersuchung der Potenzlinie führt hiernach auf die aus der Elementargeometrie bekannten Unterscheidungsmerkmale der Lagen zweier Kreise zurück.

§ 12.
Kreisgleichung für schiefwinklige Coordinaten.

Soll die Fundamentaleigenschaft des Kreises, dass jeder Peripheriepunkt gleichen Abstand vom Mittelpunkte besitzt, durch schiefwinklige Coordinaten ausgedrückt werden, so entsteht mit Beibehaltung der früher für die Mittelpunktscoordinaten und den Radius eingeführten Bezeichnungen nach Nr. 2) in § 3 als allgemeinste Gleichung:

1) $$(x - a)^2 + (y - b)^2 + 2\,(x - a)\,(y - b)\,cos\,\omega = k^2,$$

worin wieder ω den Coordinatenwinkel darstellt. Zunächst kann diese Gleichung auf die Form

$$x^2 + y^2 + 2xy\,cos\,\omega - 2\,(a + b\,cos\,\omega)\,x - 2\,(b + a\,cos\,\omega)\,y$$
$$+ (a^2 + b^2 + 2\,ab\,cos\,\omega - k^2) = 0$$

gebracht werden, und wenn wir hierin zur Abkürzung

2) $$m = a + b\,cos\,\omega, \qquad n = b + a\,cos\,\omega,$$
$$P = a^2 + b^2 + 2\,ab\,cos\,\omega - k^2$$

setzen, so geht sie über in:

3) $$x^2 + y^2 + 2xy\,cos\,\omega - 2mx - 2ny + P = 0.$$

Was die Bedeutung der hierbei benutzten Constanten m, n und P betrifft, so ist vor allen Dingen leicht ersichtlich, dass unter P wieder die Potenz des Coordinatenanfanges für den Kreis zu verstehen ist. Setzen wir nämlich

$$c^2 = a^2 + b^2 + 2\,ab\,cos\,\omega,$$

so stellt e nach Nr. 8) in § 2 die Entfernung des Kreismittelpunktes vom Coordinatenanfangspunkte dar. Mit Substitution dieses Werthes in den Ausdruck für P kommen wir aber zur Gleichung 6) des § 9, folglich auch zu allen daraus gezogenen Consequenzen zurück. Rücksichtlich der Deutung der Constanten m und n ist auf die erste der Gleichungen 6) in § 2 zu verweisen, nach welcher $m = b\,cos\,\omega + a$ die Projection des Radiusvector des Mittel-

Fig. 22.

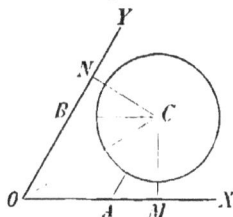

punktes auf die x-Achse und n (wie sich sofort aus Vertauschung der Achsenbezeichnung ergiebt) die Projection derselben Strecke auf die y-Achse darstellt. Bestätigt wird dieses Resultat in Fig. 22, worin $a = OA = BC$ und $b = OB = AC$; ferner $m = OM$ und $n = ON$.

Wird die unter 3) gewonnene Gleichung des Kreises mit der in § 9 Nr. 7) angeführten allgemeinen Gleichung zweiten Grades

$$A x^2 + B y^2 + 2 C x y + 2 D x + 2 E y + F = 0$$

in Vergleichung gebracht, so zeigt sich, dass die letztere nothwendig einem Kreise — wenn überhaupt einer Linie — angehören muss, sobald der Relation

4) $$A : B : C = 1 : 1 : cos\,\omega$$

Genüge geleistet ist. Der Weg, welcher zu diesem Resultate führt, ist mit dem in § 9 bei Nr. 7 eingeschlagenen vollkommen übereinstimmend.

Die im Vorigen aufgestellten Formeln gehen selbstverständlich in die für rechtwinklige Coordinaten giltigen über, wenn $\omega = 90^0$ gesetzt wird. Dabei vereinfachen sich aber die Beziehungen so sehr, dass fast bei allen auf den Kreis bezüglichen Untersuchungen vom Gebrauche schiefwinkliger Coordinaten abzusehen ist. Wir beschränken uns daher einzig auf das folgende Beispiel:

Es soll die Gleichung eines Kreises aufgesucht werden, welcher die Achsen eines beliebigen Parallelcoordinatensystems berührt.

Aus Nr. 3) ergiebt sich bei noch unbestimmter Lage des Coordinatensystems für die Abscissen der gemeinschaftlichen Punkte des Kreises und der x-Achse mittelst der Substitution $y = 0$ die Gleichung:

$$x^2 - 2 m x + P = 0,$$

deren linke Seite zu einem vollständigen Quadrat werden muss, wenn die x-Achse Tangente sein soll; man erhält dafür die Bedingung:

$$P = m^2.$$

In gleicher Weise entsteht als Bedingung dafür, dass die y-Achse vom Kreise berührt wird:

$$P = n^2.$$

Treffen wir nun noch die Verfügung, dass beide Berührungspunkte in den positiven Theilen der Coordinatenachsen gelegen sein sollen, so führt die aus den beiden letzten Gleichungen folgende Relation $m^2 = n^2$ zu dem Resultate:

$$m = n.$$

Durch Einsetzung dieser Werthe in die frühere allgemeine Gleichung erhalten wir

5) $\qquad x^2 + y^2 + 2xy \cos \omega - 2mx - 2my + m^2 = 0$

als der gestellten Aufgabe entsprechende Kreisgleichung. Die Substitutionen $x = 0$ und $y = 0$ zeigen, dass hierin m den Abstand der in den Achsen gelegenen Berührungspunkte vom Coordinatenanfange ausdrückt.*

Wird in der Gleichung 5) beiderseitig das Product

$$2xy(1 - \cos \omega) = 4xy \sin^2 \frac{\omega}{2}$$

addirt, so gewinnt sie die einfachere Form:

6) $\qquad (x + y - m)^2 = 4xy \sin^2 \frac{\omega}{2}.$

Multiplicirt man hierin noch auf beiden Seiten mit $\cos^2 \frac{\omega}{2}$ und beachtet dabei, dass $4\sin^2 \frac{\omega}{2} \cos^2 \frac{\omega}{2} = \sin^2 \omega$, so kann das Resultat dieser Operation in folgender Weise geschrieben werden:

7) $\qquad \left[(x + y - m) \cos \frac{\omega}{2} \right]^2 = x \sin \omega \cdot y \sin \omega.$

Diese letztere Form der Gleichungen 5) und 6) führt zu einer einfachen geometrischen Deutung. Stellt nämlich in Fig. 23 AB

---

* Dasselbe Resultat folgt auch aus der Bedeutung von P, verbunden mit der obigen Relation: $P = m^2$.

die den tangirenden Coordinatenachsen zugehörige Berührungsschne
dar, so lege man durch den beliebigen Peripheriepunkt P die Gerade $TU /\!/ AB$. Dann ist wegen OA
$= OB = m$ auch $NP = NU = x$ und
$MT = MP = y$, folglich $x + y - m$

Fig. 23.

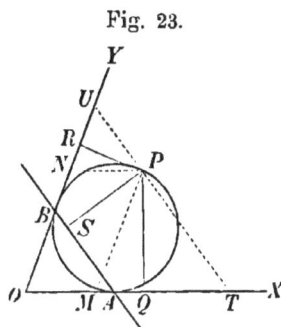

$= AT = BU$, und $(x + y - m)\, cos\, \dfrac{\omega}{2}$

$= SP$, wenn SP senkrecht zur Berüh-

rungssehne, also unter dem Winkel $\dfrac{\omega}{2}$

gegen jede der beiden Coordinatenachsen
gezogen ist. Ferner erhält man $x\, sin\, \omega$
$= RP$ und $y\, sin\, \omega = QP$, wobei QP
und RP rechtwinklig gegen die Coordinatenachsen gestellt sind.
Hiermit gewinnt die Gleichung 7) die Deutung:

$$\overline{SP^2} = RP \cdot QP$$

und schliesst den folgenden Lehrsatz in sich: **Im Kreise ist der
Abstand jedes Peripheriepunktes von der Berührungssehne zweier Tangenten die mittlere Proportionale
zwischen den Entfernungen desselben Punktes von
den beiden Tangenten.**

Zu einem für Tangentenconstructionen brauchbaren Resultate
führt noch die Gleichung 5), wenn sie mit der Gleichung einer durch
den Coordinatenanfang gehenden Geraden $y = Ax$ in Verbindung
gebracht wird. Durch Elimination von y erhält man zunächst für
die Coordinate x der Durchschnittspunkte dieser Geraden und des
Kreises:

8) $\qquad (1 + A^2 + 2A\, cos\, \omega)\, x^2 - 2m\,(1 + A)\, x + m^2 = 0.$

Stellen wir uns nun die Aufgabe, auf der Secante $y = Ax$ den zum
Coordinatenanfange zugeordneten harmonischen Punkt zu suchen,
während die Durchschnittspunkte mit dem Kreise die beiden anderen
harmonischen Punkte darstellen sollen, so kommt, insofern die y
dieser Punkte als Parallelen ein harmonisches Strahlenbüschel bilden, diese Aufgabe darauf hinaus, das harmonische Mittel der beiden Wurzeln der Gleichung 8) ausfindig zu machen. Zu diesem
Zwecke sollen die beiden Wurzeln mit x_1 und x_2 bezeichnet werden;
dann ergiebt sich für den gesuchten Punkt:

$$x = x_1 x_2 : \frac{x_1 + x_2}{2} = \frac{m^2}{1 + A^2 + 2\,A\,cos\,\omega} : \frac{m\,(1 + A)}{1 + A^2 + 2\,A\,cos\,\omega},$$

oder:

$$x = \frac{m}{1 + A},$$

und zugleich, da er auf der gegebenen Secante liegen soll,

$$y = A\,x.$$

Wird aus den beiden letzten Gleichungen noch A eliminirt, so entsteht nach einfacher Umwandlung:

$$\frac{x}{m} + \frac{y}{m} = 1,$$

d. i. die Gleichung der Berührungssehne. Da dieses Resultat von A unabhängig bleibt, also für jede durch den Coordinatenanfang gehende Secante Geltung behält, so folgt hieraus der Lehrsatz: **Zieht man von einem ausserhalb des Kreises gegebenen Punkte aus beliebige den Kreis schneidende Strahlen, so wird auf jedem dieser Strahlen die zwischen dem Ausgangspunkt und der zugehörigen Berührungssehne enthaltene Strecke durch den Kreis harmonisch getheilt.** Mit Anwendung des Gesetzes von der harmonischen Theilung der Diagonalen eines vollständigen Vierseits (vgl. § 8 II) erwächst hieraus die folgende Linealconstruction zur Lösung der Aufgabe, von einem ausserhalb des Kreises gegebenen Punkte Tangenten an den Kreis zu legen (Fig. 24).

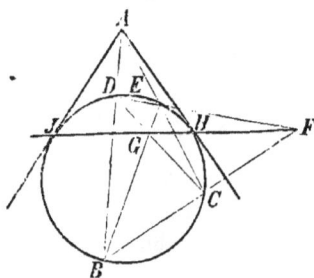

Fig. 24.

Man ziehe von dem gegebenen Punkte A aus die beliebigen Secanten AB und AC, welche ausser in B und C den Kreis in D und E schneiden. Die Geraden BC und DE, sowie BE und CD geben dann die Durchschnittspunkte F und G, deren gerade Verbindungslinie FG die Berührungssehne darstellt. AH und AI sind hiernach die gesuchten Tangenten. Da jede dritte zu Hülfe genommene Secante in Verbindung mit einer der beiden vorher angewendeten zu derselben Berührungssehne führen muss, so lässt diese Construction auch die in Fig. 25 enthaltene Abänderung zu. Hier sind durch A die drei Secanten AB, AC und AC' gelegt und dann die Durchschnitts-punkte dieser Geraden und des Kreises durch die Sehnen BE und CD, BE' und CD' verbunden. Die hierdurch ge-wonnenen Schnittpunkte G und G' liegen wieder auf der Berührungssehne HJ.

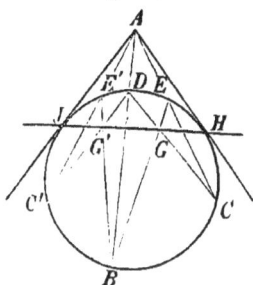

Fig. 25.

Die in den Figuren 24 und 25 dar-gelegten Constructionen, sowie der Lehr-satz, aus welchem sie entspringen, sind noch dadurch bemerkenswerth, dass sich später zeigen wird, dass sie nicht allein für den Kreis, sondern überhaupt für alle Linien zweiten Grades Anwendung finden.

Viertes Capitel.

Die Kegelschnitte.

§ 13.

Allgemeine Formen der Kegelschnittsgleichung.

Aus dem Umstande, dass in Folge der in den §§ 9 und 12 ange-stellten Betrachtungen die allgemeine Gleichung zweiten Grades für Parallelcoordinaten sich nur unter beschränkten Bedingungen einem Kreise angehörig zeigt, erwächst die Aufforderung, noch andere Linien zweiten Grades ausfindig zu machen. Ohne deshalb für jetzt auf die Gleichung selbst zurückzugehen, wenden wir uns zu einer Untersuchung, die uns mit noch mehreren Linien dieser Art be-kannt machen soll.

Der geometrische Ort eines Punktes in der Ebene, dessen Ent-fernungen von einer festen Geraden und einem festen Punkte der-selben Ebene in einem unveränderlichen Verhältnisse zu einander

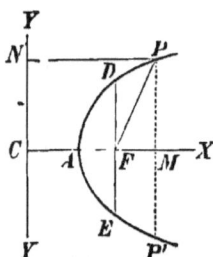

Fig. 26.

stehen, führt den Namen eines Kegel-schnittes, weil er unter Anderem auf der Oberfläche eines Rotationskegels mittelst des Durchschnittes mit einer Ebene räumlich dar-gestellt werden kann. Wir stellen uns die Aufgabe, diesen Ort nach der gegebenen Eigen-schaft und unabhängig von seiner stereo-metrischen Entstehung analytisch zu unter-suchen. Die feste Gerade — die sogenannte Directrix oder Leitlinie — soll hierbei vorläufig als y-Achse eines rechtwinkligen Coordinatensystemes be-nutzt und die positive Seite der x-Achse durch den gegebenen festen Punkt — den zugeordneten Brennpunkt oder Focus — gelegt werden (Fig. 26).

Die vorgelegte Bedingung lässt sich, wenn F den Brennpunkt darstellt, in der Proportion

$$NP : FP = 1 : \varepsilon$$

oder in der Gleichung

1) $$FP = \varepsilon \cdot NP = \varepsilon \cdot CM$$

ausdrücken, wobei P einen beliebigen Punkt des Kegelschnittes PAP' und ε den constanten Quotienten seiner Abstände von Brennpunkt und Leitlinie (die sogenannte Charakteristik) bezeichnet. Setzen wir nun die Distanz des Brennpunktes von der Directrix $CF = d$, so ist

$$\overline{FP}^2 = (x - d)^2 + y^2,$$

und es entsteht aus Nr. 1) mit Substitution von $CM = x$ nach einfacher Reduction die Gleichung

2) $$y^2 = \varepsilon^2 x^2 - (x - d)^2.$$

Insofern dieselbe in Beziehung auf y rein quadratisch ist, zeigt sie, dass jeder Abscisse zwei gegen die Gerade CF — die sogenannte Achse des Kegelschnittes — symmetrisch gelegene Punkte, wie z. B. P und P', zugehören, was übrigens aus der Entstehung des Kegelschnittes leicht vorhergesehen werden konnte.

Durch die zuletzt gefundene Eigenschaft empfiehlt sich die Beibehaltung der im Vorigen benutzten x-Achse; es erübrigt daher noch die Frage, ob mit Verlegung der y-Achse einfachere Gleichungsformen zu erzielen sind. Um in dieser Beziehung zu möglichst allgemeinen Resultaten zu gelangen, wollen wir dem neuen Anfangspunkte eine vorläufig noch unbestimmte Abscisse h geben, so dass die früheren x nach Nr. 1) in § 2 in $x + h$ übergehen. Aus der Gleichung 2) entsteht dann:

$$y^2 = \varepsilon^2 (x + h)^2 - (x + h - d)^2,$$

und, wenn man auf der rechten Seite nach Potenzen von x ordnet, nach einigen leichten Umformungen:

3) $$y^2 = [(1 + \varepsilon)h - d][d - (1 - \varepsilon)h] + 2[d - (1 - \varepsilon^2)h]x - (1 - \varepsilon^2)x^2,$$

woraus durch Einsetzung specieller Werthe für h die Gleichungsformen für besondere Lagen des Coordinatenanfanges auf der Kegelschnittsachse gewonnen werden.

Soll z. B. der neue Anfangspunkt mit dem Brennpunkte zusammenfallen, so wird $h = d$, und man erhält mittelst dieser Substitution:

4) $$y^2 = \varepsilon^2 d^2 + 2\varepsilon^2 dx - (1 - \varepsilon^2)x^2.$$

Für die Ordinate im Brennpunkte, die wir mit p bezeichnen wollen, folgt hieraus die Relation:

$$5) \qquad\qquad p = \varepsilon\, d\, *$$

und, wenn wir diesen Werth in 4) substituiren, so entsteht:

$$6) \qquad\qquad y^2 = p^2 + 2\,\varepsilon\,p\,x - (1 - \varepsilon^2)\,x^2.$$

Die hierbei benutzte neue Constante p bildet die Hälfte der Sehne DE (Fig. 26), welche parallel zur Directrix durch den Brennpunkt hindurchgeht, oder des sogenannten Parameters des Kegelschnittes; sie kann daher selbst Halbparameter oder halber Parameter genannt werden.

Zu möglichst einfachen Gleichungsformen müssen wir gelangen, wenn wir über die Grösse h so verfügen, dass dadurch eines der beiden ersten Glieder auf der rechten Seite von Nr. 3) in Wegfall kommt. Es kann dies auf dreifache Weise erreicht werden, nämlich durch die Substitutionen: $d = (1 + \varepsilon)\,h$, $d = (1 - \varepsilon)\,h$ und endlich $d = (1 - \varepsilon^2)\,h$.

Setzen wir zunächst $d = (1 + \varepsilon)\,h$, also $h = \dfrac{d}{1 + \varepsilon}$, so geht die Gleichung 3) in die folgende über:

$$y^2 = 2\,\varepsilon\,d\,x - (1 - \varepsilon^2)\,x^2,$$

oder mit Benutzung von 5) in:

$$7) \qquad\qquad y^2 = 2\,p\,x - (1 - \varepsilon^2)\,x^2.$$

Aus dem hierbei zu Grunde gelegten Werthe von h folgt für jedes zwischen den Grenzen 0 und ∞ gelegene ε die Ungleichung $h < d$. Der neue Coordinatenanfang liegt daher zwischen Directrix und Brennpunkt; ausserdem ist er aber noch ein Punkt des Kegelschnittes selbst, weil in Nr. 7) x und y gleichzeitig zu Null werden, der Anfangspunkt also der Kegelschnittsgleichung Genüge leistet. Wir nennen diesen Punkt A (Fig. 26) Scheitel der Kegelschnittsachse, wonach die Gleichung 7) den Namen Scheitelgleichung erhalten kann. Die Zusammenstellung mit der in § 9 unter 3) gefundenen Scheitelgleichung des Kreises lässt den Kegelschnitt in einen Kreis mit dem Radius p übergehen, wenn $\varepsilon = 0$ gesetzt wird; der Kreis

---

* Dasselbe Resultat wird übrigens auch ohne weitere Rechnung erhalten, wenn man die obige Gleichung 1) auf die Punkte D und E anwendet.

kann demnach als ein Grenzfall der Kegelschnitte aufgefasst werden. — Bezeichnen wir noch den Abstand AF des Brennpunktes vom Scheitel mit f, so entsteht aus $f = d - h$ das Resultat

$$f = \frac{\varepsilon d}{1 + \varepsilon} \text{ oder}$$

8)
$$f = \frac{p}{1 + \varepsilon}.$$

Für $\varepsilon = 0$ wird daher im Kreise $f = p$, und, da p in diesem Falle Radius war, so trifft der Brennpunkt mit dem Mittelpunkte zusammen. Die Directrix rückt dagegen in unendliche Entfernung, wie sich sogleich zeigt, wenn man in der aus Nr. 5) folgenden Gleichung $d = \frac{p}{\varepsilon}$ für ε den Werth 0 einsetzt.

Die zweite zur Vereinfachung von Nr. 3) dienende Substitution

$$d = (1 - \varepsilon) h \text{ oder } h = \frac{d}{1 - \varepsilon}$$ führt zu einer Gleichung, welche mit

Ausnahme des Vorzeichens von $2px$ mit Nr. 7) vollkommen übereinstimmt. Diese Substitution lässt aber nicht eine allgemeine Anwendbarkeit zu, weil sie für $\varepsilon = 1$ einen unendlichen Werth von h oder eine Verschiebung des Coordinatenanfanges ins Unendliche erfordern würde. Für die beiden noch übrig bleibenden Fälle $\varepsilon < 1$ und $\varepsilon > 1$ zeigen sich hierbei zugleich Formverschiedenheiten darin, dass im ersteren Falle h grösser als d wird, im zweiten dagegen einen negativen Werth annimmt. — Zu ganz ähnlichen Bemerkungen giebt die Substitution $d = (1 - \varepsilon^2) h$ Veranlassung, mittelst deren das zweite Glied von Nr. 3) in Wegfall gebracht werden kann. Für $\varepsilon = 1$ bleibt sie unanwendbar, weil dann h unendlich wird; für $\varepsilon < 1$ wird eine Verschiebung des Coordinatenanfanges von der Leitlinie weg über den Brennpunkt hinaus, für $\varepsilon > 1$ dagegen nach der dem Brennpunkte entgegengesetzten Seite hin bedingt. Die Kegelschnitte zerfallen hiermit in drei verschiedene Formen, welche den Namen Parabel, Ellipse und Hyperbel führen, je nachdem $\varepsilon = 1$, $\varepsilon < 1$ oder endlich $\varepsilon > 1$.

§ 14.
Specielle Gleichungen für die drei Kegelschnittslinien.

I. Die Parabel. Die Fundamentaleigenschaft, aus welcher die Kegelschnitte zur Entstehung gelangten, geht, wenn $\varepsilon = 1$ ge-

setzt wird, in Gleichheit der Entfernungen jedes Parabelpunktes von
Directrix und Brennpunkt über. Der Scheitel kommt hierbei in die
Mitte zwischen Brennpunkt und Directrix zu liegen, und es finden
überhaupt nach 5) und 8) des vorhergehenden Paragraphen für die
daselbst eingeführten beständigen Grössen die Relationen

1)
$$p = d, \quad f = \frac{p}{2}$$

statt. Wählen wir ferner den Scheitel zum Coordinatenanfange, so
ergiebt sich mit Beibehaltung der früheren x-Achse nach Nr. 7) als
Gleichung der Parabel für rechtwinklige Coordinaten:

2)
$$y^2 = 2px.$$

Nach dieser Gleichung wird y für jedes negative x imaginär, während dagegen allen positiven Werthen von x reelle y zugehören. Bezeichnet man zwei Parabelpunkte mit xy und $x_1 y_1$, so folgt aus den
Gleichungen

$$y^2 = 2px \text{ und } y_1{}^2 = 2px_1$$

die Proportion:

$$x : x_1 = y^2 : y_1{}^2$$

d. h. die Abscissen sind den Quadraten der Ordinaten
proportional. Die y wachsen also gleichzeitig mit den x, jedoch
in einem schwächeren Verhältnisse. Durch Verbindung dieser Eigenschaft mit der früher schon bewiesenen Symmetrie aller Kegelschnitte in Beziehung auf die Achse erhält die
Parabel die Gestalt der Curve LAL' (Fig. 27),
so dass sie zu beiden Seiten der Achse AX
ins Unendliche verläuft. A stellt hierbei den
Scheitel und F den Brennpunkt dar. Die
Leitlinie würde in einem mit AF gleichen
Abstande rückwärts von A senkrecht gegen
die Achse gelegen sein.

Fig. 27.

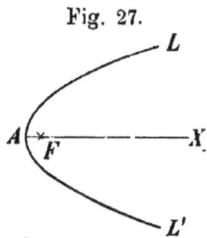

II. Die Ellipse. Sobald $\varepsilon < 1$, kann in Nr. 3) des vorigen
Paragraphen die Substitution $h = \dfrac{d}{1 - \varepsilon^2}$ angewendet werden. Die
Gleichung der Ellipse erlangt hierdurch die Form:

$$y^2 = \frac{\varepsilon^2 d^2}{1 - \varepsilon^2} - (1 - \varepsilon^2) x^2$$

oder mit Einführung des Halbparameters und geänderter Ordnung
der Glieder

3) $$(1 - \varepsilon^2)\, x^2 + y^2 = \frac{p^2}{1 - \varepsilon^2}.$$

Da diese Gleichung sowohl für x als y rein quadratisch ist, so hat die Ellipse in Beziehung auf beide Coordinatenachsen eine symmetrische Form, besteht demnach aus vier unter sich congruenten Quadranten. Der Coordinatenanfang ist, wie hieraus leicht abgeleitet werden kann, Mittelpunkt der Ellipse, d. h. er besitzt die Eigenschaft, dass auf jeder hindurch gelegten Geraden zu beiden Seiten von ihm zwei Ellipsenpunkte in gleichem Abstande gelegen sind.

Da seine Entfernung von der Directrix die Länge $\dfrac{d}{1 - \varepsilon^2}$ besitzt und

da dieser Werth nothwendig grösser als d ist, so liegt er von der Directrix aus gerechnet über den zugeordneten Brennpunkt hinaus. Bezeichnen wir die Entfernung des Mittelpunktes vom Brennpunkte — die sogenannte lineare Excentricität — mit c, so folgt aus der Relation $c = h - d$ mit Benutzung der Constanten p die Gleichung:

4) $$c = \frac{\varepsilon p}{1 - \varepsilon^2}.$$

Wird ferner der Abstand des Mittelpunktes vom Scheitel gleich a gesetzt, so ergiebt sich aus den Abständen der Directrix vom Mittelpunkte und vom Scheitel:

$$a = \frac{d}{1 - \varepsilon^2} - \frac{d}{1 + \varepsilon} = \frac{\varepsilon d}{1 - \varepsilon^2},$$

also mit Einführung von p:

5) $$a = \frac{p}{1 - \varepsilon^2}.$$

Bei Anwendung dieser Gleichung und der daraus folgenden

$$\frac{p}{a} = 1 - \varepsilon^2$$

geht Nr. 3) über in:

$$\frac{p}{a} \cdot x^2 + y^2 = a\,p,$$

und hieraus entsteht, wenn man auf beiden Seiten durch ap dividirt,

$$\frac{x^2}{a^2} + \frac{y^2}{a\,p} = 1.$$

Bezeichnen wir endlich die mittlere Proportionale zwischen a und p mit b, oder gebrauchen die Relation

6)
$$b^2 = ap,$$

so erlangt die Ellipsengleichung die symmetrische Form:

7)
$$\left(\frac{x}{a}\right)^2 + \left(\frac{y}{b}\right)^2 = 1.$$

Hieraus folgen für reelle Werthe der Coordinaten die Bedingungen

$$\left(\frac{x}{a}\right)^2 \leqq 1, \qquad \left(\frac{y}{b}\right)^2 \leqq 1,$$

wonach die Abscissen aller Ellipsenpunkte zwischen den Grenzen $-a$ und $+a$, die Ordinaten zwischen $-b$ und $+b$ enthalten sind. Beschränken wir uns bei der Formübereinstimmung der vier Quadranten auf denjenigen, in welchém x und y positiv sind, so gehören der Gleichung zufolge wachsenden x abnehmende y zu. Die Ellipse zeigt sich daher als geschlossene Curve in der Gestalt von Fig. 28.

Fig. 28.

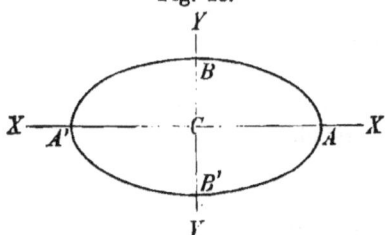

Für $x = 0$ und $y = 0$ finden sich $x = \pm\, a$ und $y = \pm\, b$ als Coordinaten der in den Achsen gelegenen Punkte A, A', B und B', der sogenannten Achsenscheitel. Die Strecken $AA' = 2a$, $BB' = 2b$ führen die Namen grosse und kleine Achse der Ellipse, die Constanten a und b stellen also die beiden Halbachsen dar. Zu der Berechtigung, zwischen den beiden Achsen einen Gegensatz der Grösse festzustellen, gelangt man mittelst der beiden Gleichungen 5) und 6), aus denen die Ungleichung

$$a > b > p$$

folgt. Nur wenn $\varepsilon = 0$, d. h. wenn die Ellipse in einen Kreis übergeht, werden diese drei Werthe unter sich gleich.

Zwischen den bei den vorhergehenden Gleichungen eingeführten beständigen Grössen finden noch einige Relationen statt, welche zur Herleitung von Eigenschaften der Ellipse benutzt werden können. Dividirt man zunächst die obige Gleichung 4) durch 5), so entsteht:

8)
$$\varepsilon = \frac{c}{a}.$$

Die Charakteristik erhält hiermit die Eigenschaft, die lineare Excen-- tricität als Bruchtheil der grossen Halbachse darzustellen, weshalb man ihr auch den Namen numerische Excentricität verleiht. Zugleich zeigt sich aber mit Rücksicht auf die frühere Bedeutung dieser Constanten, dass zwischen der grossen Halbachse einer Ellipse und ihrer linearen Excentricität dasselbe Verhältniss stattfindet, in welchem die Abstände eines beliebigen Punktes dieser Curve von der Leitlinie und dem zugeordneten Brennpunkte stehen.

Aus der Verbindung von 5) und 6) ergiebt sich ferner

$$b^2 = (1 - \varepsilon^2)\, a^2$$

und hieraus mit Benutzung der Relation 8) nach geänderter Ord- nung der Glieder:

9) $$a^2 = b^2 + c^2.$$

Die Gleichungen 8) und 9) können dazu dienen, für eine mit ihren Achsen gegebene Ellipse die Lage des Brennpunktes und der zugeordneten Leitlinie ausfindig zu machen. Nach Nr. 9) giebt sich nämlich vorerst die lineare Excentricität als Kathete eines recht- winkligen Dreieckes zu erkennen, in welchem die beiden Halbachsen die Hypotenuse und die andere Kathete darstellen; der Brennpunkt liegt daher in einer der grossen Halbachse gleichen Entfernung von den Scheiteln der kleinen Achse. Beachtet man ferner, dass der Ab- stand eines Scheitels der kleinen Achse von der Directrix mit der Entfernung der letzteren Linie vom Mittelpunkte identisch ist, so folgt, wenn man die oben bei Nr. 8 gefundene Proportionalität auf diese Entfernung anwendet, dass der Abstand der Directrix vom Mittelpunkte, die grosse Halbachse und die lineare Excentricität in stetiger Proportion stehen. Nach diesen Bemerkungen gewährt es keine Schwierigkeit, Brennpunkt und Leitlinie zu construiren; man gelangt aber dabei, insofern jede dieser Constructionen zu beiden Seiten der kleinen Achse ausgeführt werden kann, sogleich zu der Wahrnehmung, dass zwei Leitlinien und zwei Brennpunkte vorhan- den sein müssen, von denen jedesmal die auf derselben Seite vom Mittelpunkte aus gelegenen einander zugeordnet sind. In der Sym- metrie der Ellipse gegen die kleine Achse findet diese Eigenthüm- lichkeit ihre einfache Erklärung.

Die Existenz zweier Brennpunkte giebt noch zu der folgenden Betrachtung Veranlassung. Sind $D_1 D_1$ und $D_2 D_2$ die beiden Leit- linien der Ellipse in Fig. 29, ferner F_1 und F_2 die zugeordneten

Brennpunkte, so gelten in Folge der Eigenschaft, die wir der Entstehung der Kegelschnitte zu Grunde gelegt haben, die beiden

Fig. 29.

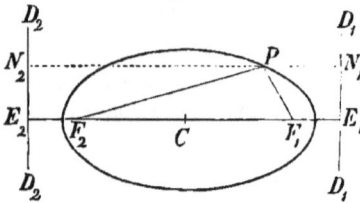

Gleichungen $PF_1 = \varepsilon \cdot PN_1$,
$F_2P = \varepsilon \cdot N_2P$, und es folgt
hieraus durch Addition:

$$F_2P + PF_2 = \varepsilon \cdot E_2E_1.$$

Nach der zwischen Entfernung
einer Leitlinie vom Mittelpunkte C, grosser Halbachse
und linearer Excentricität stattfindenden stetigen Proportion ist aber

$$CE_1 = \frac{a^2}{c}, \text{ also } E_2E_1 = \frac{2a^2}{c} = \frac{2a}{\varepsilon}, \text{ und demnach:}$$

$$F_2P + PF_1 = 2a.$$

Geben wir dem Abstande eines Kegelschnittspunktes vom Brennpunkte den Namen Brennstrahl, wonach jedem Punkte einer
Ellipse zwei Brennstrahlen zugehören, so führt das Vorhergehende
zu dem Lehrsatze: Für jeden Ellipsenpunkt ist die Summe
der beiden Brennstrahlen unveränderlich gleich der
grossen Achse.

III. Die Hyperbel. Ganz ähnliche Beziehungen wie bei der
Ellipse finden auch in dem Falle statt, wenn $\varepsilon > 1$, nur dass dadurch eine wesentliche Verschiedenheit der Gestalt bedingt wird.

Zunächst kann die Substitution $h = \dfrac{d}{1 - \varepsilon^2}$ wieder angewendet wer-

den; sie erfordert aber, weil $1 - \varepsilon^2$ negativ ist, eine Rückwärtsver-

schiebung der y-Achse um die Strecke $- \dfrac{d}{\varepsilon^2 - 1}$. Geben wir auch hier

dem neuen Coordinatenanfang vorläufig den Namen Mittelpunkt,
so zeigt sich im Vergleich mit der Ellipse der Unterschied, dass während dort der Mittelpunkt von der Directrix aus über den Brennpunkt hinaus gelegen war, bei der Hyperbel der Mittelpunkt und
Brennpunkt die Leitlinie zwischen sich einschliessen. Behalten wir
die bei Untersuchung der Ellipse eingeführten Bezeichnungen bei,
so folgt, wenn man mit Berücksichtigung der Lagenverschiedenheit
die zur Herleitung von Nr. 4) und 5) angewendeten Rechnungen
wiederholt, für die lineare Excentricität oder den Abstand des
Brennpunktes vom Mittelpunkte das Resultat:

10)
$$c = \frac{\varepsilon p}{\varepsilon^2 - 1},$$

und für die Entfernung des Mittelpunktes vom Scheitel:

11)
$$a = \frac{p}{\varepsilon^2 - 1}.$$

Dieser letzte Werth kann in die Gleichung Nr. 3) eingesetzt werden, welche, da die Verlegung des Coordinatenanfanges nach dem Mittelpunkte von derselben Substitution wie bei der Ellipse ausgeht, auch hier Anwendung findet, jedoch jetzt, wenn man negative Werthe vermeiden will, zweckmässiger in der Form

$$(\varepsilon^2 - 1)\, x^2 - y^2 = \frac{p^2}{\varepsilon^2 - 1}$$

geschrieben wird. Man erhält hieraus mit Benutzung von Nr. 11) nach einfacher Umgestaltung:

$$\frac{x^2}{a^2} - \frac{y^2}{a p} = 1,$$

oder, wenn man wieder eine Hülfsgrösse b einführt, für welche die Relation 6) giltig ist,

12)
$$\left(\frac{x}{a}\right)^2 - \left(\frac{y}{b}\right)^2 = 1.$$

Aus der Form dieser Gleichung folgt vorerst wieder die Symmetrie der Hyperbel in Beziehung auf die x- und y-Achse; es besteht also auch diese Curve in Uebereinstimmung mit der Ellipse aus vier unter sich congruenten Quadranten, und der Coordinatenanfang verdient ebenso wie dort den Namen Mittelpunkt. Dabei ist aber die Gestalt eine durchaus verschiedene, wie sich mittelst der folgenden Bedingungen

$$\left(\frac{x}{a}\right)^2 \geqq 1, \quad \left(\frac{y}{b}\right)^2 < \left(\frac{x}{a}\right)^2$$

ableiten lässt. Nach der ersten dieser Relationen sind nämlich keine Hyperbelpunkte möglich, wenn

$$+ a > x > - a,$$

also bei Uebereinstimmung der Achsen und des Werthes a gerade innerhalb des Raumes, wo sich alle ausserhalb der x-Achse gelegenen Ellipsenpunkte befinden; nur für $y = 0$ fallen beide Curven zusammen und geben $x = \pm a$ für die Abscissen der Achsenscheitel. Die Hyperbel zerfällt hiermit in zwei von einander getrennte, zu beiden Seiten der y-Achse gelegene Zweige. — Fassen wir ferner von den vier congruenten Quadranten der Hyperbel denjenigen besonders ins Auge, innerhalb dessen beide Coordinaten positiv sind, so wachsen in Folge der unter 12) gefundenen Gleichung die y gleichzeitig mit den x; dabei ist aber gemäss der Ungleichung $\left(\dfrac{y}{b}\right)^2 < \left(\dfrac{x}{a}\right)^2$ immer

$$y < \frac{b}{a} x,$$

d. h. die Hyperbelordinaten sind bei übereinstimmendem x kleiner als die y einer durch den Mittelpunkt gehenden Geraden mit der Richtungsconstante $\dfrac{b}{a}$. Zur näheren Untersuchung der gegenseitigen Lage der Hyperbel und dieser Geraden bringen wir die Hyperbelgleichung 12) auf die Form:

$$\frac{b^2}{a^2} x^2 - y^2 = b^2,$$

oder, indem wir linker Hand in Factoren zerlegen:

$$\left(\frac{b}{a} x - y\right) \left(\frac{b}{a} x + y\right) = b^2.$$

Hieraus folgt für jeden Punkt der in Rede stehenden Hälfte des einen Hyperbelzweiges

$$\frac{b}{a} x - y = \frac{a b^2}{b x + a y}.$$

Der auf der rechten Seite befindliche Quotient giebt für den Ueberschuss von $\dfrac{b}{a} x$ über y, d. i. für den in einer Parallelen zur y-Achse gemessenen Abstand der Geraden und Hyperbel Werthe, die sich bei gleichzeitig wachsenden x und y fort und fort verkleinern; ja es kann, wenn man x hinreichend gross wählt und damit auch y entsprechend anwachsen lässt, dieser Unterschied kleiner als jede noch so kleine Grösse werden, ohne doch jemals ganz in Null überzugehen. Eine Gerade, wie die eben untersuchte, an welche sich eine krumme Linie mehr und mehr anschmiegt, ohne doch je mit ihr vollständig zusammenzufallen, heisst eine Asymptote der

Curve; die Hyperbel besitzt mit Rücksicht auf ihre Symmetrie gegen die von uns gewählten Coordinatenachsen zwei Asymptoten, die sich im Mittelpunkte schneiden. Die Gleichungen dieser Asymptoten sind:

13) $$y = + \frac{b}{a} x \text{ und } y = - \frac{b}{a} x.$$

In Fig. 30 ist eine Hyperbel mit den Asymptoten LL und $L'L'$ dargestellt. Die Gerade $A'A = 2a$ führt den Namen Hauptachse; die durch den Mittelpunkt senkrecht zur Hauptachse gelegte Gerade YY wird die Nebenachse genannt. Unter Länge der Ne-

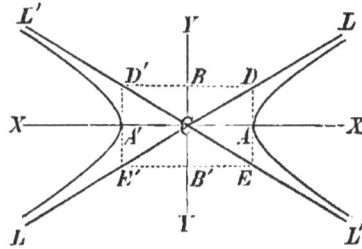

Fig. 30.

benachse versteht man das Doppelte derjenigen Grösse, die wir mit b bezeichnet haben. Diese Länge kann durch eine Gerade $DE = D'E'$ dargestellt werden, welche man durch einen Achsenscheitel parallel zur Nebenachse zwischen den Asymptoten legt. Nach den Gleichungen der Asymptoten ist nämlich, wenn wir $LDCA$ oder die Hälfte des sogenannten Asymptotenwinkels DCE mit γ bezeichnen,

14) $$tan\,\gamma = \frac{b}{a},$$

und hieraus folgt:

$$DA = a \cdot tan\,\gamma = b, \text{ also } DE = 2b.$$

Von DE oder $D'E'$ aus wird diese Länge leicht auf die Nebenachse nach BB' übertragen. Zu bemerken ist dabei, dass eine Ellipse mit denselben Halbachsen a und b in das zu dieser Construction benutzte Rechteck $DEE'D'$ völlig eingeschlossen sein würde.

Die Relation $a > b$, welche bei der Ellipse Geltung fand, kommt für die Hyperbel in Wegfall. Es ergiebt sich diese Wahrnehmung unmittelbar aus der Gleichung 11), wonach $a > p$, wenn $\varepsilon^2 < 2$, dagegen $a < p$, wenn $\varepsilon^2 > 2$. Da nun b immer die mittlere Proportionale zwischen a und p darstellt, so muss im ersteren Falle auch $a > b$ und im letzteren $a < b$ sein. Sobald $\varepsilon^2 = 2$, oder $\varepsilon = \sqrt{2}$, werden a, b und p unter sich gleich; die Hyperbel wird dann eine gleichseitige genannt. Aus Nr. 14) folgt ohne Schwierigkeit, dass der Asymptotenwinkel einer gleichseitigen Hyperbel ein rechter sein muss, während er für $a > b$ spitz und für $a < b$ stumpf ist.

Was die übrigen für die beständigen Grössen der Ellipse aufgestellten Beziehungen betrifft, so zeigen zunächst die Gleichungen 10) und 11), dass die Formel

$$\varepsilon = \frac{c}{a}$$

auch für die Hyperbel Anwendung findet. Hiermit können aber zugleich die daraus gezogenen Folgerungen übertragen werden. Nur Nr. 9) erleidet eine Aenderung, indem die Verbindung von 6) und 11) zu dem Resultate

$$b^2 = (\varepsilon^2 - 1)\, a^2$$

hinführt, woraus mit Einsetzung des Werthes von ε und geänderter Ordnung der Glieder die Relation

15) $$c^2 = a^2 + b^2$$

hergeleitet wird. $CD = CE$ in Fig. 30 ist daher identisch mit dem Abstande des Brennpunktes vom Mittelpunkte.

In gleicher Weise wie bei der Ellipse gelangen wir auch bei der Hyperbel zu zwei Leitlinien und zwei Brennpunkten, von denen

Fig. 31.

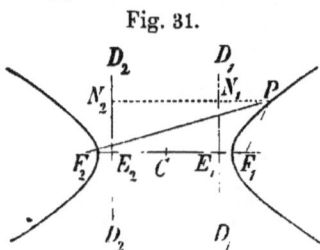

wieder die auf derselben Seite der Nebenachse gelegenen einander zugeordnet sind. In Fig. 31 sind diese beiden Leitlinien durch $D_1 D_1$ und $D_2 D_2$ dargestellt, mit den zugeordneten Brennpunkten F_1 und F_2. Bezeichnen wir mit ε die Charakteristik oder numerische Excentricität, so folgt aus einer ähnlichen Rechnung, wie die zu Fig. 29 bei Untersuchung der Brennstrahlen der Ellipse angestellte,

$$F_2 P - F_1 P = \varepsilon \,.\, E_2 E_1,$$

und hieraus:

$$F_2 P - F_1 P = 2\,a.$$

Dies giebt den zur Construction der Hyperbel brauchbaren Lehrsatz: Für jeden Hyperbelpunkt ist die Differenz der beiden Brennstrahlen unveränderlich gleich der Hauptachse.

Die zwischen der Ellipse und Hyperbel stattfindenden Analogien können analytisch auf die Zusammenstellung ihrer Gleichungen 7) und 12) zurückgeführt werden. Beide werden identisch, sobald man die elliptische Halbachse b in $b \sqrt{-1}$ übergehen lässt. Dadurch ist der Ausspruch gerechtfertigt: die Hyperbel kann als Ellipse mit imaginärer kleiner Achse aufgefasst werden. Um endlich noch eine Vergleichung mit der Parabel zu erlangen, muss man für alle drei Curven die Scheitelgleichung anwenden, weil in der Parabel kein Mittelpunkt vorhanden ist. Bei Benutzung der Beziehungen 5) und 11) entsteht aus Nr. 7) in § 13 das folgende System von Gleichungen:

$$16) \quad \begin{cases} y^2 = 2px - \dfrac{p}{a}x^2 \\[2mm] y^2 = 2px \\[2mm] y^2 = 2px + \dfrac{p}{a}x^2, \end{cases}$$

welche in der gewählten Reihenfolge zur Ellipse, Parabel und Hyperbel gehören. Ellipse und Hyperbel gehen nach dieser Zusammenstellung in Parabel über, wenn man a unendlich werden lässt, wonach die Parabel als eine Ellipse oder Hyperbel mit unendlich grosser Achse betrachtet werden kann.

Von dem allgemeinen Ueberblicke der drei Hauptformen der Kegelschnitte wenden wir uns in den folgenden Capiteln zu der speciellen analytischen Untersuchung dieser Curven. Wir gehen dabei von der Parabel aus, die insofern für die einfachste dieser drei Linien anzusehen ist, als ihre Gleichung nur von einer Constanten abhängig gemacht werden kann, während für die Ellipse und Hyperbel die Einführung von zwei beständigen Grössen nöthig wird.

Fünftes Capitel.

Die Parabel.

§ 15.

Die Gleichung: $y^2 = 2px$.

Nachdem wir im vorigen Paragraphen unter I. aus der Gleichung

$$1) \qquad y^2 = 2px$$

bereits die Hauptumrisse der Gestalt für die dadurch repräsentirte Linie — die Parabel — hergeleitet haben, wollen wir jetzt die Gleichung anwenden, um aus ihr Mittel zur geometrischen Darstellung dieser Curve zu gewinnen.

I. Wird Nr. 1) in eine stetige Proportion aufgelöst, so erscheint y als mittlere Proportionale zwischen $2p$ und x, oder auch zwischen p und $2x$. Jede Construction, durch welche die mittlere Proportionale zweier Strecken gefunden wird, ist daher brauchbar, um beliebig viele Punkte einer Parabel zu erlangen, deren Achse, Scheitel und Parameter gegeben sind. Trägt man z. B. aus dem Scheitel A

Fig. 32.

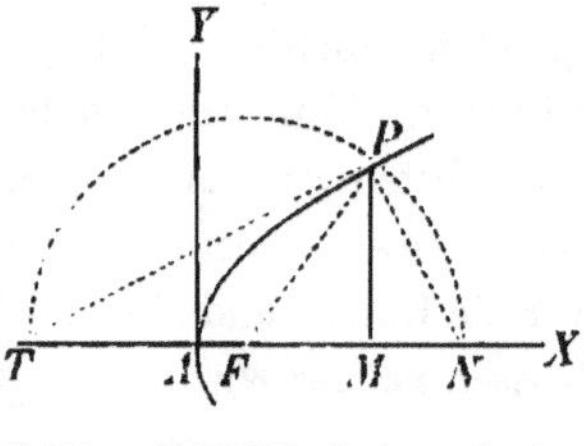

(Fig. 32) die Abscisse AM auf der Achse rückwärts nach AT, macht $MN = p$ und construirt über dem Durchmesser $TN = 2x + p$ einen Halbkreis, so wird die Ordinate MP in einem Parabelpunkte P geschnitten, weil nach einem bekannten Satze MP die mittlere Proportionale zwischen TM und MN, d. i. zwischen $2x$ und p bildet. Die besondere Auftragung der Strecke MN kann hierbei noch erspart werden, wenn man beachtet, dass der Mittelpunkt F des beschriebenen Halbkreises den Brennpunkt der Parabel abgiebt. Der Construction zufolge ist nämlich

$$TF = \tfrac{1}{2}\,TN = x + \tfrac{1}{2}\,p,$$

folglich, da $TA = x$,

$$AF = \tfrac{1}{2}\,p.$$

Dieser Werth ist aber nach § 14 Nr. 1) mit dem Abstande des Brennpunktes vom Scheitel identisch. — Das angegebene Verfahren empfiehlt sich namentlich insofern, als sich später zeigen wird, dass dabei gleichzeitig in TP und PN die Tangente und Normale des Parabelpunktes P zum Vorschein kommen.

II. Liegt ein Punkt auf zwei Geraden, für welche die Gleichungen

2) $$y = A_1 x$$

3) $$y = \frac{2\,p}{A_1}$$

gegeben sind, so gilt für seine Coordinaten auch die aus Multiplication von 2) und 3) entstehende Gleichung:

$$y^2 = 2\,p\,x;$$

er ist also ein Parabelpunkt. Hierbei gehört, da A_1 aus der Rechnung fällt, die Gleichung 2) einer in beliebiger Richtung durch den Coordinatenanfang gelegten Geraden an, Nr. 3) dagegen einer Parallelen zur x-Achse durch denjenigen Punkt einer im Scheitel auf der ersteren Geraden errichteten Senkrechten, für welchen $x = -2p$ ist. Letzteres folgt aus der Bemerkung, dass die Gleichung 3) auch in der Form

$$y = -\frac{1}{A_1}\,(-2p)$$

geschrieben werden kann. — Hierauf gründet sich die folgende Construction:

Im Abstande $AC = 2p$ vom Scheitel (Fig. 33) errichte man die feste Gerade CD senkrecht zur Achse. Wird dann durch den Scheitel A die Gerade AP in beliebiger Richtung gelegt, hierauf das Perpendikel AN gefällt und zuletzt NP parallel zur Achse AX gezogen, so liegt der Punkt P auf der Parabel.

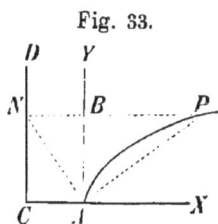

Fig. 33.

III. Da im § 14 die Gleichung der Parabel aus der Eigenschaft abgeleitet wurde, dass jeder Parabelpunkt gleiche Entfernung von dem Brennpunkte und der Leitlinie besitzt, so kann selbstverständlich auch von jener Gleichung auf diese Eigenschaft zurückgegangen werden. Man gelangt hierzu, wenn man die Gleichung 1) in der Form

$$y^2 = \left(x + \frac{p}{2}\right)^2 - \left(x - \frac{p}{2}\right)^2$$

schreibt, woraus dann das Resultat

$$\left(x - \frac{p}{2}\right)^2 + y^2 = \left(x + \frac{p}{2}\right)^2$$

hervorgeht. Der linker Hand befindliche Werth giebt das Quadrat der Entfernung des Punktes xy von einem festen Punkte mit den Coordinaten $\frac{p}{2}$ und 0, d. i. vom Brennpunkte; rechter Hand befindet sich das Quadrat der Entfernung desselben Punktes von einer um die Strecke $\frac{p}{2}$ rückwärts von der y-Achse gelegenen Geraden, d. i. von der Directrix. Die auf die Gleichheit dieser Entfernungen sich gründende Construction von Parabelpunkten kann, da sie durchaus keine Schwierigkeit darbietet, der Selbstübung des Lesers überlassen bleiben.

Die im Vorigen angewendeten Umformungen können auch auf den Fall übertragen werden, wo die Entfernungen eines Punktes von Brennpunkt und Leitlinie ungleich sind, er also nicht auf der Parabel gelegen ist. Von den hierbei möglichen zwei Fällen

$$\left(x - \frac{p}{2}\right)^2 + y^2 \gtrless \left(x + \frac{p}{2}\right)^2$$

gehört offenbar der erstere einem Punkte an, welcher ausserhalb des von der Parabel umschlossenen unendlichen Räumes gelegen ist, weil die Entfernung eines solchen Punktes vom Brennpunkte bei gleicher Abscisse, also auch gleicher Entfernung von der Directrix grösser als der Abstand des entsprechenden Parabelpunktes vom Brennpunkte sein muss. Der zweite Fall bezieht sich in gleicher Weise auf einen innerhalb der Parabel gelegenen Punkt. Hieraus folgt, dass durch die Ungleichung

4) $y^2 > 2px$

diejenigen Punkte bezeichnet werden, welche ausserhalb der Parabelfläche liegen*, während die Ungleichung

---

* Für den Fall eines negativen x, welchem imaginäre Parabelpunkte entsprechen, ist die Giltigkeit der Ungleichung 4) selbstverständlich.

5) $$y^2 < 2px$$

Punkten innerhalb der Parabelfläche angehört.

Die Beziehung der Lage von Parabelpunkten auf den Brennpunkt und die zugehörige Leitlinie führt noch zu der Frage, ob vielleicht, wie bei Ellipse und Hyperbel, mehr als ein Brennpunkt vorhanden ist. Wir gehen bei Beantwortung dieser Frage von der bei Entstehung der Kegelschnitte zu Grunde gelegten Begriffsbestimmung aus, dass wir unter Brennpunkt einer Curve einen in ihrer Ebene gelegenen Punkt verstehen, der im Vereine mit einer zugeordneten Geraden (Directrix) die Eigenschaft besitzt, dass die Entfernungen jedes Curvenpunktes von diesem festen Punkte und der zugehörigen Directrix in einem constanten Verhältnisse stehen. Bezeichnen wir nun die Coordinaten dieses Brennpunktes mit ξ und η und setzen für die Gleichung der Leitlinie

$$y = Ax + b,$$

so muss nach der angegebenen Fundamentaleigenschaft die Gleichung der Curve die Form

$$(x - \xi)^2 + (y - \eta)^2 = \varepsilon^2 \left[\frac{y - (Ax + b)}{\sqrt{1 + A^2}} \right]^2$$

annehmen können, wobei ε einen unveränderlichen Factor ausdrückt [vgl. § 3 Nr. 1) und § 6 Nr. 7)]. Werden hierin statt A, b und ε zur Abkürzung drei neue Constanten α, β, γ eingeführt, für welche die Relationen

$$\alpha = - \frac{A\varepsilon}{\sqrt{1 + A^2}}, \qquad \beta = \frac{\varepsilon}{\sqrt{1 + A^2}}, \qquad \gamma = - \frac{b\varepsilon}{\sqrt{1 + A^2}}.$$

giltig sind, so erlangt die Curve mit dem Brennpunkte $\xi\eta$ die Gleichung:

6) $$(x - \xi)^2 + (y - \eta)^2 = (\alpha x + \beta y + \gamma)^2 *$$

oder, wenn man die darin angedeuteten Operationen ausführt und nach Potenzen der Variabeln x und y ordnet,

7) $$\begin{cases} (1 - \alpha^2) x^2 + (1 - \beta^2) y^2 - 2\alpha\beta xy \\ - 2(\xi + \alpha\gamma) x - 2(\eta + \beta\gamma) y \\ + \xi^2 + \eta^2 - \gamma^2 = 0. \end{cases}$$

* Die Gleichung 6), in welcher α, β, γ beliebige Constanten darstellen, lässt die Deutung zu, dass der Brennstrahl eine lineare Function der Coordinaten x und y darzustellen habe.

Die Form dieser Gleichung führt uns zu der aus der Entstehung der Kegelschnitte bereits ersichtlichen Bemerkung zurück, dass Brennpunkte nur bei Linien zweiten Grades vorkommen können. Soll nun eine solche Linie zur Parabel werden, so muss Nr. 7) in

$$y^2 = 2\,p\,x$$

übergehen. Hierzu sind die folgenden Bedingungen nöthig und ausreichend:

$$1 - \alpha^2 = 0 \qquad \alpha\,\beta = 0$$
$$\eta + \beta\,\gamma = 0 \qquad \xi^2 + \eta^2 - \gamma^2 = 0,$$

welche, da mit Rücksicht auf die beiden ersten dieser Resultate

$$\beta = 0$$

sein muss, sich auf

$$\alpha^2 = 1, \qquad \eta = 0 \text{ und } \xi^2 = \gamma^2$$

reduciren. Die Relation $\eta = 0$ zeigt, dass Brennpunkte nur in der Achse der Parabel gelegen sein können. — Mit Einsetzung der vorhergehenden Werthe entsteht aus Nr. 7)

$$y^2 = 2\,(\xi + \alpha\,\gamma)\,x$$

als Gleichung einer Parabel, für welche

$$\xi + \alpha\,\gamma = p.$$

Wird diese letzte Bedingung mit den oben aufgestellten vereinigt, so gelangt man nach Elimination von α und γ zu dem Resultate:

$$p\,(p - 2\,\xi) = 0.$$

Dieser Gleichung kann aber in einer Parabel, deren Halbparameter p von Null verschieden ist, nur genügt werden, wenn

$$\xi = \frac{p}{2}.$$

Die Parabel besitzt demnach nur einen Brennpunkt, nämlich den auf der Achse im Abstande $\frac{p}{2}$ vom Scheitel gelegenen.

§ 16.

Die Parabel und die Gerade.

Legen wir den folgenden Untersuchungen die Gleichung der Parabel wieder in der Form

1)
$$y^2 = 2px$$

zu Grunde, so ist dabei in Uebereinstimmung mit den vorhergehenden Betrachtungen ein rechtwinkliges Coordinatensystem vorausgesetzt, dessen x-Achse mit der Parabelachse zusammenfällt und dessen Anfangspunkt im Scheitel gelegen ist. Was die hierbei angenommene y-Achse betrifft, so ergiebt sich, wenn wir ihre Gleichung

$$x = 0$$

mit der oben für die Parabel gegebenen verbinden, die Gleichung

$$y^2 = 0,$$

welche **zwei gleiche Wurzeln** $y = 0$ besitzt. Der Coordinatenanfang, soweit er gleichzeitig auf der y-Achse und Parabel liegt, ist daher so anzusehen, als wenn er aus **zwei zusammenfallenden Punkten** bestände, in denen zugleich beide Linien zusammenfallen. Hiermit gewinnt die y-Achse den Charakter einer Tangente; wir wollen ihr den Namen **Scheiteltangente** geben.

Gehen wir nach dieser Vorbemerkung zu den möglichen Lagen einer beliebigen Geraden gegen die Parabel über, so soll erstere durch die Gleichung

2)
$$y = Ax + b$$

fixirt sein. Für etwa vorhandene gemeinschaftliche Punkte beider Linien gelten dann die beiden Gleichungen 1) und 2), aus denen, wenn man x eliminirt, welches in beiden Gleichungen nur in der ersten Potenz auftritt, für die Ordinaten dieser Punkte das Resultat

3)
$$Ay^2 - 2py + 2bp = 0$$

entsteht. Die zugehörigen x finden sich ebensowohl aus Nr. 1) als aus 2).

Rücksichtlich der Gleichung 3) müssen wir die beiden Fälle unterscheiden, ob $A = 0$ oder von Null verschieden ist, d. h. ob die Gerade der Parabelachse parallel läuft oder sie schneidet. Im ersteren Falle giebt die Gleichung, weil sie in Beziehung auf y dem ersten Grade angehört, nur eine Wurzel, woraus das Resultat folgt, **dass jede der Parabelachse parallele Gerade die Parabel in einem Punkte schnei-**

det.* Ist dagegen A von Null verschieden, so behält Nr. 3) ihre
quadratische Form und es ist die Beschaffenheit der Wurzeln aus
der Discriminante

$$\varDelta = p^2 - 2\,A\,b\,p$$

abzuleiten, welche auch in der Form

$$\varDelta = 2p\left(\frac{p}{2} - A\,b\right)$$

geschrieben werden kann. Da hierin der Parameter $2p$ immer einen
entschieden positiven Werth besitzt, so hängt das Vorzeichen dieser Discriminante, also auch die Beschaffenheit der Wurzeln und
hiermit die gegenseitige Lage der Parabel und der Geraden von
dem Vorzeichen der Differenz

$$\frac{p}{2} - A\,b$$

ab. Je nachdem diese Differenz positiv, gleich Null oder negativ
ist, haben die beiden Linien zwei verschiedene, einen oder besser
gesagt zwei zusammenfallende Punkte und endlich keinen Punkt gemein. Im ersteren Falle ist also die Gerade Secante, im zweiten
Tangente, im dritten liegt sie mit allen ihren Punkten ausserhalb
der Parabel.

Zur geometrischen Deutung dieser Merkmale projicire man den
Brennpunkt rechtwinklig auf die Gerade. Die Gleichung der Pro-
jicirenden lautet nach Nr. 6) in § 6:

$$y = -\frac{1}{A}\left(x - \frac{p}{2}\right),$$

---

* Bringt man das aus Nr. 3) folgende Resultat

$$y = \frac{p \pm \sqrt{p\,(p - 2\,A\,b)}}{A}$$

durch Multiplication von Zähler und Nenner mit $p \mp \sqrt{p\,(p-2\,A\,b)}$ und
nachfolgende Hebung von A in die Form

$$y = \frac{2\,b\,p}{p \mp \sqrt{p\,(p - 2\,A\,b)}},$$

so umfasst es auch den Fall $A = 0$, und es fällt dabei, da die Wurzel
mit dem obern Vorzeichen unendlich wird, der eine Durchschnittspunkt
in die Unendlichkeit. Diese Bemerkung ist für die Vergleichung von
Parabel und Ellipse nicht ohne Wichtigkeit.

und man erhält hieraus in Verbindung mit der obigen Gleichung
Nr. 2) für die Abscisse der Brennpunktsprojection:

$$x = \left(\frac{p}{2} - Ab\right) : (1 + A^2).$$

Da der Divisor dieses Werthes stets positiv ist, so hat die Differenz
$\frac{p}{2} - Ab$ mit dem gefundenen x gleiches Vorzeichen, und es ergiebt
sich hieraus das folgende Merkmal: Eine Gerade ist Tangente
der Parabel, sobald die Projection des Brennpunktes
auf die Gerade in der Scheiteltangente liegt. Bei jeder
anderen Lage ist die Gerade Secante oder hat keinen
Punkt mit der Parabel gemein, je nachdem die Brennpunktsprojection von der Scheiteltangente aus auf die
Seite der Parabel oder die entgegengesetzte Seite
fällt. Besonders wichtig ist von diesen drei Fällen der auf Tangenten bezügliche, indem er dazu benutzt werden kann, um bei
gegebenem Brennpunkte alle auf Parabeltangenten bezügliche Aufgaben geometrisch zu lösen.

Wir wenden uns zur analytischen Behandlung solcher Aufgaben,
wobei wir das Kennzeichen festzuhalten haben, dass jede Gerade,
deren Constanten die Bedingung

$$\frac{p}{2} - Ab = 0$$

oder

4) $$p = 2Ab$$

erfüllen, eine Tangente darstellt.

Aus Nr. 4) folgt zunächst, wenn die Richtung einer zu ziehen-
den Tangente gegeben ist,

$$b = \frac{p}{2A}$$

und hieraus für die Gleichung der Berührungslinie selbst:

5) $$y = Ax + \frac{p}{2A}.$$

Dieses Resultat zeigt, dass in gegebener Richtung stets nur eine
Parabeltangente gelegt werden kann, und führt bei Construction
der Grösse $\frac{p}{2A}$ oder $\frac{p}{2} : A$ auf das oben für Tangenten festgesetzte

Merkmal zurück. Auszuschliessen ist jedoch der Fall $A = 0$, in welchem die Tangente in die Unendlichkeit fällt.

Soll ferner eine Gerade $y = Ax + b$ die Parabel berühren und dabei durch einen festen Punkt $x_1 y_1$ hindurchgehen, so hat man zur Bestimmung der beständigen Grössen A und b die beiden Bedingungen:

$$p = 2Ab, \quad y_1 = Ax_1 + b.$$

Hieraus entsteht, wenn man b eliminirt, zur Berechnung der Grösse A, für welche die Bedingung $A = 0$ bereits ausgeschlossen ist, die Gleichung:

6) $$2A^2 x_1 - 2A y_1 + p = 0.$$

Die zugehörigen b ergeben sich aus:

7) $$b = \frac{p}{2A}.$$

Mit Rücksicht auf die quadratische Form von Nr. 6) folgt, dass durch den Punkt $x_1 y_1$ zwei Tangenten, eine oder keine möglich sind, je nachdem

$$y_1^2 \gtreqless 2p x_1,$$

was mit Rücksicht auf die Gleichung der Parabel in Verbindung mit den Ungleichungen 4) und 5) des vorigen Paragraphen darauf hinauskommt, ob der gegebene Punkt ausserhalb der Parabelfläche, auf der Peripherie oder innerhalb gelegen ist.

Soll der Punkt $x_1 \, y_1$ Berührungspunkt sein, so findet die Gleichung:

8) $$y_1^2 = 2p x_1$$

statt. Wird nun Nr. 6) mit p multiplicirt, so entsteht mit Benutzung von 8)

$$A^2 y_1^2 - 2A p y_1 + p^2 = 0,$$

und hieraus folgt:

9) $$A = \frac{p}{y_1}.$$

Für die Constante b ergiebt sich aus Nr. 7), wenn man den gefundenen Werth von A einsetzt,

10) $$b = \frac{y_1}{2},$$

und man erhält durch Substitution dieser Werthe von A und b in die Gleichung der Geraden bei Beachtung von Nr. 8) als **Gleichung einer Tangente mit dem Berührungspunkte** $x_1 y_1$:

11) $$y_1 y = p\,(x + x_1).$$

Setzt man hierin $y = 0$, so folgt für die Abscisse a desjenigen Punktes, in welchem die Tangente die Parabelachse schneidet,

12) $$a = -x_1.$$

Dieser letzte Werth ist besonders geeignet, um bei gegebenem Berührungspunkte die Tangente zu construiren.

Soll z. B. die Parabel im Punkte P (Fig. 34) von einer Geraden berührt werden, so hat man nur, wenn MP die Ordinate dieses Punktes darstellt, $TA = AM$ zu machen und TP zu ziehen, um die Tangente zu erhalten. Nach den zu Fig. 32 gemachten Bemerkungen ist

Fig. 34.

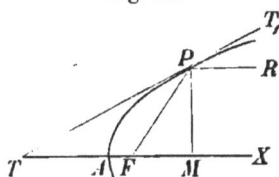

hierbei $TF = FP$, folglich sind auch die Winkel PTF und TPF einander gleich. Dies giebt den Satz: **Die Tangente an einem Parabelpunkte bildet mit der Parabelachse denselben Winkel, wie mit dem Brennstrahle jenes Punktes.**[*] Legt man ferner PR parallel zur Achse, so sind nach dem Vorigen auch die Winkel $T_1 PR$ und TPF einander gleich. Hierauf beruhen die physikalischen Eigenschaften des Parabelbrennpunktes.[**]

Ist $x_1 y_1$ ein ausserhalb der Parabel gelegener Punkt, von welchem aus zwei Tangenten gezogen werden können, so lässt sich durch ein ganz ähnliches Räsonnement, wie das zur Herleitung der Gleichung 3) in § 10 angewendete, nachweisen, dass für diesen Fall Nr. 11) die Gleichung der **Berührungssehne** darstellt. Bezeichnet man nämlich die Coordinaten eines der beiden Berührungspunkte mit x und y, so findet, da x_1 und y_1 einem Punkte ange-

---

[*] Analytisch kann dieses Resultat durch Vergleichung der Richtungsconstanten der Geraden FP und TP bestätigt werden.

[**] In einem Hohlspiegel, dessen spiegelnde Fläche durch Rotation einer Parabel um ihre Achse gebildet ist, werden Licht- oder Wärmestrahlen, die parallel zur Achse einfallen, im Brennpunkte vereinigt. Umgekehrt werden solche Strahlen, wenn sie vom Brennpunkte ausgehen, in einer mit der Achse parallelen Richtung reflectirt.

hören, welcher in der durch xy gehenden Tangente gelegen ist, zwischen x, x_1, y und y_1 nach 11) die Relation

13) $$y_1 y = p\,(x + x_1)$$

statt, wobei nur x und x_1, y und y_1 ihre Bedeutungen vertauscht haben. Ganz Gleiches gilt auch für den zweiten Berührungspunkt; folglich ist die Gleichung 13), welche als Gleichung ersten Grades zweien mit xy bezeichneten Punkten Genüge leistet, der Verbindungsgeraden dieser beiden Punkte angehörig. Hiernach ist es leicht, die Berührungssehne zu construiren. Man findet, wie bei der Tangente, für die Abscisse ihres Durchschnittspunktes mit der Parabelachse

$$a = -\,x_1,$$

wodurch einer ihrer Punkte bestimmt ist; ferner für ihre Richtungsconstante

$$A = \frac{p}{y_1},$$

d. h. mit Rücksicht auf Nr. 9): sie läuft mit der Tangente eines Parabelpunktes parallel, dessen Ordinate mit y_1 gleich ist.

Normalen der Parabel. Eine im Parabelpunkte $x_1 y_1$ errichtete Normale hat, weil sie auf der Tangente dieses Punktes senkrecht steht, nach Nr. 6 in § 6 die Gleichungsform:

$$. \; y - y_1 = -\,\frac{1}{A}\,(x - x_1),$$

wobei A die der Tangente zugehörige Richtungsconstante bezeichnet. Mit Substitution des in Nr. 9) gegebenen Werthes von A erhält man hieraus als Gleichung der Normale:

14) $$y - y_1 = -\,\frac{y_1}{p}\,(x - x_1).$$

Setzt man hierin $y = 0$, so ergiebt sich für die Abscisse ξ des Durchschnittspunktes der Normale und Parabelachse das Resultat:

15) $$\xi - x_1 = p.$$

Die Differenz $\xi - x_1$, d. i. die auf der Achse zwischen dem Fusspunkte der Ordinate und dem Einfallspunkte der Normale enthaltene Strecke führt den Namen Subnormale.* Mit Einführung dieser

---

* In ähnlicher Weise wird die zwischen dem Einfallspunkte der Tangente und dem Fusspunkte der Ordinate auf der Achse gelegene Strecke Subtangente genannt. Ihre Grösse ist in der Parabel nach Nr. 12) gleich der doppelten Abscisse des Berührungspunktes.

Benennung entsteht aus Nr. 15) der Satz: Die Subnormale jedes Parabelpunktes ist beständig gleich dem Halbparameter.

Aus der Gleichheit der Winkel, welche eine Parabeltangente mit Brennstrahl und Achse einschliesst, kann noch auf einfache Weise das Resultat hergeleitet werden, dass die gleiche Eigenschaft auch für die Normale Geltung besitzt.

§ 17.

Fortsetzung.

Durchmesser der Parabel. Wenn man die in Nr. 3) des vorhergehenden Paragraphen für die Ordinaten der gemeinschaftlichen Punkte einer Parabel und einer Geraden aufgestellte Gleichung durch A dividirt, so kann diese Gleichung auf die Form

$$1) \qquad y^2 - 2\frac{p}{A}y + \frac{2bp}{A} = 0$$

gebracht werden, unter der Voraussetzung, dass A von Null verschieden ist, d. h. dass die Gerade nicht mit der Parabelachse parallel läuft. Der ausgeschlossene Fall ist also der, wo die Gerade nur einen Punkt mit der Parabel gemein haben kann.

Angenommen nun, die Gerade schneide die Parabel in zwei Punkten, so wollen wir mit y_1 und y_2 die Ordinaten dieser beiden Durchschnittspunkte bezeichnen. Dann folgt aus 1) nach dem algebraischen Lehrsatze über die Summe der Wurzeln einer quadratischen Gleichung:

$$\frac{y_1 + y_2}{2} = \frac{p}{A}.$$

Der linker Hand befindliche Werth drückt hier die Ordinate des Mittelpunktes der auf der Geraden abgeschnittenen Parabelsehne aus. Bezeichnen wir diese Ordinate mit y, so gilt für die Sehnenmitte die Gleichung:

$$2) \qquad y = \frac{p}{A}.$$

Da diese Gleichung den Ort der Sehnenmitte nur von der Richtung der Sehne (mittelst der Constanten A) abhängig macht, so gilt sie zugleich für die Mittelpunkte aller mit der untersuchten Geraden

parallelen Sehnen und giebt als geometrischen Ort dieser Punkte
eine zur Parabelachse parallele Gerade. So entsteht der Lehrsatz:
In der Parabel liegen die Mitten paralleler Sehnen in
einer zur Achse parallelen Geraden, oder, insofern man
einer Linie den Namen Durchmesser einer Curve giebt, wenn
sie die Eigenschaft besitzt, ein System paralleler Sehnen zu halbiren:
Alle Parabeldurchmesser laufen mit der Achse parallel.
Der Abstand eines solchen Durchmessers von der Achse ergiebt sich,
wenn die Richtung der Sehnen gegeben ist, aus der Gleichung 2).
Durch Umkehrung des Satzes folgt hieraus, dass eine in der Entfernung y gezogene Parallele zur Parabelachse den Durchmesser aller
derjenigen Sehnen darstellt, welche die Richtungsconstante

$$3) \qquad A = \frac{p}{y}$$

besitzen. Die Uebereinstimmung dieser letzten Gleichung mit Nr. 9)
des vorhergehenden Paragraphen zeigt zugleich, dass die zugehörigen Sehnen gleiche Richtung mit derjenigen Geraden haben, welche
die Parabel in ihrem Durchschnittspunkte mit dem Durchmesser
tangirt.

Die soeben gefundenen Eigenschaften gewähren die Mittel, in
einer gegebenen Parabel die Lage der Achse, des Brennpunktes und
somit auch der Directrix ausfindig zu machen. Mittelst zweier parallelen Sehnen kann man nämlich einen Durchmesser und eine
Tangente construiren; mit Hülfe der letzteren erhält man aber eine
den Brennpunkt enthaltende Gerade durch Anwendung des Satzes,
dass jede Parabeltangente gleiche Winkel mit dem Brennstrahle
ihres Berührungspunktes und einer Parallelen zur Achse einschliesst.
Wird dieselbe Construction an einem zweiten Paare paralleler Sehnen wiederholt, so lässt sich hierdurch der Brennpunkt und aus
diesem die Achse und die Directrix vollständig bestimmen. Uebri-
gens findet man auch die Achse bereits mittelst eines Durchmessers ohne Vermittelung einer Tangente, wenn man beachtet, dass
eine zu diesem Durchmesser senkrecht gelegte Sehne auch senkrecht
zur Achse liegt und von derselben halbirt wird.

Ein Parabeldurchmesser und die Tangente des in ihm gelegenen
Parabelpunktes bilden ein System zusammengehöriger Linien, für
welches die Parabelachse und Scheiteltangente den speciellen Fall
der senkrechten Lage beider Geraden darstellen. Wählt man daher

zwei Gerade der erstgenannten Art zur x- und y-Achse eines schiefwinkligen Coordinatensystems, so muss die für dieses System geltende Gleichung der Parabel die Scheitel-
gleichung als besonderen Fall in sich schliessen. Mit Anwendung der in § 4 aufgestellten
Transformationsformeln kann man rückwärts
von der Scheitelgleichung zu jener allgemeineren gelangen. Wir wollen hierzu den Coordinatenwinkel $X O Y$ in Fig. 35 mit ω bezeichnen, und die auf die Parabelachse $A \Xi$
und den Scheitel bezogenen rechtwinkligen Coordinaten des neuen
Anfangspunktes $AB = a$ und $BO = b$ setzen. Dann folgt aus Nr. 3)

Fig. 35.

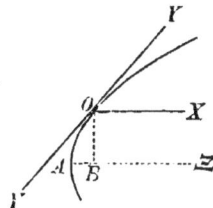

4) $$\tan \omega = \frac{p}{b}$$

und aus der Scheitelgleichung der Parabel:

5) $$b^2 = 2\,p\,a.$$

Nach Nr. 9) in § 4 ist beim Uebergange vom ursprünglichen bei
allen früheren Untersuchungen angewendeten Coordinatensysteme
zu dem neuen das frühere x mit

$$a + x + y \cos \omega$$

und das frühere y mit

$$b + y \sin \omega$$

zu vertauschen, insofern nämlich die in § 4 angewendeten Winkel
α und β hier die Werthe 0 und ω besitzen. Die Scheitelgleichung
der Parabel wird hierdurch in die für das neue System geltende
Gleichung

$$(b + y \sin \omega)^2 = 2p\,(a + x + y \cos \omega)$$

transformirt, welche nach Ausführung der darin angedeuteten Operationen und geänderter Ordnung der Glieder in die Form

$$y^2 \sin^2 \omega = 2p\,x + 2b\left(\frac{p}{b} - \tan \omega\right) y \cos \omega + (2p\,a - b^2)$$

übergeführt werden kann. Bei Beachtung von Nr. 4) und 5) folgt
hieraus:

$$y^2 \sin^2 \omega = 2p\,x,$$

oder, wenn man beiderseitig durch $\sin^2 \omega$ dividirt:

6) $$y^2 = 2\,\frac{p}{\sin^2 \omega}\,x.$$

Diese Gleichung stimmt der Form nach mit der Scheitelgleichung vollständig überein, nur dass die Constante p in die neue beständige Grösse $\dfrac{p}{sin^2\,\omega}$ übergegangen ist. Alle auf die Form der Scheitelgleichung gestützten Untersuchungen der beiden vorhergehenden Paragraphen können daher, soweit sie von der rechtwinkligen Lage des Coordinatensystems unabhängig sind, auf das neue System übertragen werden.

Wiederholt man z. B., um nur einen hierher gehörigen Fall auszuheben, der eine constructive Anwendung zulässt, die auf Tangenten bezüglichen Untersuchungen in derselben Weise, wie in § 16, so kehrt auch die von der Grösse der Constanten p und der rechtwinkligen Lage des Coordinatensystems unabhängige Relation 12) wieder, nach welcher der Berührungspunkt einer Tangente und ihr Durchschnittspunkt mit der x-Achse absolut gleiche, aber mit entgegengesetzten Vorzeichen versehene Abscissen besitzen. Hierauf kann eine Lösung der Aufgabe gegründet werden, von einem ausserhalb der Parabel befindlichen Punkte Tangenten an die Parabel zu legen. Zieht man nämlich durch diesen Punkt einen Durchmesser, so läuft die Berührungssehne mit der Tangente des Durchschnittspunktes dieses Durchmessers und der Parabel parallel, und zwar ebenso weit von dieser Tangente entfernt, als dieselbe vom gegebenen Punkte absteht.

§ 18.
Die Parabel und der Kreis.

Nach Nr. 4) in § 9 kann bei Anwendung rechtwinkliger Coordinaten die Gleichung eines jeden Kreises in der Form

1) $$x^2 + y^2 - 2\,a\,x - 2\,b\,y + P = 0$$

geschrieben werden, wobei a und b die Mittelpunktscoordinaten bedeuten, P aber die Potenz des Coordinatenanfangs für den Kreis ausdrückt. Kehren wir nun zu dem früheren Coordinatensysteme zurück, dessen Anfang im Scheitel der Parabel lag und dessen x-Achse mit der Parabelachse zusammenfiel, so wollen wir der hierauf bezogenen Gleichung der Parabel durch Reduction auf x die Form

2) $$x = \frac{y^2}{2\,p}$$

geben. Für etwa vorhandene gemeinschaftliche Punkte der Parabel und des Kreises entsteht dann durch Substitution des Werthes 2) in 1), wenn man noch ausserdem die ganze Gleichung mit $4p^2$ multiplicirt,

$$3) \qquad y^4 + 4p\,(p - a)\,y^2 - 8\,b\,p^2 y + 4p^2 P = 0.$$

Die dieser Gleichung entsprechenden y sind die Ordinaten der gemeinschaftlichen Punkte, zu denen die zugehörigen Abscissen aus 2) berechnet werden können.

Die Form von Nr. 3) als einer Gleichung vierten Grades, die höchstens vier reelle Wurzeln besitzen kann, gewährt den Fundamentalsatz: **Ein Kreis kann mit einer Parabel höchstens vier Punkte gemein haben.** Alle Combinationen von reellen und imaginären, gleichen und ungleichen Wurzeln, die in einer Gleichung vierten Grades zulässig sind, gewähren in gleicher Weise, wie dies bei den Untersuchungen über Parabel und Gerade mit den Wurzeln einer Gleichung zweiten Grades geschehen ist, bei Anwendung auf Nr. 3) die möglichen Fälle der gegenseitigen Lage, welche zwischen Parabel und Kreis stattfinden können. Wir beschränken uns, da eine derartige allgemeine Untersuchung für eine Gleichung vierten Grades nicht ganz frei von Weitläufigkeiten und dabei von untergeordnetem praktischen Interesse ist, auf den Fall der gleichen Wurzeln, der sich zugleich für Auffindung der Beziehungen zwischen Parabel und Kreis als der wichtigste herausstellt.

Da die Gleichung 3) kein mit der dritten Potenz von y behaftetes Glied enthält, so kann sie vier gleiche Wurzeln in dem einzigen Falle besitzen, wenn alle ihre Glieder mit Ausschluss von y^4 zu Null werden.* Dies geschieht, wenn

$$a = p, \quad b = 0, \quad P = 0$$

gesetzt wird, oder mit Rücksicht auf die Bedeutung der Potenz P [vergl. § 9 Nr. 5)], wenn zu den beiden ersten dieser Relationen die Beziehung

---

* Ist nämlich jede der vier gleichen Wurzeln $= r$, so hat die Gleichung die Form:

$$(y - r)^4 = 0,$$

oder nach Entwickelung des linker Hand befindlichen Ausdruckes:

$$y^4 - 4ry^3 + 6r^2 y^2 - 4r^3 y + r^4 = 0.$$

Hierin kann ein Glied nur fehlen, wenn $r = 0$ ist; dann kommen aber auch alle Glieder mit Ausschluss des ersten in Wegfall.

$$k = p$$

hinzutritt, wobei k wie früher den Radius des Kreises bezeichnet.
Da nach Einsetzung dieser Werthe Nr. 3) in

$$y^4 = 0$$

übergeht und diese Gleichung mit Hinzuziehung von Nr. 2) einzig
durch den Parabelscheitel befriedigt wird, so hat der durch diese
Constanten bestimmte Kreis den Scheitel mit der Parabel gemein.
Hierbei muss dieser gemeinsame Punkt so angesehen werden, als
wenn er aus vier zusammenfallenden Punkten bestände,
welche gleichzeitig auf der Parabel und dem Kreise gelegen sind.
Diese innigste Berührung, welche zwischen einer Parabel und einem
Kreise vorkommen kann, findet also nur in einem Punkte, nämlich im Scheitel, statt.

In jedem andern Falle kann die Gleichung 3) höchstens drei
gleiche Wurzeln enthalten, d. h. die Parabel steht dann mit dem-
jenigen Kreise in der innigsten Berührung, welcher drei zusammenfallende Punkte mit ihr gemein hat. Ein solcher Kreis wird
Krümmungskreis, sein Mittelpunkt Krümmungsmittelpunkt, sein Radius Krümmungshalbmesser genannt. Die
allgemeine Bedingungsgleichung für den Fall, wo ein Kreis in den
Krümmungskreis einer Parabel übergeht, kann hiernach gefunden
werden, wenn man das Kennzeichen aufsucht, von welchem das
Vorhandensein dreier gleichen Wurzeln in Nr. 3) abhängig ist. Einfacher jedoch, als auf diesem für elementare Untersuchungen bei
Gleichungen höherer Grade nicht ganz bequemen Wege, gelangt man
zur Bestimmung von Krümmungskreisen einer Parabel, wenn man
zunächst den Mittelpunkt eines Kreises sucht, welcher durch drei beliebige Parabelpunkte hindurchgeht, und dann hieraus diejenige
Form des Resultates ableitet, welche sich in dem Grenzfalle ergiebt,
wo die drei anfänglich getrennten Punkte in einen zusammenschwinden.

Der Mittelpunkt eines durch drei Punkte zu legenden Kreises
befindet sich bekanntlich im Durchschnitte der auf den Mitten der
Verbindungsgeraden dieser drei Punkte errichteten Senkrechten.
Soll daher ein Kreis durch drei Parabelpunkte hindurchgehen, so
hat man zur Auffindung seines Mittelpunktes sich zwei Sehnen gezogen zu denken, von denen jede zwischen zweien der gegebenen
Punkte gelegen ist, und den gemeinschaftlichen Punkt der auf den

Mitten dieser Sehnen stehenden Perpendikel zu suchen. Wir wollen die beiden Sehnenmittelpunkte mit $x_1 y_1$ und $x_2 y_2$ bezeichnen. Nach Nr. 3) des vorigen Paragraphen gehört der ersten von den beiden Sehnen die Richtungsconstante

$$A = \frac{p}{y_1}$$

zu; die im Punkte $x_1 y_1$ darauf senkrechte Gerade hat demnach die Gleichung:

4) $$y - y_1 = -\frac{y_1}{p}(x - x_1).$$

Ebenso findet sich für die zweite Senkrechte: ·

5) $$y - y_2 = -\frac{y_2}{p}(x - x_2),$$

und, wenn man aus 4) und 5) y eliminirt, für die Abscisse des gesuchten Kreismittelpunktes

$$x = p + \frac{x_1 y_1 - x_2 y_2}{y_1 - y_2}$$

oder auch:

6) $$x = p + x_1 + \frac{y_2(x_1 - x_2)}{y_1 - y_2}.$$

Nach Nr. 9) in § 5 stellt $\dfrac{y_1 - y_2}{x_1 - x_2}$ die Richtungsconstante der die Punkte $x_1 y_1$ und $x_2 y_2$ verbindenden Geraden dar; bezeichnet man daher mit α den Winkel, welchen diese Gerade mit der x-Achse einschliesst, so ist

$$\frac{x_1 - x_2}{y_1 - y_2} = cot\,\alpha,$$

und aus Nr. 6) entsteht:

7) $$x = p + x_1 + y_2\,cot\,\alpha.$$

Wird endlich dieser Werth von x in der Gleichung 4) eingesetzt, so erhält man für die Ordinate des gesuchten Mittelpunktes:

8) $$y = -\frac{y_1 y_2}{p}\,cot\,\alpha.$$

Die in 7) und 8) gefundenen Werthe von x und y behalten noch eine bestimmte Grösse, wenn man die drei Parabelpunkte und damit auch die Punkte $x_1 y_1$ und $x_2 y_2$ in einen zusammenfallen lässt; sie gehen dann in die Coordinaten des einem Parabelpunkte zuge-

hörigen Krümmungsmittelpunktes über. Die Verbindungsgerade
der Punkte $x_1 y_1$ und $x_2 y_2$ wird hierbei zur Parabeltangente; nach
Nr. 9) in § 16 ist demnach in diesem Falle

$$tan \, \alpha = \frac{p}{y_1}$$

zu setzen. Man erhält so für die Coordinaten des Krümmungsmittelpunktes

$$x = p + x_1 + \frac{y_1^2}{p}$$

oder mit Benutzung der Parabelgleichung

9) $$x = p + 3x_1$$

und

10) $$y = -\frac{y_1^3}{p^2}.$$

Beachtet man, dass beim Zusammenfallen zweier Curvenpunkte
die Verbindungsgerade dieser beiden Punkte in die Tangente, und
die auf der Mitte der zugehörigen Sehne errichtete Senkrechte in die
Normale desjenigen Curvenpunktes übergeht, in welchem die beiden
anfänglich getrennten Punkte zusammengetreten sind, so wird man
leicht bemerken, dass die im Vorigen angewendete Methode auf die
Aufgabe zurückgeführt werden kann, den Durchschnittspunkt zweier
unmittelbar benachbarten Normalen zu suchen. In der That zeigt
auch die Vergleichung mit Nr. 14) in § 16, dass die von uns angewendeten Gleichungen 4) und 5) die Gleichungen zweier Normalen
in Parabelpunkten $x_1 y_1$ und $x_2 y_2$ darstellen. Wenn hiernach der
Krümmungsmittelpunkt allemal in der Normale des zugehörigen Curvenpunktes gelegen sein muss, so genügt es zu seiner constructiven
Darstellung, eine seiner beiden Coordinaten zu kennen, oder noch
besser, sogleich die Länge des Krümmungshalbmessers ausfindig zu
machen.

Wird wie im Vorigen mit xy der einem Curvenpunkte $x_1 y_1$ zugehörige Krümmungsmittelpunkt bezeichnet, so gilt für den Krümmungshalbmesser ϱ, welcher die Entfernung dieser beiden Punkte
misst, die Gleichung:

11) $$\varrho^2 = (x - x_1)^2 + (y - y_1)^2.$$

Mit Einsetzung der in 9) und 10) aufgestellten Werthe von x und y
entsteht hieraus im Falle der Parabel:

$$\varrho^2 = (p + 2\,x_1)^2 + \left(y_1 + \frac{y_1^3}{p^2}\right)^2,$$

und hieraus wieder mit Benutzung der Parabelgleichung nach ein-facher Reduction:

$$\varrho^2 = \frac{(p^2 + y_1^2)^3}{p^4},$$

also für den **Krümmungshalbmesser** selbst:

12) $$\varrho = \frac{(\sqrt{p^2 + y_1^2})^3}{p^2}.$$

Fasst man im Zähler dieses Werthes p als Subnormale auf, so ist leicht zu erkennen, dass $\sqrt{p^2 + y_1^2}$ die zwischen dem Parabelpunkte und der x-Achse enthaltene Strecke der Normale, die sogenannte Länge der Normale darstellt. Wird dieselbe mit u bezeichnet, so kann Nr. 12) in der Form

13) $$\varrho = u \left(\frac{u}{p}\right)^2$$

geschrieben werden. Dieser Ausdruck gewährt eine sehr einfache Construction des Krümmungshalbmessers. Ist nämlich MP in Fig. 36 die Ordinate des Parabelpunk-tes P, und $MN = p$ seine Subnormale, also $NP = u$ die Länge der Normale, so wird

Fig. 36.

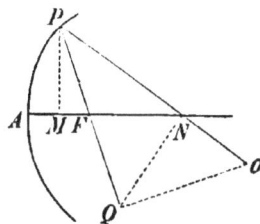

$$\frac{u}{p} = sec\ MNP,$$

oder auch wegen der Gleichheit der Win-kel, welche die Normale mit Brennstrahl und Achse einschliesst,

$$\frac{u}{p} = sec\ NPF.$$

Setzen wir also $\angle NPF = \gamma$, so ist in der Figur

$$\varrho = NP \cdot sec^2\,\gamma.$$

Wird daher im Punkte N auf der Normale eine Senkrechte NQ er-richtet, bis sie den verlängerten Brennstrahl in Q schneidet, so ist

$$QP = NP \cdot sec\,\gamma,$$

und, wenn man nachher wieder in Q eine Senkrechte auf QP zieht, bis sie im Punkte O die Normale trifft, so folgt:

$$OP = QP \cdot sec\, \gamma = NP \cdot sec^2\, \gamma.$$

OP ist also Krümmungshalbmesser und O Krümmungsmittelpunkt für den Parabelpunkt P.

§ 19.
Die Quadratur der Parabel.

Wenn man in dem rechtwinkligen Coordinatensysteme, welches wir bis jetzt zur Untersuchung der Parabel benutzt haben, die x- und y-Achse unter einander vertauscht, also die Parabelachse zur Achse der y und die Scheiteltangente zur Achse der x werden lässt, so kann die Gleichung der Parabel in der Form

1) $$y = \frac{x^2}{2p}$$

geschrieben werden, indem bei dieser Vertauschung der Achsen die x und y lediglich ihre Stellen wechseln. Wir machen von dieser Gleichung Gebrauch zur Bestimmung des Inhaltes der parabolischen

Fig. 37.

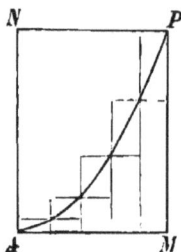

Fläche APM (Fig. 37), welche von dem Parabelbogen AP und den Coordinaten des Punktes P, nämlich $AM = x$ und $MP = y$ begrenzt ist. Mit Rücksicht auf das zu Grunde gelegte Coordinatensystem stellt hierbei A den Parabelscheitel dar und die Abscisse AM ist auf der Scheiteltangente gemessen.

Theilen wir $AM = x$ in n gleiche Theile und legen durch jeden Theilpunkt eine Ordinate, so zerfällt die gesuchte Fläche in eine gleiche Anzahl von Streifen, von denen jeder über der Basis $\frac{x}{n}$ steht. Die Ordinaten, durch welche diese Streifen begrenzt werden, haben nach Nr. 1) in ihrer Reihenfolge vom Scheitel aus die Längen:

$$\frac{\left(\frac{x}{n}\right)^2}{2p}, \quad \frac{\left(\frac{2x}{n}\right)^2}{2p}, \quad \frac{\left(\frac{3x}{n}\right)^2}{2p}, \dots \quad \frac{\left[\frac{(n-1)x}{n}\right]^2}{2p} \quad \frac{\left(\frac{nx}{n}\right)^2}{2p},$$

oder auch:

$$\left(\frac{1}{n}\right)^2 y, \quad \left(\frac{2}{n}\right)^2 y, \quad \left(\frac{3}{n}\right)^2 y, \dots \left(\frac{n-1}{n}\right)^2 y, \quad y.$$

Jeder einzelne von zwei solchen Ordinaten begrenzte Streifen kann nun in zwei Grenzen eingeschlossen werden, indem man über der

Basis $\dfrac{x}{n}$ ein Mal ein Rechteck mit der Anfangsordinate, ein anderes

Mal mit der Endordinate construirt. Ein Rechteck ersterer Art besitzt einen kleineren Inhalt, während das zweite grösser ist als die zugehörige Streifenfläche. Die Summe der letzteren Rechtecke ist hiernach ebenfalls grösser, die der ersteren dagegen kleiner als die gesuchte parabolische Fläche, welche wir F nennen wollen. Hieraus entstehen folgende zwei Ungleichungen:

$$F < \left(\frac{1^2 + 2^2 + 3^2 + \ldots + n^2}{n^3} \right) x y$$

$$F > \left(\frac{1^2 + 2^2 + 3^2 + \ldots + (n-1)^2}{n^3} \right) x y.$$

Die Differenz dieser beiden Grenzen, zwischen welchen der

Werth von F eingeschlossen ist, beträgt $\dfrac{1}{n} x y$, kann demnach kleiner als jede angebbare Grösse gemacht werden, wenn man n in entsprechender Weise wachsen lässt. Für unendlich wachsende n fallen beide Grenzen zusammen, und man erhält, wenn man den Grenzwerth, gegen welchen beide Ausdrücke convergiren, durch Vorsetzen der Silbe *Lim.* (Abkürzung von *limes* = Grenze) bezeichnet,

$$F = Lim \left(\frac{1^2 + 2^2 + 3^2 + \ldots + n^2}{n^3} \right) x y,$$

oder nach einem bekannten arithmetischen Satze*

---

* Aus dem für ganze positive m geltenden Divisionsresultate

$$\frac{a^m - b^m}{a - b} = a^{m-1} + a^{m-2} b + a^{m-3} b^2 + \ldots + a b^{m-2} + b^{m-1}$$

ergiebt sich für $a > b > 0$ die Richtigkeit der Ungleichung

$$m a^{m-1} > \frac{a^m - b^m}{a - b} > m b^{m-1}.$$

Hieraus wird, wenn man $m = p + 1$ und ein Mal $a = z + 1$, $b = z$, ein anderes Mal $a = z$, $b = z - 1$ setzt, das Resultat

$$\frac{(z + 1)^{p+1} - z^{p+1}}{p + 1} > z^p > \frac{z^{p+1} - (z - 1)^{p+1}}{p + 1}$$

abgeleitet, wobei p eine beliebige ganze positive Zahl bedeutet. Substituirt man hierin der Reihe nach $z = 1, 2, 3, \ldots n$, und addirt alle so entstehenden Ungleichungen, so folgt:

2) $$F = \frac{1}{3}\,xy\,,$$

und hieraus für die Fläche APN, welche F' heissen mag,

3) $$F' = \frac{2}{3}\,xy\,.$$

Eine grössere Verallgemeinerung erlangen die gefundenen Resultate, wenn man die zu ihrer Herleitung benutzte Methode auf das im § 17 zu Fig. 35 aufgestellte Coordinatensystem überträgt und dabei wieder eine Vertauschung der x- und y-Achse eintreten lässt.

Man erhält dann aus § 17 Nr. 6) die Parabelgleichung

4) $$y = \frac{x^2 \sin^2 \omega}{2p}\,,$$

welche in ähnlicher Weise wie die obige Gleichung 1) angewendet werden kann, um die parabolische Fläche zwischen einem Parabelbogen, der Tangente eines seiner Endpunkte und der durch den andern Endpunkt gelegten Parallelen zur Parabelachse zu berechnen. Das hierbei sich ergebende Resultat lautet, dass, wenn in Fig. 38

Fig. 38.

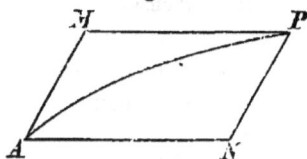

der Parabelbogen AP in das Parallelogramm $AMNP$ so gelegt ist, dass er die Seite AM im Punkte A tangirt, während seine Achse mit der Seite AN parallel läuft, die durch den Parabelbogen gebildeten Parallelogrammtheile AMP und ANP sich wieder wie $1:2$ verhalten.*

$$\frac{(n+1)^{p+1}-1}{p+1} > 1^p + 2^p + 3^p + \ldots + n^p > \frac{n^{p+1}}{p+1}.$$

Die aus Division durch n^{p+1} sich ergebenden Resultate convergiren bei unendlich wachsenden n gegen die gemeinschaftliche Grenze $\frac{1}{p+1}$ und man erhält hieraus:

$$Lim \; \frac{1^p + 2^p + 3^p + \ldots + n^p}{n^{p+1}} = \frac{1}{p+1}.$$

In dem oben vorkommenden Falle war $p = 2$, also der Grenzwerth $= \frac{1}{3}$.

* Sieht man bei Fig. 38 oder 37 von der Vertauschung der Coordinatenachsen ab, so stösst man bei Berechnung der Fläche ANP nach der angegebenen Methode auf einen Grenzwerth von der Form

$$Lim \; \frac{\sqrt{1} + \sqrt{2} + \sqrt{3} + \ldots + \sqrt{n}}{n\sqrt{n}}\,,$$

Die Simpson'sche Regel. Aus der obigen Gleichung 2) lässt sich noch eine allgemeine Methode zur näherungsweisen Be-

---

welcher gleich $\frac{2}{3}$ sein muss, wenn das Ergebniss mit dem vorher entwickelten in Uebereinstimmung kommen soll. Ebendahin führt das Resultat der vorigen Anmerkung, wenn sich beweisen lässt, dass es auch für gebrochene Werthe von p Geltung behält. Man gelangt hierzu durch folgende Betrachtung.

Werden die Glieder einer beliebigen fallenden Zahlenreihe mit

$$u_1 > u_2 > u_3 > \cdots > u_{n-1} > u_n$$

bezeichnet, und ist

$$S_n = u_1 + u_2 + u_3 + \ldots + u_{n-1} + u_n$$

deren Summe, so folgt aus

$$S_n + u_{n+1} = S_{n+1}$$

nach Multiplication mit n, wenn man $n u_{n+1}$ mit dem nach der gestellten Bedingung grösseren Werthe S_n vertauscht,

$$(n+1) S_n > n S_{n+1}.$$

Dies giebt das Resultat

$$\frac{S_n}{n} > \frac{S_{n+1}}{n+1} > \frac{S_{n+2}}{n+2} > \cdots$$

In gleicher Weise ist in einer steigenden Zahlenreihe

$$\frac{S_n}{n} < \frac{S_{n+1}}{n+1} < \frac{S_{n+2}}{n+2} < \cdots$$

Bei Anwendung auf das Divisionsresultat

$$\frac{a^r - b^r}{a^s - b^s} = a^{r-1} + a^{r-2} b + \ldots + a^{r-s-1} b^s + \ldots + b^{r-1},$$

worin $a > b > 0$ sein und r eine beliebige ganze positive Zahl bezeichnen soll, liefern einerseits die s Anfangsglieder, andererseits die s Endglieder die Ungleichung

$$\frac{a^{r-s}(a^s - b^s)}{s(a-b)} > \frac{a^r - b^r}{r(a-b)} > \frac{b^{r-s}(a^s - b^s)}{s(a-b)},$$

woraus weiter

$$\frac{r}{s} a^{r-s} > \frac{a^r - b^r}{a^s - b^s} > \frac{r}{s} b^{r-s}$$

hervorgeht. Man gelangt hierdurch wieder zu der in der vorigen Anmerkung aufgestellten Ungleichung

$$m a^{m-1} > \frac{a^m - b^m}{a - b} > m b^{m-1},$$

wenn man $\dfrac{r}{s}$ mit m und a mit $a^{\frac{1}{s}}$ vertauscht, nur dass sie jetzt auch für gebrochene Werthe von m gilt, welche grösser sind als **1**. Der Fortgang der Betrachtung bleibt dann wie vorher.

rechnung von ebenen Flächen herleiten, welche, über einer gegebenen Abscisse stehend, von zwei rechtwinkligen Ordinaten und
einem beliebigen Curvenbogen begrenzt sind. Hierzu führt folgende
Voruntersuchung.

Fig. 39.

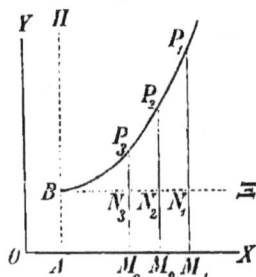

In Fig. 39 ist B der Scheitel einer
Parabel, deren Achse BH mit der y-Achse
des rechtwinkligen Coordinatensystems
parallel läuft. Wir stellen uns die Aufgabe, die Fläche $P_3 M_3 M_1 P_1$, die mit S
bezeichnet werden mag, mittelst der Coordinaten der drei Punkte P_3, P_2 und P_1
zu berechnen, wobei der Punkt P_2 so gewählt ist, dass durch seine Ordinate die
Strecke $M_3 M_1$ in zwei gleiche Theile ge-
theilt wird. Verschieben wir die Coordinatenachsen parallel zu sich
selbst in die Lagen BH und $B\varXi$, und bezeichnen die Coordinaten
eines auf das neue System bezogenen Punktes mit ξ und η, so lautet nach Nr. 1) die Parabelgleichung:

5)
$$\eta = \frac{\xi^2}{2p}.$$

Für den durch die Scheiteltangente $B\varXi$ von der zu berechnenden
Fläche S abgeschnittenen Theil $P_3 N_3 N_1 P_1 = T$ gilt dann nach 2)
die Formel

$$T = \frac{1}{3}\left(\xi_1 \eta_1 - \xi_3 \eta_3\right)$$

oder mit Benutzung von Nr. 5):

$$T = \frac{\xi_1^3 - \xi_3^3}{6p},$$

wobei $\xi_1 \eta_1$ und $\xi_3 \eta_3$ sich auf die Punkte P_1 und P_3 beziehen. Hieraus folgt, wenn man $M_3 M_2 = M_2 M_1 = \varepsilon$, also $\xi_1 - \xi_3 = 2\varepsilon$ setzt:

$$T = \frac{\varepsilon\left(\xi_1^2 + \xi_1 \xi_3 + \xi_3^2\right)}{3p},$$

oder nach einfacher Umgestaltung:

$$T = \frac{\varepsilon\left[\xi_1^2 + (\xi_1 + \xi_3)^2 + \xi_3^2\right]}{6p}.$$

Nun ist aber $\dfrac{\xi_1 + \xi_3}{2} = \xi_2$, d. i. der Abscisse des Punktes P_2 gleich.

Mit Wiedereinsetzung der Ordinaten aus Nr. 5) entsteht hiernach:

$$6) \qquad T = \frac{1}{3}\,\varepsilon\,(\eta_1 + 4\,\eta_2 + \eta_3).$$

Kehren wir jetzt zum ursprünglichen Coordinatensysteme zurück und setzen

$$OA = a, \qquad AB = b,$$
$$M_1P_1 = y_1, \qquad M_2P_2 = y_2, \qquad M_3P_3 = y_3,$$

so ergiebt sich aus Nr. 6)

$$T = \frac{1}{3}\,\varepsilon\,[(y_1 - b) + 4\,(y_2 - b) + (y_3 - b)]$$

oder nach gehöriger Reduction:

$$T = \frac{1}{3}\,\varepsilon\,(y_1 + 4y_2 + y_3) - 2\,b\,\varepsilon.$$

Hieraus folgt, wenn man beiderseitig

$$\text{Fläche } N_3M_3M_1N_1 = 2\,b\,\varepsilon$$

addirt,

$$7) \qquad S = \frac{1}{3}\,\varepsilon\,(y_1 + 4y_2 + y_3).$$

Dieses Resultat bleibt von dem Vorzeichen von b unabhängig, gilt also auch noch dann, wenn der Parabelbogen der x-Achse seine concave Seite zukehrt.

Die vorhergehenden Betrachtungen lassen insofern eine Umkehrung zu, als, wenn drei Punkte in der Lage von P_3, P_2 und P_1 gegeben sind, es im Allgemeinen möglich ist, durch dieselben eine Parabel zu legen, deren Achse den Ordinaten parallel läuft. Unter der gemachten Voraussetzung lautet nämlich nach Nr. 5) die Parabelgleichung

$$y - b = \frac{(x - a)^2}{2\,p},$$

und, wenn man hierin die Coordinaten der drei Punkte einsetzt, so erhält man drei Bedingungsgleichungen, aus denen sich die Constanten a, b und p herleiten lassen. Die gestellte Forderung trägt in dem einzigen Falle einen Widerspruch in sich, wenn die drei Punkte in derselben geraden Linie liegen; doch lässt sich aus der Zusammensetzung der Formel 7) leicht übersehen, dass sie auch dann noch ihre Geltung behält. Jedesmal also, wenn man sich durch

die Endpunkte der drei um die Strecke ε von einander entfernten
Ordinaten y_3, y_2 und y_1 eine Parabel gelegt denkt, wird die Grösse
der Fläche des zwischen y_3 und y_1 enthaltenen Streifens durch die
Gleichung 7) ausgedrückt.

Fig. 40.

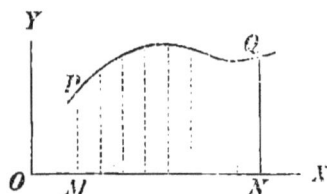

Hiervon kann Gebrauch zur
annäherungsweisen Berechnung der
Fläche $PMNQ$ (Fig. 40) gemacht
werden. Zerlegt man die zu bestimmende Fläche, die wir mit F
bezeichnen wollen, durch Ordinaten
in eine gerade Anzahl von Strei-
fen, so mag wieder ε die Breite
eines jeden solchen Streifens darstellen, während die auf einander
folgenden Ordinaten die Bezeichnung y_0, y_1, $y_2 \ldots y_{2n}$ erhalten sollen. Man kann jetzt die Bogenstücke, welche drei auf einander folgende Ordinatenpunkte verbinden, näherungsweise als Parabelbögen
ansehen, und erhält dann, wenn man für jedes Streifenpaar einen
Ausdruck von der Form 7) aufstellt, durch Summirung aller Strei-
fenpaare nach gehöriger Verbindung der gleichartigen Grössen

$$8)\quad F = \frac{1}{3}\,\varepsilon\,[y_0 + y_{2n} + 4\,(y_1 + y_3 + y_5 + \ldots + y_{2n-1})$$
$$+ 2\,(y_2 + y_4 + y_6 + \ldots + y_{2n-2})].$$

Diese unter dem Namen der Simpson'schen Regel bekannte Formel gewährt in den meisten Fällen einen nicht unbe-
trächtlichen, selbstverständlich mit der Anzahl der Zwischenordi-
naten wachsenden Grad von Genauigkeit.

Sechstes Capitel.

Die Ellipse.

§ 20.

Die Gleichung $\left(\dfrac{x}{a}\right)^2 + \left(\dfrac{y}{b}\right)^2 = 1.$

Bei Gelegenheit der im § 14 angestellten allgemeinen Betrachtung der Kegelschnitte haben wir unter Nr. 7) die Gleichung

$$1) \qquad \left(\frac{x}{a}\right)^2 + \left(\frac{y}{b}\right)^2 = 1$$

einer Ellipse angehörig gefunden, deren grosse und kleine Achse $2a$ und $2b$ die Achsen der x und y darstellen. Die Form dieser Gleichung liess uns bereits die allgemeinen Umrisse der darin repräsentirten Curve erkennen; es bleibt uns noch übrig, das Bild dadurch weiter auszuführen, dass wir der Gleichung die Mittel zur geometrischen Darstellung der Linie entnehmen.

Wird Nr. 1) durch Entfernung der Nenner auf die Form

$$2) \qquad a^2 y^2 + b^2 x^2 = a^2 b^2$$

gebracht, so lässt sich mit Einsetzung von $x = r\,cos\,\varphi$ und $y = r\,sin\,\varphi$ die Ellipse auf ein Polarcoordinatensystem beziehen, welches den Mittelpunkt zum Pol und die grosse Achse zur polaren Achse hat. Es entsteht nach einfacher Umgestaltung:

$$3) \qquad r^2 = \frac{a^2 b^2}{a^2 sin^2\,\varphi + b^2 cos^2\,\varphi}\,{}^*,$$

---

* Ein grösserer Werth von r^2 als der durch die Gleichung 3) ausgedrückte muss offenbar einem ausserhalb der Ellipse gelegenen Punkte angehören, während kleinere Werthe sich auf innerhalb gelegene Punkte beziehen. Geht man in den sich hieraus ergebenden Ungleichungen auf die rechtwinkligen Coordinaten zurück, so findet man die Relation

oder, wenn wir nach § 14 Nr. 9 mittelst der Gleichung

$$b^2 = a^2 - c^2$$

die lineare Excentricität c einführen,

4) $$r^2 = \frac{a^2 b^2}{a^2 - c^2 \cos^2 \varphi}.$$

Beschränken wir uns auf die zwischen den Grenzen 0 und 90⁰ gelegenen Polarwinkel, was insofern ausreicht, als damit einer der vier unter sich congruenten Ellipsenquadranten vollständig umfasst wird, so erkennen wir hieraus, dass r mit wachsendem φ abnimmt, dass also a und b den grössten und kleinsten Radius der Ellipse darstellen. Ein vom Mittelpunkte aus mit dem Halbmesser a construirter Kreis ist daher so um die Ellipse beschrieben, dass er mit ihr nur die Scheitel der grossen Achse gemein hat; der concentrische Kreis mit dem Radius b ist in ähnlicher Weise eingeschrieben. Beide Kreise sollen ausschliesslich der umgeschriebene und der eingeschriebene Kreis der Ellipse genannt werden. Kehren wir zum rechtwinkligen Coordinatensysteme zurück, so hat der erstere dieser Kreise die Gleichung

5) $$x^2 + y^2 = a^2,$$

der zweite dagegen

6) $$x^2 + y^2 = b^2.$$

Aus der Zusammenstellung dieser beiden Gleichungen mit Nr. 1) oder 2) finden wir Mittel zur constructiven Darstellung der Ellipse. Es genügt hierbei aus dem oben angegebenen Grunde wieder, wenn wir uns auf die Betrachtung des Quadranten beschränken, in welchem beide Coordinaten positive Werthe besitzen.

Bezeichnen wir die Ordinaten der Ellipse und des umgeschriebenen Kreises, welche einer und derselben Abscisse angehören, mit y und y', so folgt aus 1) und 5)

$$y = \frac{b}{a}\sqrt{a^2 - x^2}, \qquad y' = \sqrt{a^2 - x^2},$$

$$a^2 y^2 + b^2 x^2 > a^2 b^2$$

als Kennzeichen der Punkte ausserhalb der Ellipse, während die Ungleichung

$$a^2 y^2 + b^2 x^2 < a^2 b^2$$

für Punkte innerhalb der Ellipse gilt.

und hieraus durch Division:

7) $$y : y' = b : a,$$

d. h. die derselben Abscisse entsprechenden Ordinaten der Ellipse und des umgeschriebenen Kreises stehen zu einander in dem unveränderlichen Verhältnisse der Halbachsen. Hiernach.können beliebig viele Punkte einer Ellipse gewonnen werden, wenn man die auf einem Durchmesser rechtwinkligen Ordinaten eines Kreises in einem constanten Verhältnisse verkürzt. *

Bei Vergleichung der Ellipse mit dem eingeschriebenen Kreise sollen x und x'' die derselben Ordinate zugehörigen Abscissen der Ellipse und des Kreises darstellen. Dann ergiebt sich aus 1) und 6)

$$x = \frac{a}{b}\sqrt{b^2 - y^2}, \qquad x'' = \sqrt{b^2 - y^2},$$

und dies führt zu der Proportion:

8) $$x : x'' = a : b.$$

Die Ellipse kann hiernach gebildet werden, indem man sämmtliche Abscissen des eingeschriebenen Kreises in dem unveränderlichen Verhältnisse der elliptischen Halbachsen verlängert.

Die im Vorigen enthaltene Vergleichung der Ellipse mit den beiden über ihren Achsen beschriebenen Kreisen führt auf die folgende einfache Construction von beliebig vielen ihrer Punkte, mit gleichzeitiger Anwendung beider Kreise.

Fig. 41.

Zieht man in Fig. 41 den Radius OP', welcher die beiden Kreise in den Punkten P' und P'' schneidet, und legt durch P' die Gerade $P'M$ parallel zur y-Achse, und NP'' durch P'' parallel zur x-Achse, so ist der Durchschnittspunkt P dieser beiden Geraden ein Ellipsenpunkt. Sobald nämlich mit Anwendung der obigen Bezeichnungen

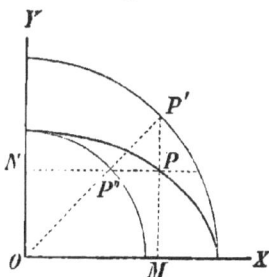

* Dies geschieht z. B. bei geometrischer Projection des Kreises auf eine zu diesem Durchmesser parallele gegen die Kreisebene geneigte Ebene. Diese Bemerkung ist insofern nicht ohne Wichtigkeit, als dadurch der Geometrie ein Mittel gegeben ist, Eigenschaften der Ellipse aus entsprechenden Kreiseigenschaften abzuleiten.

$$NP = OM = x, \quad MP = ON = y,$$
$$NP'' = x'', \qquad MP' = y'$$

gesetzt wird, so ergiebt sich aus

$$MP : MP' = OP'' : OP'$$

die Proportion Nr. 7), und Nr. 8) aus:

$$OM : NP'' = OP' : OP''.$$

Zu bemerken ist hierbei noch, dass die angewendete Construction eine einfache Bestätigung findet, wenn man die Quotienten $\frac{OM}{OP'} = \frac{x}{a}$ und $\frac{ON}{OP''} = \frac{y}{b}$ als trigonometrische Functionen des Winkels $MOP' = NP''O$ auffasst. Bezeichnet man diesen Winkel (die sogenannte excentrische Anomalie) mit α, so ist

$$\frac{x}{a} = cos\,\alpha, \qquad \frac{y}{b} = sin\,\alpha,$$

und hieraus folgt sogleich für den Punkt P die Ellipsengleichung 1).

Die hierin enthaltene Analogie zwischen der goniometrischen Gleichung

$$cos^2\,\alpha + sin^2\,\alpha = 1$$

und der Gleichung der Ellipse kann zu einer zweiten Darstellungsweise dieser Curve benutzt werden. Lässt man eine Gerade AB von

Fig. 42.

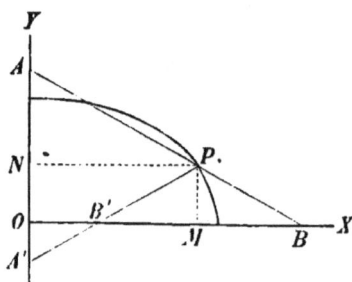

unveränderlicher Länge mit ihren Endpunkten A und B auf den Schenkeln OY und OX eines rechten Winkels gleiten und beobachtet den Weg, den dabei ein auf der Geraden gelegener fester Punkt P durchläuft, so ist, wenn man $AP = a$, $PB = b$, $OM = NP = x$, $MP = ON = y$ setzt, für jede Lage des Punktes P

$$\frac{x}{a} = cos\,NPA, \qquad \frac{y}{b} = sin\,OBA,$$

folglich, da $\angle NPA = \angle OBA$,

$$\left(\frac{x}{a}\right)^2 + \left(\frac{y}{b}\right)^2 = 1.$$

Der Punkt P beschreibt also eine Ellipse. — Es ist leicht ersichtlich, dass hierbei der beschreibende Punkt auch auf der Verlängerung der unveränderlichen Geraden gelegen sein kann. Die Gerade $A'B'$ in Fig. 42, die mit dem Punkte A' auf der y-Achse und mit B' auf der x-Achse gleitet, stellt diesen Fall dar. $A'P$ ist hier wieder $= a$ und $B'P = b$ angenommen.

Sowie in § 15 unter II. die Parabel durch Zerlegung ihrer Gleichung in zwei Factoren ersten Grades mittelst des Durchschnittes von zwei veränderlichen Geraden dargestellt wurde, so lässt sich auch ein ähnliches Verfahren für die Ellipse und überhaupt für jede Linie zweiten Grades anwenden. Haben zwei Gerade die Gleichungen

9)
$$\frac{y}{b_1} = 1 + \frac{x}{a}$$

10)
$$\frac{y}{b_2} = 1 - \frac{x}{a},$$

so gilt für ihren Durchschnittspunkt auch die durch Multiplication derselben entstehende Gleichung

$$\frac{y^2}{b_1 b_2} = 1 - \frac{x^2}{a^2} \text{ oder } \frac{x^2}{a^2} + \frac{y^2}{b_1 b_2} = 1,$$

und diese gehört einer Ellipse an, wenn $b_1 b_2 = b^2$ oder wenn die stetige Proportion

11)
$$b_1 : b = b : b_2$$

erfüllt wird. Hierauf gründet sich die folgende Construction.

In dem Rechtecke $CADB$ (Fig. 43), dessen Seiten CA und CB die Halbachsen der zu construirenden Ellipse darstellen, theile man DB und CB in den Punkten M und N_1 so, dass die Proportion

$$DM : DB = CN_1 : CB$$

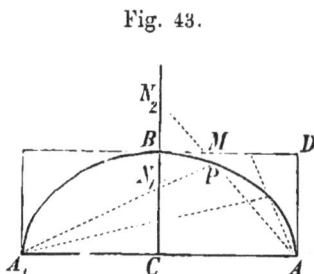

Fig. 43.

stattfindet. Legt man hierauf durch den Scheitel A der grossen Achse die Gerade AN_2 und durch den zweiten Scheitel A_1 die Gerade $A_1 N_1$, so ist der Durchschnittspunkt P beider Geraden ein Ellipsenpunkt. Wird nämlich $CN_1 = b_1$, $CN_2 = b_2$ gesetzt und bezeichnen wir wie gewöhnlich die Halbachsen mit a und b, so stellt Nr. 9) die Gleichung der Geraden $A_1 N_1$ und Nr. 10) die von AN_2 dar. Was die dabei zu erfüllende Bedingung 11) betrifft, so gilt der Construction zufolge die Proportion:

$$DM : AC = AD : CN_2.$$

Hieraus entsteht aber, wenn man AC mit der gleichen Strecke DB vertauscht und die gegebene Relation

$$DM : DB = CN_1 : CB$$

anwendet, die verlangte Bedingung.

Brennpunkte der Ellipse. Soll die Ellipse mittelst ihrer Brennpunkte construirt werden, so entsteht wieder, wie bei der Parabel, die Frage nach der Anzahl und Lage solcher Punkte. Wir haben in § 15 unter Nr. 6) und 7) gefunden, dass, wenn x und y die Coordinaten eines auf einer Linie zweiten Grades gelegenen Punktes, ξ und η dagegen die eines zugehörigen Brennpunktes darstellen, zwischen diesen Grössen eine Gleichung von der Form

12) $$(x - \xi)^2 + (y - \eta)^2 = (\alpha x + \beta y + \gamma)^2$$

stattfinden muss, welche nach Ausführung der Rechnung in

13) $$\begin{cases} (1 - \alpha^2)\,x^2 + (1 - \beta^2)\,y^2 - 2\,\alpha\beta x y \\ \quad - 2\,(\xi + \alpha\gamma)\,x - 2\,(\eta + \beta\gamma)\,y \\ \quad\quad + \xi^2 + \eta^2 - \gamma^2 = 0 \end{cases}$$

übergeht. Damit es möglich ist, diese Gleichung auf die Formen 1) oder 2) der Ellipsengleichung zurückzuführen, müssen die Bedingungen

$$\alpha\beta = 0, \quad \xi + \alpha\gamma = 0, \quad \eta + \beta\gamma = 0$$

erfüllt werden, von denen die erste und zweite, oder die erste und dritte nur dann neben einander bestehen können, wenn entweder zugleich $\alpha = 0$ und $\xi = 0$, oder $\beta = 0$ und $\eta = 0$ ist. Man sieht hieraus, dass Brennpunkte der Ellipse nur in einer der beiden Achsen gelegen sein können. Nehmen wir zunächst $\beta = 0$ und $\eta = 0$, suchen also solche Brennpunkte, die in der x-Achse gelegen sind, so ist nach der zweiten der zu erfüllenden Bedingungen noch $\alpha = -\dfrac{\xi}{\gamma}$ zu setzen. Mit Substitution dieser Werthe kann Nr. 13) auf die Form

$$\left(\frac{\gamma^2 - \xi^2}{\gamma^2}\right) x^2 + y^2 = \gamma^2 - \xi^2$$

gebracht werden, woraus sich die Gleichung

$$\frac{x^2}{\gamma^2} + \frac{y^2}{\gamma^2 - \xi^2} = 1$$

ergiebt. Dieselbe gehört einer Ellipse an, für deren Halbachsen die Beziehungen

$$a = \gamma, \quad b^2 = \gamma^2 - \xi^2$$

stattfinden. Durch Verbindung der beiden letzten Relationen entsteht

14) $$\xi^2 = a^2 - b^2,$$

oder mit Einführung der linearen Excentricität c:

15) $$\xi = \pm c,$$

wodurch wir auf die zwei bereits bekannten Brennpunkte zurückkommen.

Für Brennpunkte in der y-Achse müsste $\alpha = 0$ und $\xi = 0$ gesetzt und dazu die Bedingung $\beta = -\dfrac{\eta}{\gamma}$ gefügt werden. Wird mit Benutzung dieser Grössen die vorhergehende Rechnung wiederholt, so gelangt man durch blose Buchstabenvertauschung zu dem Resultate

16) $$\eta^2 = b^2 - a^2,$$

was, da $a > b$ vorausgesetzt ist, zu imaginären Werthen hinführt. Die Ellipse enthält also nur die beiden in der grossen Achse, zu beiden Seiten des Mittelpunktes im Abstande c gelegenen Brennpunkte.

Bezeichnen wir mit z_1 den Abstand eines Ellipsenpunktes $x\,y$ von dem auf der Seite der positiven x gelegenen Brennpunkte, so ist in der aus Nr. 12) folgenden Gleichung

$$z_1{}^2 = (\alpha x + \beta y + \gamma)^2$$

nach den oben gefundenen Relationen

$$\gamma = a, \quad \beta = 0, \quad \alpha = -\frac{\xi}{\gamma} = -\frac{c}{a} = -\varepsilon$$

zu setzen, wobei ε wie früher (vgl. § 14 Nr. 8) die numerische Excentricität darstellt. Hieraus folgt:

$$z_1{}^2 = (a - \varepsilon x)^2,$$

und, da für jedes x (also z. B. auch für $x = 0$) nur positive Werthe von z_1 zulässig sind,

17) $$z_1 = a - \varepsilon x.$$

In gleicher Weise findet sich, wenn man $\xi = -c$ nimmt, für den auf den andern Brennpunkt bezogenen Brennstrahl

18)
$$z_2 = a + \varepsilon x,$$

und endlich aus der Verbindung von 17) und 18)

19)
$$z_1 + z_2 = 2a.$$

So gelangen wir durch die analytische Untersuchung der Ellipsengleichung zu der bereits in § 14 aus Fig. 29 hergeleiteten Unveränderlichkeit der Summe der Brennstrahlen zurück. Es gewährt durchaus keine Schwierigkeit, dieser Eigenschaft die Mittel zur Construction einer Ellipse zu entnehmen, für welche die grosse Achse und die Brennpunkte gegeben sind.

§ 21.
Die Ellipse und die Gerade.

Für die Coordinaten derjenigen Punkte, welche gleichzeitig in einer Ellipse mit der Gleichung

1)
$$a^2 y^2 + b^2 x^2 = a^2 b^2$$

und einer Geraden

2)
$$y = Mx + n^*$$

gelegen sind, müssen die Gleichungen beider Linien Geltung finden. Durch Elimination von y erhält man hieraus für die Abscissen dieser Punkte:

3)
$$(a^2 M^2 + b^2) x^2 + 2 a^2 Mnx + a^2 (n^2 - b^2) = 0.$$

Das y, welches einem jeden hieraus folgenden x zugehört, ist aus Nr. 2) zu berechnen.

Da $a^2 M^2 + b^2$ in einer Ellipse nicht gleich Null sein kann, so ist die Gleichung 3) stets quadratisch, gewährt also rücksichtlich der Beschaffenheit ihrer Wurzeln die bei quadratischen Gleichungen möglichen drei Fälle, welche nach dem Vorzeichen der Discriminante

$$\varDelta = a^4 M^2 n^2 - a^2 (n^2 - b^2)(a^2 M^2 + b^2)$$

zu beurtheilen sind. Durch einfache Umformung des letzteren Ausdruckes gelangt man zu dem Resultate

$$\varDelta = a^2 b^2 (a^2 M^2 + b^2 - n^2),$$

---

* Um Verwechslungen mit den Constanten der Ellipse zu vermeiden, ist die Richtungsconstante der Geraden mit M und die Ordinate ihres in der y-Achse gelegenen Punktes mit n bezeichnet worden.

wonach, da $a^2 b^2$ immer positiv sein muss, die Unterscheidung der drei Fälle einzig davon abhängt, ob die Differenz

$$a^2 M^2 + b^2 - n^2$$

positiv, gleich Null oder negativ ist. Im ersteren Falle stellt die Gerade eine Secante, im zweiten eine Tangente der Ellipse dar; im dritten sind keine gemeinschaftlichen Punkte vorhanden.

Um dem gefundenen Unterscheidungsmerkmale eine geometrische Deutung abzugewinnen, wollen wir uns zunächst auf den einfachen Fall beschränken, wo die angegebene Differenz gleich Null ist, die Gerade also den Charakter einer Tangente an sich trägt. Das hierfür geltende analytische Kennzeichen

4) $\qquad a^2 M^2 + b^2 = n^2$

kommt, wenn man mittelst der Gleichung

$$b^2 = a^2 - c^2$$

die lineare Excentricität c einführt, auf die Form:

$$a^2 (1 + M^2) = c^2 + n^2.$$

Bezeichnen wir nun mit α den von der Geraden und der x-Achse eingeschlossenen Winkel, so ist bekanntlich

$$1 + M^2 = sec^2 \alpha,$$

und es entsteht hiermit aus der vorhergehenden Gleichung:

$$a^2 sec^2 \alpha = c^2 + n^2$$

oder

5) $\qquad a^2 = (c \, cos \, \alpha)^2 + (n \, cos \, \alpha)^2.$

Um diese Relation zu deuten, ist in Fig. 44 $CF = c$ gesetzt, indem C den Mittelpunkt und F einen Brennpunkt der Ellipse darstellt. TV ist die zu untersuchende Tangente, also $CN = n$. Zieht man CU und FV senkrecht auf TV, so wird

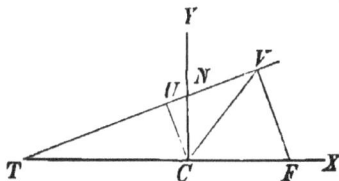

Fig. 44.

$$UV = c \, cos \, \alpha, \qquad CU = n \, cos \, \alpha;$$

folglich erhält man aus 5)

$$a^2 = \overline{UV^2} + \overline{CU^2} = \overline{CV^2}, \quad a = CV.$$

Der Fusspunkt V des vom Brennpunkte F auf die Tangente gefällten Perpendikels oder die Projection des Brennpunktes auf die Tangente liegt hiernach im Abstande a vom Mittelpunkte der Ellipse,
d. i. auf der Peripherie des umgeschriebenen Kreises.

Untersucht man in gleicher Weise die beiden noch übrigen
Fälle, was durch blosse Vertauschung der Gleichheits- und Ungleich-
heitszeichen in den letzten Formeln geschehen kann, so gelangt man
zu dem Satze: Eine Gerade schneidet eine Ellipse in zwei
Punkten, berührt sie in einem Punkte oder hat keinen
Punkt mit ihr gemein, je nachdem die Projectionen der
Brennpunkte auf die Gerade innerhalb, auf oder
ausserhalb der Peripherie des über der grossen Achse
beschriebenen Kreises liegen. — Durch Umkehrung dieses
Satzes kommt man unter Anderem zu dem Resultate, dass, wenn
man auf einer Ellipsentangente in den beiden Punkten, worin sie
den umgeschriebenen Kreis schneidet, Senkrechte errichtet, jede dieser Senkrechten durch einen der beiden Brennpunkte hindurchgehen muss.

Tangenten der Ellipse. Die auf Tangenten bezüglichen
Fundamentalaufgaben, eine Berührende in gegebener Richtung oder
durch einen gegebenen Punkt an eine Ellipse zu legen, können leicht
geometrisch mit Hülfe des umgeschriebenen Kreises nach dem obigen
Lehrsatze gelöst werden. Die analytische Behandlung dieser Aufgaben stützt sich auf die Bedingungsgleichung 4), welche das Kennzeichen für den Fall enthält, in welchem eine Gerade zur Tangente
der Ellipse wird.

Soll erstens eine Gerade mit der Richtungsconstante M die
Ellipse berühren, so gelten für diesen Fall die Gleichungen

$$y = Mx + n, \qquad a^2 M^2 + b^2 = n^2,$$

aus denen die unbekannte Constante n eliminirt werden kann. Es
folgt dann als Gleichung der Tangente bei gegebener
Richtung:

6) $$y = Mx \pm \sqrt{a^2 M^2 + b^2}.$$

Da hierin die Wurzelgrösse nicht zu Null werden kann, so sind nach
jeder Richtung hin zwei parallele Tangenten möglich, welche mit
Rücksicht auf die Form von Gleichung 6) die y-Achse zu beiden
Seiten des Mittelpunktes in gleichem Abstande durchschneiden. Was

die Coordinaten der zugehörigen Berührungspunkte betrifft, so ergeben sich dieselben aus den Resultaten der folgenden Aufgabe.

Wird nämlich zweitens die Forderung gestellt, durch einen gegebenen Punkt $x_1 y_1$ Tangenten an die Ellipse zu legen, so läuft unter Beibehaltung der vorigen Bezeichnungen diese Aufgabe darauf hinaus, M und n zu berechnen, wenn x_1 und y_1 gegeben sind. Die hierzu nöthigen Bedingungsgleichungen können aber ebenfalls benutzt werden, um die Werthe von x_1 und y_1 aus M und n abzuleiten.

Mit Rücksicht auf die gestellten Bedingungen, dass die Gerade mit den Constanten M und n Tangente sein und auf ihr der Punkt $x_1 y_1$ liegen soll, gelten die Gleichungen

$$a^2 M^2 + b^2 = n^2, \qquad y_1 = M x_1 + n,$$

woraus durch Elimination von n die zur Berechnung von M dienende Gleichung

$$7) \qquad (a^2 - x_1^2) M^2 + 2 x_1 y_1 M + (b^2 - y_1^2) = 0$$

entsteht. Die Constante n, welche einem jeden hieraus berechneten M zugehört, ergiebt sich aus

$$8) \qquad n = y_1 - M x_1.$$

Die Form von Nr. 7) zeigt, dass durch den gegebenen Punkt entweder zwei Tangenten gelegt werden können, oder nur eine oder endlich keine möglich ist, je nachdem

$$x_1^2 y_1^2 \gtreqless (a^2 - x_1^2)(b^2 - y_1^2)$$

oder auch

$$a^2 y_1^2 + b^2 x_1^2 \gtrless a^2 b^2,$$

und es geht aus der zu Nr. 3) in § 20 gemachten Bemerkung hervor, dass diese zu unterscheidenden Fälle darauf hinauskommen, ob der gegebene Punkt ausserhalb, auf der Peripherie oder innerhalb der Ellipse gelegen ist.

Fassen wir zunächst den Fall ins Auge, wo sich der Punkt $x_1 y_1$ auf der Peripherie befindet, also den Berührungspunkt abgiebt, so erhalten wir aus Nr. 7) auf sehr einfache Weise die Richtung der Tangente, wenn wir vor allen Dingen diese Gleichung mit $a^2 b^2$ multipliciren. In dem hieraus entstehenden Resultate

$$a^2 b^2 (a^2 - x_1^2) M^2 + 2 a^2 b^2 x_1 y_1 M + a^2 b^2 (b^2 - y_1^2) = 0$$

kann nämlich, wenn $x_1 y_1$ Peripheriepunkt ist, nach der Ellipsengleichung 1)

$$b^2 (a^2 - x_1^2) = a^2 y_1^2, \qquad a^2 (b^2 - y_1^2) = b^2 x_1^2$$

gesetzt werden, und man erhält hieraus:

$$a^4 y_1^2 M^2 + 2 a^2 b^2 x_1 y_1 M + b^4 x_1^2 = 0$$

oder nach Wurzelausziehung und Reduction auf M:

9) $$M = - \frac{b^2 x_1}{a^2 y_1}.$$

Aus dieser für die Richtungsconstante der Tangente im Berührungspunkte $x_1 y_1$ geltenden Gleichung folgt unter Anderem, dass,
so lange M einen gegebenen Werth besitzt, auch der Quotient $\frac{y_1}{x_1}$
constant bleiben muss, wonach sich mit Rücksicht auf die Gleichung 1) im § 5 die Berührungspunkte paralleler Tangenten, deren
es nach dem Resultate der vorigen Aufgabe je zwei giebt, auf einer
durch den Mittelpunkt der Ellipse (den Coordinatenanfang) gehenden Geraden befinden.

Wird das Ergebniss von Nr. 9) in 8) eingesetzt, so findet sich
bei neuer Reduction mit Hülfe der Ellipsengleichung

10) $$n = \frac{b^2}{y_1}.$$

Die Gleichungen 10) und 9) sind auf y_1 und x_1 zu reduciren, wenn
aus den Constanten einer gegebenen Tangente die Coordinaten des
Berührungspunktes abgeleitet werden sollen. Die Ausführung hiervon kann der Selbstübung des Lesers überlassen bleiben.

Durch Einsetzung der in 9) und 10) gefundenen Werthe in die
Gleichung der Geraden ergiebt sich für die Gleichung der durch
den Berührungspunkt $x_1 y_1$ gehenden Tangente

$$y = - \frac{b^2 x_1}{a^2 y_1} \cdot x + \frac{b^2}{y_1},$$

woraus nach gehöriger Reduction

11) $$\frac{x_1 x}{a^2} + \frac{y_1 y}{b^2} = 1$$

hergeleitet wird. Für die Abscisse des in der x-Achse gelegenen
Punktes, die wir mit m bezeichnen wollen, folgt hieraus:

12)
$$m = \frac{a^2}{x_1}.$$

Die Werthe 10) und 12) sind besonders zur geometrischen Darstellung der Tangente geeignet. Da nämlich m nur von a und x_1 abhängt, so müssen in allen über derselben grossen Achse construirten Ellipsen die Berührenden solcher Punkte, die eine gleiche Abscisse besitzen, die x-Achse in demselben Punkte schneiden; es gilt dies also auch, da die kleine Achse ganz ausser dem Spiele bleibt, für die Tangente im umgeschriebenen Kreise. In gleicher Weise wird mit Rücksicht auf Nr. 10) die y-Achse bei gleich bleibender Ordinate der Berührungspunkte von den Tangenten aller über derselben kleinen Achse befindlichen Ellipsen in demselben Punkte geschnitten, also auch von der Tangente im eingeschriebenen Kreise. Hiernach kann die Darstellung der Tangente leicht an die in Fig. 41 enthaltene Construction der Ellipse aus den über den Achsen beschriebenen Kreisen angelehnt werden.

Befindet sich der Punkt $x_1 y_1$, durch welchen Berührende an die Ellipse gelegt werden sollen, ausserhalb der Peripherie, so führt eine gleiche Schlussfolgerung, wie die zur Herleitung von Nr. 3) in § 10 und Nr. 13) in § 16 angestellte, zu dem Resultate, dass

$$\frac{x_1 x}{a^2} + \frac{y_1 y}{b^2} = 1$$

die Gleichung der Berührungssehne darstellt. Hiermit kann in ähnlicher Weise, wie es bei den Tangenten geschah, die Berührungssehne in der Ellipse mit den entsprechenden Linien im umgeschriebenen und im eingeschriebenen Kreise in Zusammenhang gebracht werden.

Normalen der Ellipse. Für die Normale im Ellipsenpunkte $x_1 y_1$ ergiebt sich mittelst der in Nr. 9) gefundenen Richtungsconstante der hierzu senkrechten Tangente die Gleichung:

13)
$$y - y_1 = \frac{a^2 y_1}{b^2 x_1} (x - x_1).$$

Wird hierin $y = 0$ gesetzt, so entsteht, wenn wir die zugehörige Abscisse mit ξ bezeichnen, für die Subnormale der Werth:

14)
$$\xi - x_1 = -\frac{b^2 x_1}{a^2},$$

und hieraus für ξ selbst mit Einführung der numerischen Excentricität nach bekannten Reductionsformeln:

15) $$\xi = \varepsilon^2 x_1.$$

Hieraus wird unter Berücksichtigung des Umstandes, dass die x aller Ellipsenpunkte zwischen den Grenzen $+ a$ und $- a$ enthalten sind, leicht abgeleitet, dass die grosse Achse von jeder Normale zwischen den beiden Brennpunkten und zwar, von der kleinen Achse aus gerechnet, auf derselben Seite geschnitten wird, auf welcher sich der zugehörige Ellipsenpunkt befindet.

Fig. 45.

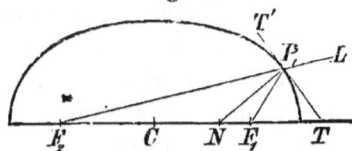

Sind nun in Fig. 45 F_1 und F_2 die beiden Brennpunkte, ist ferner C der Mittelpunkt der Ellipse und $P_1 N$ die Normale des Punktes P_1, so hat man $\xi = CN$, und hiernach folgt für die Abstände des Punktes N von den beiden Brennpunkten:

$$NF_1 = c - \xi = \varepsilon(a - \varepsilon x_1)$$
$$F_2 N = c + \xi = \varepsilon(a + \varepsilon x_1).$$

Mit Rücksicht auf die in § 20 unter 17) und 18) gefundenen Längen der Brennstrahlen $P_1 F_1$ und $F_2 P_1$ ist also

$$NF_1 = \varepsilon . P_1 F_1, \qquad F_2 N = \varepsilon . F_2 P_1.$$

Dies giebt die Proportion:

16) $$F_2 N : NF_1 = F_2 P_1 : P_1 F_1,$$

woraus nach einem bekannten geometrischen Satze geschlossen wird, dass die Normale $P_1 N$ den Winkel $F_2 P_1 F_1$ halbirt.* Man erhält so den Satz: die Normale eines jeden Ellipsenpunktes bildet mit den zugehörigen Brennstrahlen gleiche Winkel. Geometrisch wird hieraus abgeleitet, dass die Tangente $T'T$ den Winkel $F_1 P_1 L$ halbirt, welchen ein Brennstrahl mit der Verlängerung des anderen einschliesst. Zu demselben Resultate gelangt

---

* Setzt man $\angle NP_1 F_1 = \gamma_1$, $\angle F_2 P_1 N = \gamma_2$, $\angle P_1 N F_1 = \nu$, so gelten die Proportionen:

$$\sin \gamma_1 : \sin \nu = NF_1 : P_1 F_1$$
$$\sin \gamma_2 : \sin \nu = F_2 N : F_2 P_1$$

Hieraus folgt:

$$\frac{\sin \gamma_2}{\sin \gamma_1} : 1 = \frac{F_2 N}{NF_1} : \frac{F_2 P_1}{P_1 F_1},$$

also mit Rücksicht auf 16)

$$\frac{\sin \gamma_2}{\sin \gamma_1} = 1, \quad \sin \gamma_2 = \sin \gamma_1 \text{ u. s. f.}$$

man durch Berechnung der Strecken $F_2 T$ und $F_1 T$ mit Hülfe von Nr. 12); dieselben stehen ebenfalls im Verhältniss der Brennstrahlen.

Die Länge der Normale $P_1 N$, die wir mit u bezeichnen wollen, findet sich aus der Formel:

$$u^2 = (x_1 - \xi)^2 + y_1^2.$$

Mit Benutzung des obigen Werthes von ξ und der für $x_1 y_1$ geltenden Ellipsengleichung erhält man hieraus nach einigen Reductionen:

17) $$u^2 = \frac{b^2}{a^2}(a^2 - \varepsilon^2 x_1^2),$$

oder, wenn man für die Brennstrahlen $P_1 F_1$ und $F_2 P_1$ die bereits in § 20 angewendeten Bezeichnungen z_1 und z_2 gebraucht,

18) $$u^2 = \frac{b^2}{a^2} \cdot z_1 z_2.$$

Hierauf kann eine einfache Formel für die Grösse des Winkels basirt werden, welchen die Normale mit jedem der Brennstrahlen einschliesst, und den wir mit γ bezeichnen wollen. Nach einem bekannten trigonometrischen Satze erhält man nämlich im Dreieck $F_2 P_1 F_1$ Fig. 45, dessen drei Seiten gleich z_2, z_1 und $2c$ sind,

$$cos^2 \gamma = \frac{(z_1 + z_2 + 2c)(z_1 + z_2 - 2c)}{4 z_1 z_2},$$

also mit Rücksicht auf § 20 Nr. 19) und § 14 Nr. 9)

$$cos^2 \gamma = \frac{b^2}{z_1 z_2}.$$

Wird diese Gleichung durch Multiplication mit Nr. 17) verbunden, so entsteht das Resultat:

$$u^2 cos^2 \gamma = \frac{b^4}{a^2},$$

oder nach § 14 Nr. 6), bei Beachtung des Umstandes, dass nur positive Werthe von $cos\, \gamma$ in Frage kommen können,

19) $$u\, cos\, \gamma = p,$$

wobei p den Halbparameter darstellt. Nach dieser Formel kann der Winkel γ leicht berechnet werden; zugleich ist darin der Lehrsatz enthalten: In der Ellipse giebt die Projection der Nor-

9*

male auf einen Brennstrahl des zugehörigen Peripheriepunktes den Halbparameter*.

§ 22.

Fortsetzung.

Durchmesser der Ellipse. Wir sind berechtigt, die
Gleichung 3) des vorigen Paragraphen durch $a^2 M^2 + b^2$ zu divi-
diren, weil dieser Werth immer von Null verschieden sein muss.
Dann entsteht für die Abscissen derjenigen Punkte, welche die in
Untersuchung stehende Gerade mit der Ellipse gemein hat, die
Gleichung:

$$1) \qquad x^2 + 2\left(\frac{a^2 M n}{a^2 M^2 + b^2}\right)x + \frac{a^2 (n^2 - b^2)}{a^2 M^2 + b^2} = 0.$$

Angenommen nun, die Ellipse werde von der Geraden in zwei reellen
Punkten geschnitten, so soll mit xy der Mittelpunkt der zwischen
den beiden Durchschnittspunkten enthaltenen Sehne bezeichnet werden. Sind also x_1 und x_2 die Wurzeln der obigen Gleichung, y_1 und
y_2 die dazu gehörenden Ordinaten, so ist

$$x = \frac{x_1 + x_2}{2}, \qquad y = \frac{y_1 + y_2}{2}.$$

Mit Rücksicht auf die Summe der Wurzeln von Nr. 1) und auf die
Gleichung der Geraden ergiebt sich:

$$2) \qquad x = -\frac{a^2 M n}{a^2 M^2 + b^2}, \qquad y = Mx + n.$$

Hieraus erhält man durch Elimination von n für die Mitten einer
Schaar paralleler Sehnen (mit der gemeinschaftlichen Richtungsconstante M) die Gleichung:

$$3) \qquad a^2 M y + b^2 x = 0.$$

Aus der Form dieser Gleichung folgt: Die Mitten aller parallelen Sehnen einer Ellipse liegen in einer durch den

---

* Da sich dieser Satz unabhängig von der Grösse der Achsen zeigt,
so muss er auch für die Parabel gelten, von der wir früher (vgl. die
aus der Zusammenstellung der Gleichungen unter Nr. 16 in § 14 gezogenen Folgerungen) gesehen haben, dass sie als Ellipse mit unendlicher grosser Achse aufgefasst werden kann. Ohne alle Rechnung ergiebt sich übrigens dort dieselbe Eigenschaft aus der Grösse der Subnormale mitelst der zu Fig. 36 angestellten Betrachtungen.

Mittelpunkt gehenden Geraden. Die Curve besitzt also geradlinige Durchmesser, die sich sämmtlich im Mittelpunkte schneiden, und es kann hiernach dieser Punkt mittelst des Durchschnittes
zweier Geraden construirt werden, von denen jede ein Paar paralleler
Sehnen halbirt. Bei einer vollständig gegebenen Ellipse reicht übrigens hierzu bereits die Construction eines einzigen Durchmessers
hin, da dessen Mitte mit dem Mittelpunkt zusammenfallen muss.

Bringen wir Nr. 3) auf die Form

$$y = -\frac{b^2}{a^2 M}x,$$

so findet sich für die Richtungsconstante des Durchmessers, die wir
mit M' bezeichnen wollen, die Gleichung

$$M' = -\frac{b^2}{a^2 M}$$

oder auch:

4) $$M M' = -\frac{b^2}{a^2},$$

d. h. die Richtungsconstanten eines beliebigen Systems paralleler
Sehnen und ihres zugehörigen Durchmessers bilden für jede Ellipse
ein unveränderliches Product. Da hierbei, unbeschadet der Richtigkeit der Gleichung, die Factoren M und M' ihre Rollen austau-
schen können, so folgt, dass, wenn man den Sehnen die Richtung
des zugehörigen Durchmessers giebt, letzterer die Richtung der
Sehnen annimmt. Legt man also zu den Sehnen, welche von einem
Durchmesser halbirt werden, eine Parallele durch den Mittelpunkt,
so ist diese Parallele selbst wieder Durchmesser für diejenigen Sehnen, welche mit dem ersten gleiche Richtung haben. Zwei in der
angegebenen Weise von einander abhängige Durchmesser heissen
zugeordnete oder conjugirte Durchmesser. Einer derselben
kann immer in beliebiger Richtung durch den Mittelpunkt der Ellipse gelegt werden; man findet dann den andern, wenn man den
Halbirungspunkt einer dazu parallelen Sehne geradlinig mit dem
Mittelpunkte verbindet. Ebenso folgt, dass, wenn man durch den
Mittelpunkt zwei Gerade so legt, dass von jeder eine zu der andern
parallele Sehne halbirt wird, diese Geraden conjugirte Durchmesser
sein müssen. Man erreicht dies z. B., wie leicht geometrisch nach-
gewiesen werden kann, wenn man durch den Mittelpunkt Parallelen
zu zwei Sehnen zieht, welche die Enden eines Durchmessers mit

einem beliebigen Punkte der Ellipse verbinden. Sehnen dieser Art
werden Supplementarsehnen genannt; man erhält also den
Satz: Durchmesser der Ellipse, die mit zwei Supplementarsehnen parallel laufen, sind conjugirt.

Die beiden Achsen der Ellipse sind als ein specieller Fall der
conjugirten Durchmesser zu betrachten, und zwar als der einzige,
wo diese Linien senkrecht auf einander stehen. Für jeden andern
Fall gilt nämlich, wenn mit α und β die Winkel bezeichnet werden,
welche die Richtung der beiden Durchmesser gegen die Achse der
positiven x bestimmen, nach Nr. 4) die Relation

$$5) \qquad tan\,\alpha \,.\, tan\,\beta = -\frac{b^2}{a^2}.$$

Bei rechtwinkliger Lage müsste dieses Product zu — 1 werden, was
bei Ausschliessung des vorerwähnten speciellen Falles, in welchem
das Product der beiden Winkeltangenten die unbestimmte Form
$0\,.\,\infty$ annimmt, allgemein nur möglich ist, wenn $b = a$, d. h. wenn
die Ellipse in einen Kreis übergeht. — Die Bemerkung, dass die
beiden Achsen den einzigen Fall darstellen, in welchem conjugirte
Durchmesser einen rechten Winkel einschliessen, gewährt ein einfaches Mittel, in einer Ellipse mit gegebenem Mittelpunkte die Lage
der Achsen zu bestimmen. Beschreibt man nämlich über einem
Durchmesser einen die Ellipse schneidenden Halbkreis und verbindet
den Durchschnittspunkt geradlinig mit den Enden des Durchmessers,
so erhält man zwei auf einander senkrechte Supplementarsehnen;
die hierzu parallelen Durchmesser sind also die beiden Achsen.

Das in Nr. 5) rechterhand befindliche Vorzeichen weist darauf
hin, dass von den Winkeln α und β der eine immer spitz, der andere stumpf sein muss, dass also jeder der beiden Durchmesser von
den vier Quadranten der Ellipse zwei gegenüberliegende durchschneidet. Verstehen wir nun unter α den spitzen dieser beiden
Winkel, so ist $\beta - \alpha$ der von der kleinen Achse durchschnittene
Winkel, welcher die beiden Durchmesser zu Schenkeln hat; in die
Nebenwinkel des letzteren fällt die grosse Achse. Bezeichnen wir
dieses Supplement von $\beta - \alpha$ mit ω, so ist

$$tan\,\omega = tan\,(\alpha - \beta) = \frac{tan\,\alpha - tan\,\beta}{1 + tan\,\alpha \,.\, tan\,\beta},$$

und es folgt hieraus, wenn mit Hülfe von Nr. 5) der Winkel β
eliminirt wird,

6)
$$\tan \omega = \frac{a^2 \tan \alpha + b^2 \cot \alpha}{a^2 - b^2}.$$

Da dieser Werth immer positiv ist, so zeigt sich, dass von den beiden durch die conjugirten Durchmesser begrenzten Nebenwinkeln der stumpfe von der kleinen, und der spitze von der grossen Achse durchschnitten wird. Der letztere (in unserer Bezeichnung ω) führt den Namen: Conjugationswinkel. Für die Grösse desselben gilt die Formel 6), woraus nach goniometrischen Sätzen das Resultat

$$\sin^2 \omega = \frac{(a^2 \tan \alpha + b^2 \cot \alpha)^2}{(a^2 - b^2)^2 + (a^2 \tan \alpha + b^2 \cot \alpha)^2}.$$

oder nach einfacher Umformung

7)
$$\sin^2 \omega = \frac{(a^2 \sin^2 \alpha + b^2 \cos^2 \alpha)^2}{a^4 \sin^2 \alpha + b^4 \cos^2 \alpha}$$

abgeleitet wird. Die letztere Formel wird später dazu dienen, die Grösse des Conjugationswinkels von den Längen der Durchmesser abhängig zu machen.

Die conjugirten Durchmesser lassen sich noch in eine einfache Beziehung zu den Tangenten der Ellipse bringen, wenn man auf Nr. 3) zurückgeht. Reducirt man nämlich auf M, so entsteht:

8)
$$M = -\frac{b^2 x}{a^2 y},$$

wobei $x\,y$ als Schnenmittelpunkt einen Punkt des zugehörigen Durchmessers und M als Richtungsconstante der Sehne die Richtung des conjugirten Durchmessers anzeigt. Da der Durchmesser mit dem Punkte xy durch den Coordinatenanfang geht, so gilt, wenn wir mit x_1 und y_1 die Coordinaten eines der beiden Punkte bezeichnen, worin er die Ellipse schneidet, die Proportion

$$x : x_1 = y : y_1,$$

durch deren Anwendung Nr. 8) in die Formel 9) des vorhergehenden Paragraphen übergeführt werden kann. Da durch diese Formel die Richtung der Tangente im Punkte $x_1 y_1$ bestimmt wurde, so folgt der Satz: Jeder Durchmesser der Ellipse läuft parallel mit den Tangenten der in seinem conjugirten Durchmesser gelegenen Ellipsenpunkte.* Hiernach ist es leicht, eine Tangente mittelst des durch ihren Berührungspunkt gehenden Durchmessers zu construiren, indem man die Richtung des hierzu conjugirten Durchmessers ermittelt.

Legt man durch den Mittelpunkt der Ellipse ein schiefwinkliges Coordinatensystem, dessen Achsen mit zwei conjugirten Durchmessern zusammenfallen, so müssen nach der Eigenschaft dieser Linien jedem Werthe der einen Coordinate Doppelwerthe der andern Coordinate von gleicher Grösse und entgegengesetztem Vorzeichen zugehören; die auf dieses System bezogene Gleichung der Ellipse muss daher wieder in Beziehung auf x sowohl, als auf y rein quadratisch sein. Wir können diese Bemerkung durch Anwendung der Transformationsformeln bestätigen. Sind α und β die Winkel, welche der Reihe nach in der im § 4 zu Fig. 10 festgestellten Drehrichtung die neue x- und y- Achse mit der grossen Achse der Ellipse bilden, so ist beim Uebergange zum neuen System nach Nr. 1) des angeführten Paragraphen

$$x\,cos\,\alpha + y\,cos\,\beta \ \text{für}\ x$$
$$x\,sin\,\alpha + y\,sin\,\beta \ \ ,, \ \ y$$

zu setzen. Man erhält dann als Gleichung der Ellipse

$$\left(\frac{x\,cos\,\alpha + y\,cos\,\beta}{a}\right)^2 + \left(\frac{x\,sin\,\alpha + y\,sin\,\beta}{b}\right)^2 = 1,$$

und hieraus nach einigen Umformungen

$$\left(\frac{a^2\,sin^2\,\alpha + b^2\,cos^2\,\alpha}{a^2 b^2}\right) x^2 + \left(\frac{a^2\,sin^2\,\beta + b^2\,cos^2\,\beta}{a^2 b^2}\right) y^2$$
$$+ 2\left(\frac{a^2\,sin\,\alpha\,sin\,\beta + b^2\,cos\,\alpha\,cos\,\beta}{a^2 b^2}\right) xy = 1.$$

Aus Nr. 5) ergiebt sich, dass für conjugirte Durchmesser als Coordinatenachsen der Zähler des zum Factor xy zugehörigen Klammerinhaltes zu Null wird. Gebraucht man daher noch die Abkürzungen:

9)
$$\begin{cases} a_1{}^2 = \dfrac{a^2 b^2}{a^2\,sin^2\,\alpha + b^2\,cos^2\,\alpha} \\[3mm] b_1{}^2 = \dfrac{a^2 b^2}{a^2\,sin^2\,\beta + b^2\,cos^2\,\beta}, \end{cases}$$

---

* Veranschaulicht wird dieser Satz durch parallele Verschiebung der Sehne, wobei, wenn schliesslich beide Endpunkte zusammenfallen, die Gerade, von welcher die Sehne eine begrenzte Strecke darstellte, in eine Tangente übergeht.

so bleibt die auf zwei conjugirte Durchmesser bezogene Ellipsengleichung:

10)
$$\left(\frac{x}{a_1}\right)^2 + \left(\frac{y}{b_1}\right)^2 = 1.$$

Die Vergleichung der Formeln 9) mit der in § 20 Nr. 3) aufgestellten Polargleichung der Ellipse zeigt, dass hierin a_1 und b_1 die in den Coordinatenachsen gelegenen Halbmesser darstellen. Bestätigt wird diese Bemerkung, wenn wir in Nr. 10) eine der beiden Coordinaten zu Null werden lassen.

Aus der Uebereinstimmung der Form von Nr. 10) mit der auf die beiden Achsen der Ellipse bezüglichen Gleichung dieser Curve folgt, dass alle aus dieser Form entnommenen Schlussfolgerungen, soweit sie von der rechtwinkligen Lage des Coordinatensystems unabhängig bleiben, auch dann noch Anwendung finden, wenn bei schiefwinkligem Coordinatensystem die Achsen die Rolle conjugirter Durchmesser spielen. Was z. B. die im § 20 gegebenen Constructionen der Ellipse betrifft, so kann die in Fig. 43 dargestellte unverändert beibehalten werden, wenn man das mit den Halbachsen gebildete Rechteck gegen ein über zwei conjugirten Halbmessern beschriebenes Parallelogramm austauscht. Auch alle übrigen Constructionen lassen sich auf die conjugirten Durchmesser übertragen, wenn man anfangs eine Ellipse mit den Halbachsen a_1 und b_1 bildet und dann die den einzelnen Abscissen zugehörigen Ordinaten in die nöthige schiefe Lage überführt. Ebenso behalten die auf die Tangentengleichung bezüglichen Entwickelungen, insofern man von der goniometrischen Deutung der Richtungsconstante absieht, ihre volle Geltung. Die Gleichung

11)
$$\frac{x_1 x}{a_1{}^2} + \frac{y_1 y}{b_1{}^2} = 1$$

stellt wieder die Gleichung der Tangente im Berührungspunkte $x_1 y_1$ dar, oder gehört der Berührungssehne an, wenn der Punkt $x_1 y_1$ ausserhalb der Ellipse gelegen ist.

Zwischen den Grössen conjugirter Halbmesser finden zwei wichtige Relationen statt, welche aus den in Nr. 9) gegebenen Werthen entlehnt werden können. Zur Ableitung dieser Relationen ist es zunächst nothwendig, beide Halbmesser von demselben Winkel, z. B. von α, abhängig zu machen. Drückt man zu diesem Zwecke

$sin^2\beta$ und $cos^2\beta$ in Nr. 9) durch die Tangente aus, so entsteht, wenn man zugleich im Zähler und Nenner mit a^2 multiplicirt,

$$b_1{}^2 = \frac{a^4 b^2 (1 + tan^2\beta)}{a^4 tan^2\beta + a^2 b^2},$$

worin mit Rücksicht auf Formel 5)

$$a^4 tan^2\beta = b^4 cot^2\alpha.$$

gesetzt werden kann. Dividirt man dabei noch Zähler und Nenner durch b^2, so ergiebt sich:

$$b_1{}^2 = \frac{a^4 + b^4 cot^2\alpha}{a^2 + b^2 cot^2\alpha},$$

und hieraus:

12) $$b_1{}^2 = \frac{a^4 sin^2\alpha + b^4 cos^2\alpha}{a^2 sin^2\alpha + b^2 cos^2\alpha}.$$

Wird dieser Werth mit dem unter 9) enthaltenen Ausdrucke von $a_1{}^2$ multiplicirt, so entsteht das Resultat:

$$a_1{}^2 b_1{}^2 = \frac{a^2 b^2 (a^4 sin^2\alpha + b^4 cos^2\alpha)}{(a^2 sin^2\alpha + b^2 cos^2\alpha)^2},$$

und hieraus mit Berücksichtigung von Nr. 7)

$$a_1{}^2 b_1{}^2 = \frac{a^2 b^2}{sin^2\omega}$$

oder

13) $$a_1 b_1 sin\omega = a b.$$

Dies giebt unter Anderem die geometrische Deutung: In einer Ellipse sind alle Parallelogramme, welche entstehen, wenn man die Endpunkte irgend zweier conjugirten Durchmesser geradlinig verbindet, flächengleich.

Wird ferner das unter 12) erhaltene Resultat zu dem in Nr. 9) aufgestellten Werthe von $a_1{}^2$ addirt, so folgt

$$a_1{}^2 + b_1{}^2 = \frac{a^4 sin^2\alpha + a^2 b^2 + b^4 cos^2\alpha}{a^2 sin^2\alpha + b^2 cos^2\alpha}$$

oder auch

$$a_1{}^2 + b_1{}^2 = \frac{a^2 sin^2\alpha (a^2 + b^2) + b^2 cos^2\alpha (a^2 + b^2)}{a^2 sin^2\alpha + b^2 cos^2\alpha},$$

und hieraus endlich:

14) $$a_1{}^2 + b_1{}^2 = a^2 + b^2,$$

d. h. in einer Ellipse ist die Summe der Quadrate irgend zweier conjugirten Halbmesser constant. Dasselbe gilt dann auch von der Grösse der conjugirten Durchmesser.

Die Unveränderlichkeit der Summe $a_1^2 + b_1^2$ zeigt, dass das Product $a_1^2 b_1^2$, also auch $a_1 b_1$ möglichst gross und damit nach Nr. 13) der Sinus des Conjugationswinkels möglichst klein werden muss, wenn die beiden conjugirten Durchmesser gleich lang sind. Mit Rücksicht auf die Ausdrücke 9) findet sich leicht, dass dies nur vorkommen kann, wenn $\beta = 180^0 - \alpha$, d. h. wenn die grosse Achse den Conjugationswinkel halbirt. Aus

$$tan\,\beta = -\,tan\,\alpha \text{ und } tan\,\alpha \,.\, tan\,\beta = -\,\frac{b^2}{a^2}$$

folgt dann, wenn wir immer noch unter α den spitzen Winkel verstehen,

15) $$tan\,\alpha = \frac{b}{a}.$$

Die Diagonalen eines Rechteckes, dessen Seiten die Tangenten der Achsenscheitel bilden, stellen hiernach die g l e i c h e n c o n j u g i r t e n D u r c h m e s s e r dar und schliessen den kleinsten in der Ellipse möglichen Conjugationswinkel ein. Bezeichnen wir mit k einen der gleichen Halbmesser, so ergiebt sich aus 14)

16) $$k^2 = \frac{a^2 + b^2}{2}$$

und für den zugehörigen k l e i n s t e n C o n j u g a t i o n s w i n k e l aus 13)

17) $$sin\,\omega = \frac{2\,a\,b}{a^2 + b^2},$$

ein Werth, der leicht mittelst der Formel 15) durch Berechnung von $sin\,2\,\alpha$ verificirt werden kann. — Die auf die gleichen Durchmesser als Coordinatenachsen bezogene Ellipsengleichung lautet nach 10)

18) $$x^2 + y^2 = k^2,$$

ist also mit der Mittelpunktsgleichung des Kreises für rechtwinklige Coordinaten identisch, nur dass sie bei der Ellipse für ein einziges Coordinatensystem, und zwar für ein schiefwinkliges, Geltung findet.

Mit Hülfe der Gleichungen 13) und 14) können irgend zwei der darin enthaltenen fünf Grössen berechnet werden, wenn die drei anderen gegeben sind; man kann daher z. B. aus zwei nach Lage und Grösse bestimmten conjugirten Durchmessern die Achsen finden. Am leichtesten gelangt man hierbei zum Ziele, wenn man

Summe und Differenz der beiden Halbachsen als Unbekannte betrachtet. Aus der Verbindung der beiden gegebenen Gleichungen entstehen nämlich die Formeln

$$(a+b)^2 = a_1^2 + b_1^2 + 2a_1 b_1 \, sin\, \omega$$
$$(a-b)^2 = a_1^2 + b_1^2 - 2a_1 b_1 \, sin\, \omega$$

oder

19) $\quad \begin{cases} (a+b)^2 = a_1^2 + b_1^2 - 2a_1 b_1 \, cos\, (90^0 + \omega) \\ (a-b)^2 = a_1^2 + b_1^2 - 2a_1 b_1 \, cos\, (90^0 - \omega). \end{cases}$

Diese Ausdrücke lassen eine einfache geometrische Darstellung zu, da die rechterhand stehenden Werthe als Seiten zweier Dreiecke aus zwei mit dem eingeschlossenen Winkel gegebenen Seiten construirt werden können. Sind nämlich $CA = A'C = a_1$ und $CB = B'C = b_1$ in Fig. 46 die conjugirten Durchmesser, welche den Conjugationswinkel $ACB = \omega$ einschliessen, so errichte man $CD = CA$ senkrecht auf $A'A$; dann ist $BD = a - b$ und $B'D = a + b$.

Fig. 46.

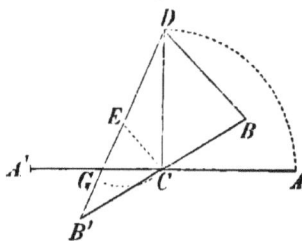

Zieht man nun $CE /\!/ BD$, so wird $CE = \dfrac{a-b}{2}$, $ED = \dfrac{a+b}{2}$, folglich, wenn man $GE = CE$ nimmt, $GD = a$, $B'G = b$.

Ist die Grösse der Achsen gefunden, so kann man die Lage der grossen und damit auch die der kleinen Achse aus einer der Formeln 9) berechnen. Man findet z. B. aus dem Werthe für a_1^2, wenn man Sinus und Cosinus durch Tangente ausdrückt,

$$a_1^2 = \frac{a^2 b^2 (1 + tan^2 \alpha)}{a^2 tan^2 \alpha + b^2},$$

und hieraus

$$tan^2 \alpha = \frac{b^2 (a^2 - a_1^2)}{a^2 (a_1^2 - b^2)}$$

oder auch

20) $\quad tan\, \alpha = \dfrac{b}{a} \sqrt{\dfrac{(a + a_1)(a - a_1)}{(a_1 + b)(a_1 - b)}}.$

Einfacher gelangt man jedoch constructiv zum Ziele, wenn man mittelst der grossen Achse den umgeschriebenen Kreis bildet, parallel zu jedem der beiden Durchmesser die Tangenten der End

punkte des conjugirten Durchmessers legt und dann den Satz benutzt, dass die in den Durchschnitten der Tangenten und des umgeschriebenen Kreises errichteten Perpendikel durch die Brennpunkte
gehen. Mit Hülfe der Brennpunkte ist die Lage der grossen Achse
vollständig bestimmt.

§ 23.
Die Krümmungskreise der Ellipse.

Bei Untersuchung der gegenseitigen Lagen der Ellipse und
eines Kreises, deren Gleichungen beiderseits dem zweiten Grade
angehören, ergiebt sich in gleicher Weise, wie bei der entsprechenden auf Parabel und Kreis bezüglichen Betrachtung (§ 18), eine
Gleichung vierten Grades, aus deren Wurzeln die gemeinschaftlichen
Punkte beider Linien zu entnehmen sind. Beschränkt man sich
hierbei wieder auf den besonders wichtigen Fall, wo drei dieser
Punkte zusammenfallen, also die Gleichung drei gleiche Wurzeln
enthält und der Kreis nach den im § 18 aufgestellten Begriffen die
Bedeutung des K r ü m m u n g s k r e i s e s erhält, so gelangt man jedoch
einfacher als durch Discussion der Gleichung vierten Grades zur
Bestimmung des zugehörigen K r ü m m u n g s m i t t e l p u n k t e s,
wenn man auf Grund der an der angegebenen Stelle gewonnenen
Begriffe diesen Punkt als die Grenzlage auffasst, in welche der
Durchschnittspunkt der Normalen zweier Ellipsenpunkte übergeht,
wenn die letzteren in einen einzigen zusammenschwinden. Von dieser Auffassung aus ergiebt sich der folgende Rechnungsgang.

Nehmen wir die beiden Achsen der Ellipse in der früheren
Weise als Coordinatenachsen an, so lautet nach § 21 Nr. 13) die
Gleichung der Normale im Ellipsenpunkte $x_1 y_1$:

$$y - y_1 = \frac{a^2 y_1}{b^2 x_1}(x - x_1).$$

Durch einfache Umgestaltung kommt dieselbe auf die Form:

1) $\qquad a^2 y_1 x - b^2 x_1 y = (a^2 - b^2) x_1 y_1.$

In gleicher Weise erhält man für eine zweite Normale im Punkte
$x_2 y_2$ die Gleichung:

2) $\qquad a^2 y_2 x - b^2 x_2 y = (a^2 - b^2) x_2 y_2,$

aus deren Verbindung mit Nr. 1) die Coordinaten des Durchschnittes
beider Linien zu berechnen sind. Man erhält durch Elimination
von y:

$$x = \left(\frac{a^2 - b^2}{a^2}\right) x_1 x_2 \left(\frac{y_1 - y_2}{x_2 y_1 - x_1 y_2}\right),$$

oder, wenn wir die numerische Excentricität ε und die Abkürzung

$$m = \frac{x_2 y_1 - x_1 y_2}{y_1 - y_2}$$

einführen,

$$x = \varepsilon^2 \left(\frac{x_1 x_2}{m}\right).$$

Nach § 5 Nr. 11) stellt hierbei m die Abscisse desjenigen Punktes der x-Achse dar, in welchem sie von der Verbindungsgeraden der Punkte $x_1 y_1$ und $x_2 y_2$ geschnitten wird. Lässt man nun, um zum Krümmungsmittelpunkte zu gelangen, die Punkte $x_1 y_1$ und $x_2 y_2$ in einen übergehen, so wird die Verbindungsgerade zur Tangente des Punktes $x_1 y_1$, folglich nach § 21 Nr. 12)

$$m = \frac{a^2}{x_1}.$$

Hieraus entsteht für die Abscisse des zu $x_1 y_1$ zugehörigen Krümmungsmittelpunktes der Werth:

3) $$x = \frac{\varepsilon^2 x_1^3}{a^2}.$$

Dieser Ausdruck kann leicht construirt und damit der in der Normale gelegene Krümmungsmittelpunkt gefunden werden. Nach § 21 Nr. 15) ist nämlich $\varepsilon^2 x_1$ die Abscisse des Durchschnittspunktes von Normale und x-Achse, die wir mit ξ bezeichnen. Dann folgt:

$$x = \xi \left(\frac{x_1}{a}\right)^2,$$

wobei sich der in der Klammer enthaltene Quotient mittelst des über der grossen Achse beschriebenen Kreises darstellen lässt. Ist P in

Fig. 47. derjenige Punkt dieses Kreises, der mit P_1 die Abscisse $CM = x_1$ gemein hat, so ist, wenn wir $\angle MCP = \alpha$ setzen, so dass α die sogenannte excentrische Anomalie des Punktes P_1 darstellt,

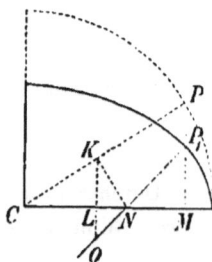

Fig. 47.

$$\frac{x_1}{a} = \cos\alpha.$$

Wird nun in $P_1 N$ die Normale des Punktes P_1 gezogen, so ist

$$x = CN \cdot \cos^2\alpha,$$

folglich, wenn NK senkrecht auf CP, und KO senkrecht auf CM errichtet wird, $CL = x$, und O der gesuchte Krümmungsmittelpunkt.

Substituiren wir den Werth von x in der Gleichung 1) der Normale, so erlangen wir für die Ordinate von O das Resultat:

$$y = -\frac{\varepsilon^2 y_1 (a^2 - x_1{}^2)}{b^2},$$

oder, wenn wir mittelst der Ellipsengleichung x_1 durch y_1 ausdrücken,

4)
$$y = -\frac{\varepsilon^2 a^2 y_1{}^3}{b^4}.$$

Die Einsetzung von x und y in die Gleichung

$$\varrho^2 = (x - x_1)^2 + (y - y_1)^2$$

(vgl. § 18 Nr. 11) lässt den Krümmungshalbmesser ϱ berechnen. Man erhält, wenn man beide Coordinaten durch x_1 ausdrückt und soweit als möglich reducirt,

5)
$$\varrho^2 = \frac{(a^2 - \varepsilon^2 x_1{}^2)^3}{a^2 b^2}.$$

Nach § 21 Nr. 17) ist hierin

$$a^2 - \varepsilon^2 x_1{}^2 = \frac{a^2 u^2}{b^2},$$

wenn u die Länge der Normale bezeichnet, folglich

$$\varrho^2 = \frac{a^4 u^6}{b^8} = \frac{u^6}{p^4},$$

und

6)
$$\varrho = \frac{u^3}{p^2},$$

übereinstimmend mit dem in § 18 Nr. 13) gefundenen Werthe des Krümmungshalbmessers der Parabel. Beachten wir, dass nach § 21 Nr. 19) der Ausdruck $\frac{u}{p}$ wie in der Parabel die Secante des von Normale und Brennstrahl eingeschlossenen Winkels bedeutet, so gelangen wir zu dem Resultate, dass die in Fig. 36 enthaltene Construction des Krümmungshalbmessers auch für die Ellipse ungeänderte Anwendung findet.

§ 24.

Die Quadratur der Ellipse.

Auf die in § 20 Nr. 7) gefundene Proportionalität, welche zwischen den Halbachsen einer Ellipse und den zu gleicher Abscisse gehörenden Ordinaten der Ellipse und des über der grossen Achse beschriebenen Kreises stattfindet, lässt sich eine Vergleichung der Ellipsenfläche mit der Fläche dieses Kreises gründen. Wir theilen zu diesem Zwecke die Abscisse $CM = x$ (Fig. 48) in n gleiche Theile, ziehen durch alle Theilpunkte Ordinaten und construiren mit der Anfangsordinate eines jeden hierdurch gebildeten Streifens und der Strecke $\dfrac{x}{n}$ ein Rechteck; dann ist die Summe dieser Rechtecke, welche S heissen möge, grösser als die elliptische Fläche $CBPM = F$. Bezeichnen wir CB mit y_0, und mit $y_1, y_2, y_3 \ldots, y_n = MP$ der Reihe nach die darauf folgenden Ordinaten, so ist

$$S = \frac{x}{n}\,(y_0 + y_1 + y_2 + \ldots + y_{n-1}),$$

oder, wenn $CB' = \eta_0, \eta_1, \eta_2 \ldots, \eta_n = MP'$ die mit $y_0, y_1, y_2 \ldots, y_n$ zu gleichen Abscissen gehörenden Ordinaten des umgeschriebenen Kreises ausdrücken,

1) $$S = \frac{b}{a} \cdot \frac{x}{n}\,(\eta_0 + \eta_1 + \eta_2 + \ldots \eta_{n-1}).$$

Setzen wir ferner

2) $$S' = \frac{x}{n}\,(\eta_0 + \eta_1 + \eta_2 + \ldots + \eta_{n-1}),$$

so bedeutet, wenn die vorhergehende Construction auf den über der grossen Achse beschriebenen Kreis übertragen wird, S' die Summe der dort in gleicher Weise wie in der Ellipse gebildeten Rechteckflächen, und stellt eine obere Grenze für die theilweis vom Kreise begrenzte Fläche $CB'P'M = F'$ dar. Aus der Verbindung von 1) und 2) folgt:

Fig. 48.

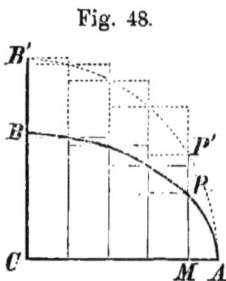

$$S = \frac{b}{a} \cdot S',$$

oder in Proportionsform:

3) $\qquad S : S' = b : a.$

Dasselbe Verhältniss muss aber auch zwischen den Flächen F und F' stattfinden, weil mit fortwährender Vergrösserung der Zahl der auf der Abscisse gebildeten Theile schliesslich S mit F und S' mit F' zum Zusammenfallen gebracht werden kann. Bildet man nämlich in der elliptischen Fläche mit der Strecke $\frac{x}{n}$ und den Endordinaten der einzelnen Streifen, worein sie zerlegt wurde, eingeschriebene Rechtecke, so folgt für deren Summe, die s heissen mag, in ähnlicher Weise wie oben das Resultat

4) $\qquad s = \frac{b}{a} \cdot \frac{x}{n} (\eta_1 + \eta_2 + \eta_3 + \ldots + \eta_n).$

Die Vergleichung von 1) und 4) giebt

$$S - s = \frac{b}{a} \cdot \frac{x (\eta_0 - \eta_n)}{n},$$

und dieser Werth kann kleiner als jede beliebige Zahl gemacht werden, wenn man nur n hinreichend gross annimmt. Bei unendlichem Anwachsen der Zahl n fallen also S und s, folglich nach der Ungleichung

$$S > F > s$$

um so mehr S und F zusammen. In gleicher Weise kann unter gleichen Umständen das Zusammenfallen von S' und F' bewiesen werden, und es folgt dann aus Nr. 3)

5) $\qquad F : F' = b : a,$

d. h. die über irgend einer Abscisse stehende Ellipsenfläche verhält sich zu der über derselben Abscisse befindlichen Fläche des umgeschriebenen Kreises wie die kleine Halbachse zur grossen.

Lässt man den Punkt M nach A rücken, so ergiebt sich, wenn wir die Fläche der ganzen Ellipse mit E bezeichnen,

$$\tfrac{1}{4} E = \frac{b}{a} \cdot \frac{\pi}{4} a^2 = \frac{\pi}{4} a b,$$

folglich

6) $E = \pi a b.$

Nach § 22 Nr. 13) entsteht hieraus, wenn a_1, b_1 und ω zwei conjugirte Halbmesser nebst ihrem Conjugationswinkel bedeuten,

7) $E = \pi a_1 b_1 \sin \omega.$

Mittelst dieser Formel kann die Ellipsenfläche aus irgend zwei nach Lage und Grösse gegebenen conjugirten Durchmessern berechnet werden.

Siebentes Capitel.

Die Hyperbel.

— —

§ 25.

Die Gleichung $\left(\dfrac{x}{a}\right)^2 - \left(\dfrac{y}{b}\right)^2 = 1.$

Die in der Ueberschrift enthaltene Gleichung

1)
$$\left(\frac{x}{a}\right)^2 - \left(\frac{y}{b}\right)^2 = 1,$$

welche durch Multiplication mit $- a^2 b^2$ in

2)
$$a^2 y^2 - b^2 x^2 = - a^2 b^2$$

umgeformt werden kann, gehört nach § 14 Nr. 12) einer Hyperbel an, deren Hauptachse $2a$ mit der x-Achse und deren Nebenachse $2b$ mit der y Achse zusammenfällt. So wesentlich sich nun auch diese Curve in ihrer Gestalt von der im vorigen Capitel untersuchten Ellipse unterscheidet, so stehen doch beide Linien rücksichtlich der analytischen Entwickelung ihrer Eigenschaften in der innigsten Beziehung. Da nämlich die Gleichung 1) durch blosse Vertauschung von b^2 mit $- b^2$ aus der Gleichung hervorgeht, welche wir der Untersuchung der Ellipse zu Grunde gelegt haben, so befinden wir uns in der günstigen Lage, den grössten Theil der für letztere Curve angestellten Rechnungen mit Anbringung eines einfachen Zeichenwechsels auf die Hyperbel übertragen zu können. Neu treten allein die auf die Asymptoten bezüglichen Betrachtungen auf.

Um den in § 20 bei der Ellipse benutzten Gang der Untersuchung festzuhalten, wollen wir zunächst die x und y der Gleichung 2) in Polarcoordinaten transformiren, deren Achse mit der Achse der positiven x identisch ist. Daraus entsteht die Polargleichung

10*

3)
$$r^2 = \frac{a^2 b^2}{b^2 \cos^2 \varphi - a^2 \sin^2 \varphi}.$$

Wird hierin mittelst der aus § 14 Nr. 15) folgenden Relation

$$b^2 = c^2 - a^2$$

die lineare Excentricität c eingeführt, so ergiebt sich:

4)
$$r^2 = \frac{a^2 b^2}{c^2 \cos^2 \varphi - a^2}.$$

Die Gleichung 3) zeigt, dass reelle r von endlicher Grösse nur so lange möglich sind, als die Differenz

$$b^2 \cos^2 \varphi - a^2 \sin^2 \varphi$$

einen positiven Werth giebt. Setzen wir nun nach § 14 Nr. 14)

$$\frac{b}{a} = \tan \gamma,$$

wobei γ den von einer Asymptote und der Hauptachse gebildeten spitzen Winkel oder die Hälfte des sogenannten Asymptotenwinkels bezeichnet, so folgt nach einfacher Umgestaltung, dass für die Hyperbelpunkte die Ungleichung

$$\tan^2 \varphi < \tan^2 \gamma$$

gelten muss. Wir werden so zu der bereits bekannten Eigenschaft zurückgeführt, dass beide Zweige der Hyperbel von den Asymptoten umschlossen werden. Spitze Werthe von φ, welche einen der vier unter sich congruenten Quadranten der Hyperbel in sich fassen, müssen daher zwischen den Grenzen 0 und γ enthalten sein. Aus Nr. 4) ist dann ersichtlich, dass innerhalb dieser Grenzen r gleichzeitig mit φ wächst, dass also die beiden Achsenscheitel die dem Mittelpunkte am nächsten gelegenen Punkte der Hyperbel darstellen. Ein über der Hauptachse als Durchmesser beschriebener Kreis, den wir Hauptkreis nennen wollen, wird in den Scheiteln von der Hyperbel berührt; alle übrigen Hyperbelpunkte liegen ausserhalb des Hauptkreises.

An die Stelle der Beziehungen, welche zwischen den Ordinaten der Ellipse und ihres umgeschriebenen Kreises, oder zwischen ihren Abscissen und denen des eingeschriebenen Kreises stattfinden, treten bei der Hyperbel entsprechende Relationen für ihre Vergleichung mit zwei gleichseitigen Hyperbeln, deren eine die Strecke a, die andere die Länge b zur Halbachse hat. Diese beiden Curven sind durch die Gleichungen

5) $$x^2 - y^2 = a^2, \qquad x^2 - y^2 = b^2$$

bestimmt; sie können aber nicht wie die beiden Kreise der Ellipse zu einer bequemen Construction von Hyperbelpunkten verwendet werden, weil sie selbst nicht eine wesentlich einfachere Darstellung als alle anderen Hyperbeln zulassen.

An die Stelle der goniometrischen Gleichung

$$sin^2 \alpha + cos^2 \alpha = 1,$$

deren Analogie mit der Ellipsengleichung zur Auffindung von Ellipsenpunkten gebraucht wurde, tritt hier die Gleichung

$$sec^2 \alpha - tan^2 \alpha = 1,$$

wenn wir $\frac{x}{a} = sec\,\alpha$ und $\frac{y}{b} = tan\,\alpha$ setzen. Durch Construction der Werthe $x = a\,sec\,\alpha$ und $y = b\,tan\,\alpha$ sind daher, wenn α einen beliebigen Winkel bedeutet, die zusammengehörigen Coordinaten eines Hyperbelpunktes bestimmt. Die Ausführung dieser Construction können wir um so mehr übergehen, als wir später einfachere Mittel zur Darstellung der Hyperbel kennen lernen werden.

Was ferner die in § 20 Nr. 9) und 10) angewendete Zerlegung der Ellipsengleichung in zwei Factoren ersten Grades betrifft, so kann dieselbe mittelst eines einzigen Zeichenwechsels für die Hyperbel brauchbar gemacht werden. Die Gleichungen der beiden Geraden, durch deren Durchschnitt ein Hyperbelpunkt bestimmt wird, lauten nämlich

$$\frac{y}{b_1} = 1 + \frac{x}{a}, \qquad -\frac{y}{b_2} = 1 - \frac{x}{a},$$

wobei wieder die Relation

$$b_1 : b = b : b_2$$

gelten muss. Der Leser wird leicht die einfache Aenderung ausfindig machen, welche hiernach an der in Fig. 43 gegebenen Construction anzubringen ist, wenn sie zur Gewinnung von Hyperbelpunkten benutzt werden soll.

Geben wir der Gleichung 1) die Form

$$x^2 = a^2 + \left(\frac{a}{b}\right)^2 y^2,$$

so kann darauf eine Darstellung der Hyperbel mit Benutzung der Asymptoten gegründet werden. Mit Einführung des halben Asymptotenwinkels γ entsteht nämlich

6) $$x^2 = a^2 + y^2 \cot^2 \gamma,$$

wonach das x eines Hyperbelpunktes als Hypotenuse eines rechtwinkligen Dreieckes mit den Katheten a und $y \cot \gamma$ zu construiren ist. Auch hier wird die Ausführung der Construction durchaus keine Schwierigkeit gewähren.

Brennpunkte der Hyperbel. Zur Aufsuchung von Brennpunkten der Hyperbel können fast wörtlich dieselben Schlüsse wiederholt werden, welche bei der gleichen auf die Ellipse bezüglichen Untersuchung zum Ziele führten; nur ist in den Endresultaten b^2 mit $- b^2$ zu vertauschen. Aus der Gleichung

$$(x - \xi)^2 + (y - \eta)^2 = (\alpha x + \beta y + \gamma)^2,$$

in welcher xy einen beliebigen Punkt einer Linie zweiten Grades und $\xi \eta$ einen Brennpunkt dieser Linie bedeutet, folgern wir zunächst wie bei der Ellipse, dass Brennpunkte nur in einer der Achsen gelegen sein können. Für Brennpunkte in der x-Achse gelten dann die Gleichungen

$$\beta = 0, \quad \xi + \alpha \gamma = 0, \quad \eta = 0,$$

woraus durch Zusammenstellung mit der Gleichung der Hyperbel die Resultate

7) $$\gamma = a, \quad \xi^2 = a^2 + b^2 = c^2$$

hervorgehen. Dies giebt

$$\xi = \pm c,$$

d. i. die beiden bekannten Brennpunkte der Hyperbel. Für die Constante α folgt noch aus $\xi + \alpha \gamma = 0$

$$\alpha = - \frac{\xi}{a} = \mp \varepsilon,$$

wobei ε wie früher die numerische Excentricität bezeichnet. — Brennpunkte in der Ordinatenachse führen zu imaginären Werthen; die Hyperbel enthält also keine weiteren Brennpunkte, als die beiden auf der Verlängerung der Hauptachse gelegenen.

Stellt z_1 den Brennstrahl eines Hyperbelpunktes xy für den auf der Seite der positiven x gelegenen Brennpunkt und z_2 den andern Brennstrahl desselben Hyperbelpunktes dar, so ergiebt sich aus den berechneten Werthen in Uebereinstimmung mit den für die Ellipse gefundenen Resultaten

$$z_1^2 = (a - \varepsilon x)^2, \qquad z_2^2 = (a + \varepsilon x)^2.$$

Beim Uebergange zu den Quadratwurzeln können hieraus sowohl positive als negative Werthe hervorgehen; treffen wir aber die Bestimmung, die zu positiven x gehörigen z selbst als positive Grössen in Rechnung zu ziehen, so ist, da für jeden Hyperbelpunkt positive x grösser als a sind, um so mehr auch $\varepsilon x > a$; folglich hat man

8) $$z_1 = \varepsilon x - a, \qquad z_2 = \varepsilon x + a,$$

zu setzen. Aus der Verbindung dieser beiden Gleichungen entsteht die bekannte Relation

9) $$z_2 - z_1 = 2a,$$

wonach die Hyperbel mittelst der unveränderlichen Differenz ihrer Brennstrahlen construirt werden kann.

§ 26.

Die Hyperbel und die Gerade; die Krümmungskreise.

Die auf die gegenseitigen Lagen einer Hyperbel und einer Geraden bezüglichen Untersuchungen, soweit sie nicht die neu auftretenden Eigenschaften der Asymptoten berühren, sind, wenn wir Wiederholung derselben Rechnungen vermeiden wollen, am einfachsten auf die entsprechenden Betrachtungen in § 21 und § 22 zurückzuführen. Bezeichnen wir daher wie dort die Gleichung der Geraden mit

1) $$y = Mx + n,$$

während

2) $$a^2 y^2 - b^2 x^2 = - a^2 b^2$$

die Gleichung der Hyperbel darstellt, so gilt für die Abscissen der etwa vorhandenen gemeinschaftlichen Punkte beider Linien die Gleichung:

3) $$(a^2 M^2 - b^2) x^2 + 2 a^2 M n x + a^2 (n^2 + b^2) = 0.$$

Dieselbe ist immer quadratisch, mit Ausnahme des einzigen Falles, wenn

$$a^2 M^2 = b^2$$

oder

$$M = \pm \frac{b}{a},$$

d. i. wenn die Gerade mit einer der beiden Asymptoten parallel läuft. Dann bleibt aus Nr. 3) eine Gleichung ersten Grades, und es folgt hieraus der Satz: **Jede Parallele zu einer Asymptote schneidet die Hyperbel in einem Punkte.** [*]

In jedem andern Falle, d. h. sobald die Gerade die Asymptoten schneidet, behält, wie schon bemerkt wurde, die Gleichung 3) ihre quadratische Form; die Gerade und die Hyperbel besitzen also höchstens zwei gemeinschaftliche Punkte. Aus der für die Ellipse geführten Rechnung leiten wir her, dass hierbei die Gerade Secante oder Tangente darstellt, oder endlich keinen Punkt mit der Hyperbel gemein hat, je nachdem

$$- a^2 b^2 (a^2 M^2 - b^2 - n^2) \gtreqless 0.$$

Die Beachtung des Umstandes, dass der ausserhalb der Parenthese befindliche Factor einen negativen Werth besitzt, zeigt, dass das Eintreten des ersten, zweiten oder dritten Falles davon abhängig gemacht werden muss, ob die Differenz

$$b^2 + n^2 - a^2 M^2$$

positiv, gleich Null oder negativ ist. Soll die Gerade die Hyperbel in einem Punkte berühren, so muss die Gleichung

4) $$\qquad a^2 M^2 = b^2 + n^2$$

Geltung finden. Führen wir hierin mittelst der Relationen

$$M = \tan \alpha, \qquad b^2 = c^2 - a^2$$

den zwischen der Geraden und der x-Achse enthaltenen Winkel α und die lineare Excentricität c ein, so kommen wir auf die Gleichung 5) des § 21 zurück, die genau so wie dort geometrisch gedeutet werden kann. Es folgt das Resultat, dass der Fusspunkt eines von einem Brennpunkte auf die Tangente gefällten Perpendikels oder die Projection des Brennpunktes auf die Tangente auf der Peripherie des Hauptkreises gelegen ist. Werden endlich mit Anwendung der-

---

[*] In gleicher Weise wie bei den zur Parabelachse parallelen Geraden lässt sich auch hier ableiten, dass die Parallelen zu einer Hyperbelasymptote als Secanten aufgefasst werden können, bei welchen der eine Durchschnittspunkt in die Unendlichkeit fällt.

selben Hülfsmittel die beiden noch übrigen Fälle untersucht, so ergiebt sich als Seitenstück zu dem früher für die gegenseitigen Lagen
einer Geraden und einer Ellipse gefundenen Kriterium der folgende
Satz: Eine Gerade, die nicht parallel mit einer Asymptote läuft, kann die Hyperbel in zwei Punkten schneiden, in einem Punkte berühren oder keinen Punkt mit
ihr gemein haben; der erste, zweite oder dritte dieser
Fälle findet statt, je nachdem die Projectionen der
Brennpunkte auf die Gerade ausserhalb, auf oder innerhalb der Peripherie des Hauptkreises liegen.*

Tangenten der Hyperbel. Zur analytischen Lösung der
auf Tangenten bezüglichen Aufgaben dient die obige Gleichung 4),
welche zu diesem Zwecke in ganz gleicher Weise wie Nr. 4) in § 21
zu benutzen ist. Für die Gleichung einer Tangente von
gegebener Richtung folgt dann nach Analogie von § 21 Nr. 6)

$$5) \qquad y = Mx \pm \sqrt{a^2 M^2 - b^2}.$$

Die hierin unter dem Wurzelzeichen befindliche Differenz lässt erkennen, dass nicht wie bei der Ellipse nach jeder Richtung hin
Tangenten möglich sind, sondern nur unter der Bedingung, dass
die Relation

$$M^2 \geqq \frac{b^2}{a^2} \qquad .$$

stattfindet. Es giebt dies die geometrische Deutung, dass der von
einer Tangente und der Hauptachse gebildete spitze Winkel immer
zwischen den Grenzen 90^0 und γ enthalten sein muss, wobei γ wie
früher den halben Asymptotenwinkel bezeichnet. Berechnen wir die
Coordinaten der Berührungspunkte, so zeigt sich, dass die Asymptoten selbst Tangenten für unendlich ferne Punkte der Hyperbel
darstellen, d. h. dass sie als äusserste Grenzen der Tangenten auftreten. Die Form der Rechnung bleibt hierbei dieselbe wie bei der
Ellipse, und es gelten auch im Uebrigen rücksichtlich der Lage der
Berührungspunkte die dort gefundenen Resultate.

Soll die Aufgabe, eine Tangente an die Hyperbel durch einen
Punkt $x_1 y_1$ zu legen, analytisch gelöst werden, so sind zu diesem
Zwecke die zur Herleitung von § 21 Nr. 7) bis 12) angewendeten

---

* Die zu einer Asymptote parallelen Geraden haben rücksichtlich
des Fusspunktes die geometrische Eigenschaft der Secanten; die Asymptoten selbst fallen unter die Tangenten.

Entwickelungen zu wiederholen, wobei nur an b^2 der mehrfach er
wähnte Zeichenwechsel angebracht werden muss. Als **Gleichung
der Tangente im Peripheriepunkte** $x_1 y_1$ findet sich dann

6)
$$\frac{x_1 x}{a^2} - \frac{y_1 y}{b^2} = 1,$$

und hieraus für die Richtungsconstante der Tangente der Werth

7)
$$M = \frac{b^2 x_1}{a^2 y_1},$$

während die auf den Achsen abgeschnittenen Strecken m und n die
Grössen

8)
$$m = \frac{a^2}{x_1}, \qquad n = -\frac{b^2}{y_1}$$

erhalten. Aus der Vergleichung des für m gefundenen Resultates
mit der Gleichung der Berührungssehne im Kreise (§ 10 Nr. 3) folgt
u. A., dass die Tangente des Hyperbelpunktes $x_1 y_1$ und die demselben Punkte zugehörige Berührungssehne des Hauptkreises sich
in der Hauptsache schneiden. Zu einer einfacheren Construction der
Tangente, als diejenige sein würde, welche auf diese Bemerkung
gegründet werden kann, führt die folgende Betrachtung.

Da die absolute Grösse von $m = \dfrac{a^2}{x_1}$ für alle Hyperbelpunkte
höchstens gleich a sein kann, so muss jede Tangente die Hauptachse
zwischen den Scheiteln, also um so mehr auch zwischen den Brennpunkten schneiden, in ähnlicher Weise, wie Letzteres bei der Ellipse mit den Normalen stattfand. Bezeichnen wir nun die Entfernungen dieses Durchschnittspunktes von den beiden Brennpunkten
mit t_1 und t_2, wobei t_1 dem auf der Seite der positiven x gelegenen
Brennpunkte zugehören soll, so folgt:

$$t_1 = c - \frac{a^2}{x_1} = \frac{a}{x_1}(\varepsilon x_1 - a)$$

$$t_2 = c + \frac{a^2}{x_1} = \frac{a}{x_1}(\varepsilon x_1 + a),$$

und hieraus mit Rücksicht auf die in § 25 Nr. 8) gefundenen Werthe
der Brennstrahlen z_1 und z_2:

$$t_1 = \frac{a z_1}{x_1}, \qquad t_2 = \frac{a z_2}{x_2}.$$

Diese beiden Resultate geben die Proportion:

9) $$t_1 : t_2 = z_1 : z_2,$$

welche der in § 21 Nr. 16) für die Normale einer Ellipse gefundenen vollständig entspricht. Es entsteht daher auch die entsprechende geometrische Deutung: Die Tangente an einer Hyperbel halbirt den von den Brennstrahlen des Berührungspunktes eingeschlossenen Winkel.

Für einen ausserhalb der Hyperbel gelegenen Punkt $x_1 y_1$ stellt Nr. 6) die Gleichung der Berührungssehne dar.

Normalen der Hyperbel. Die Normale im Hyperbelpunkte $x_1 y_1$ erhält mit Benutzung von Nr. 7) oder auch sofort nach § 21 Nr. 13) die Gleichung:

10) $$y - y_1 = -\frac{a^2 y_1}{b^2 x_1} (x - x_1).$$

Hiernach ergiebt sich für die Abscisse ihres Durchschnittspunktes mit der x-Achse in vollständiger Uebereinstimmung mit dem bei der Ellipse gefundenen Resultate

11) $$\xi = \varepsilon^2 x_1,$$

woraus leicht hergeleitet wird, dass hier dieser Punkt stets ausserhalb der von den beiden Brennpunkten begrenzten Strecke gelegen sein muss. Mit Ausnahme der hierdurch bedingten geringen Abänderungen gelten im Uebrigen fast wörtlich die auf die Normalen der Ellipse bezüglichen Schlüsse. Für die Länge der Normale findet sich:

12) $$u^2 = \frac{b^2}{a^2} (\varepsilon^2 x_1^2 - a^2) = \frac{b^2}{a^2} z_1 z_2,$$

und die Projection von u auf einen der Brennstrahlen giebt wieder den halben Parameter.

Krümmungsmittelpunkt und Krümmungshalbmesser der Hyperbel. Aus der Gleichung der Normale werden in ganz gleicher Weise wie im § 23 die Coordinaten des Krümmungsmittelpunktes abgeleitet. Man erhält hierbei, da ein Vorzeichenwechsel im Werthe von b^2 ohne Einfluss auf die Resultate 3) und 4) dieses Paragraphen bleibt, diese beiden Grössen ungeändert wieder. Die Coordinaten des Krümmungsmittelpunktes sind also wie bei der Ellipse:

13) $$x = \frac{\varepsilon^2 x_1^3}{a^2}, \qquad y = -\frac{\varepsilon^2 a^2 y_1^3}{b^4}.$$

Zum Zwecke der geometrischen Darstellung kann der erste dieser Werthe in der Form

$$x = \xi \cdot sec^2 \alpha$$

geschrieben werden, wobei $\xi = \varepsilon^2 x_1$ nach Nr. 11) die Abscisse des Durchschnittspunktes der Normale und der x-Achse bedeutet und der Winkel α mit Hülfe der Gleichung $sec\,\alpha = \dfrac{x_1}{a}$ zu construiren ist. Nach einer im § 25 gemachten Bemerkung erhält man denselben Winkel auch mittelst der Relation: $tan\,\alpha = \dfrac{y_1}{b}$. Die Ausführung der hieraus folgenden Construction des Krümmungsmittelpunktes mag dem eigenen Nachdenken des Lesers überlassen bleiben.

Die Ableitung des Krümmungshalbmessers ist ebenfalls in Uebereinstimmung mit dem in § 23 eingeschlagenen Verfahren. Man findet zunächst

14) $$\varrho^2 = \frac{(\varepsilon^2 x_1{}^2 - a^2)^3}{a^2 b^2},$$

und hieraus wieder mittelst des obigen Werthes von u (Länge der Normale)

. 15) $$\varrho = \frac{u^3}{p^2},$$

wobei p wie früher den Halbparameter bedeutet, welcher durch Projection von u auf einen der Brennstrahlen des Punktes $x_1 y_1$ dargestellt werden kann. Hieraus folgt, wie im § 23, dass die in Fig. 36 aus Nr. 13) des § 18 abgeleitete Construction des Krümmungshalbmessers ebenso wie für die Parabel und Ellipse auch für die Hyperbel angewendet werden kann. Diese Construction gilt also für alle Kegelschnitte ohne Unterschied.

§ 27.

Fortsetzung.

Durchmesser der Hyperbel. Wenn wir, um den geometrischen Ort der Sehnenmitten ausfindig zu machen, die Gleichung 3) des vorhergehenden Paragraphen durch Division mit $a^2 M^2 - b^2$ auf die Form

1) $$x^2 + 2\left(\frac{a^2 M n}{a^2 M^2 - b^2}\right) x + \frac{a^2 (n^2 + b^2)}{a^2 M^2 - b^2} = 0$$

bringen, so ist dabei vorausgesetzt, dass nicht

$$a^2 M^2 = b^2$$

sein darf. Es ist leicht zu ersehen, dass sich dieser auszuschliessende Fall auf die Asymptoten und die damit parallelen Geraden bezieht, rücksichtlich deren wir bereits zu der Erkenntniss gelangt sind, dass sie nicht Sehnen der Hyperbel bilden können. In jedem andern Falle findet sich wie bei der Ellipse zu einem Systeme paralleler Sehnen mit der Richtungsconstante M ein geradliniger, durch den Mittelpunkt gehender Durchmesser. Seine Gleichung lautet analog mit § 22 Nr. 3)

2) $$a^2 M y - b^2 x = 0.$$

Wird seine Richtungsconstante mit M' bezeichnet, so entsteht die Relation

3) $$M M' = \frac{b^2}{a^2},$$

aus welcher in gleicher Weise wie aus Nr. 4) § 22 hergeleitet wird, dass auch die Hyperbel die Eigenschaften conjugirter Durchmesser besitzt, welche ebenso wie dort mit den Supplementarsehnen im Zusammenhange stehen. Charakteristisch für die Hyperbel sind dabei die folgenden Eigenthümlichkeiten.

Sind α und β die in der Drehrichtung der Polarwinkel gemessenen Winkel zwischen der Hauptachse und zwei conjugirten Durchmessern, so folgt aus Nr. 3)

4) $$tan\, \alpha \,.\, tan\, \beta = \frac{b^2}{a^2}.$$

Dieses Product ist stets positiv, beide Winkeltangenten haben also gleiche Vorzeichen, wonach beide Durchmesser in denselben Quadranten gelegen sein müssen. Da ferner durch die Asymptoten der Fall

$$tan\, \alpha = tan\, \beta = \pm\, \frac{b}{a}$$

ausgeschlossen ist, so muss der absolute Werth einer dieser beiden Tangenten grösser, der andere kleiner als $\frac{b}{a}$ sein, d. h. der eine Durchmesser liegt zwischen Asymptote und Hauptachse, der andere zwischen Asymptote und Nebenachse. Nach der Polargleichung 3) im § 25 wird daher nur einer der beiden Durchmesser die Hyperbel schneiden, so dass zwischen ihnen ein gleicher Gegensatz wie zwischen der Haupt- und Nebenachse stattfindet, welche selbst einen speciellen Fall conjugirter Durchmesser bilden. Noch ist zu bemerken, dass die beiden Achsen ebenso wie in der Ellipse das einzige Paar conjugirter Durchmesser bilden, welches einen rechten Winkel einschliesst, da das Product $tan\,\alpha\,.\,tan\,\beta$ bei Ausschliessung des Falles, wo es die unbestimmte Form $0\,.\,\infty$ annimmt, nie gleich -1 sein kann. Nach dieser Bemerkung zeigt sich die zur Auffindung der Achsen einer gegebenen Ellipse dienende Construction auch für die Hyperbel brauchbar.

Wir gehen dazu über, die Gleichung der Hyperbel für ein schiefwinkliges Coordinatensystem aufzustellen, dessen Achsen ein Paar conjugirter Durchmesser bilden; α sei der Winkel, welchen die Hauptachse mit dem die Hyperbel schneidenden Durchmesser einschliesst, β der Winkel zwischen der Hauptachse und dem andern Durchmesser. Dann ist, wenn wir, um uns von den Vorzeichen unabhängig zu halten, die Quadrate von $tan\,\alpha$ und $tan\,\beta$ bilden,

$$tan^2\,\alpha < \frac{b^2}{a^2}, \quad tan^2\,\beta > \frac{b^2}{a^2},$$

folglich sind die Differenzen

$$b^2\,cos^2\,\alpha - a^2\,sin^2\,\alpha, \quad a^2\,sin^2\,\beta - b^2\,cos^2\,\beta$$

beide positiv. Als Gleichung der Hyperbel ergiebt sich durch dieselbe Rechnung, welche im § 22 zu gleichem Zwecke benutzt wurde,

$$\left(\frac{b^2\,cos^2\,\alpha - a^2\,sin^2\,\alpha}{a^2\,b^2}\right)x^2 - \left(\frac{a^2\,sin^2\,\beta - b^2\,cos^2\,\beta}{a^2\,b^2}\right)y^2$$

$$-\,2\left(\frac{a^2\,sin\,\alpha\,sin\,\beta - b^2\,cos\,\alpha\,cos\,\beta}{a^2\,b^2}\right)xy = 1.$$

Der zu $2\,xy$ in der Parenthese gehörige Factor ist nach Nr. 4) gleich Null. Mit Einführung der Abkürzungen

$$5) \quad \left\{ \begin{aligned} a_1{}^2 &= \frac{a^2 b^2}{b^2\,cos^2\,\alpha - a^4\,sin^2\,\alpha} \\ b_1{}^2 &= \frac{a^2\,b^2}{a^2\,sin^2\,\beta - b^2\,cos^2\,\beta} \end{aligned} \right.$$

entsteht daher die Gleichung

$$6) \quad \left(\frac{x}{a_1}\right)^2 - \left(\frac{y}{b_1}\right)^2 = 1.$$

In Folge der oben gemachten Bemerkung über das Vorzeichen der Differenzen, welche sich in den Nennern der Werthe von $a_1{}^2$ und $b_1{}^2$ befinden, sind hierbei a_1 und b_1 reelle Grössen. Aus Nr. 6), sowie auch aus der Polargleichung der Hyperbel zeigt sich, dass a_1 die Hälfte des die Hyperbel schneidenden Durchmessers darstellt, wenn wir uns denselben in den beiden mit der Hyperbel gebildeten Durchschnittspunkten begrenzt denken; b_1 kann nach einer auf Vergleichung mit der Ellipse gestützten Analogie als Hälfte des andern Durchmessers aufgefasst und auf demselben in einer gleichen Weise aufgetragen werden, wie wir dies früher mit der Grösse b auf der Nebenachse gethan haben.

Die Uebereinstimmung der Form, welche sich in der auf zwei conjugirte Durchmesser bezogenen Gleichung 6) der Hyperbel und der für die Achsen geltenden Hauptgleichung darlegt, berechtigt wieder, wie dies früher schon bei Parabel und Ellipse geschehen, zu dem Schlusse, dass die der Gleichungsform entnommenen Resultate auch auf das neue System übertragen werden können, insoweit sie nämlich von der rechtwinkligen Lage der Coordinatenachsen unabhängig sind. Wir sehen davon ab, diejenigen Beziehungen zu wiederholen, die sich in gleicher Weise bei der Ellipse vorgefunden haben, und beschränken uns darauf, die Gleichungen der Asymptoten im neuen Systeme zu ermitteln.

Wenden wir dieselben Folgerungen an, welche im § 14 unter III bei Ableitung von Nr. 13) zu dem Begriffe der Asymptoten und deren Gleichungen hinführten, so ergiebt sich aus Nr. 6), dass eine dadurch repräsentirte Curve zwei geradlinige Asymptoten besitzt, welche in der Gleichung

$$7) \qquad y = \pm \frac{b_1}{a_1} x$$

zusammengefasst werden können. Der möglicherweise entstehende Zweifel, ob hierin wirklich die bereits bekannten geraden Linien ausgedrückt sind, kann am vollständigsten beseitigt werden, wenn wir die Gleichungen der früheren Asymptoten, welche beide in der Formel

$$y^2 = \frac{b^2}{a^2} x^2$$

enthalten sind, für unser jetziges Coordinatensystem transformiren. Mittelst der bekannten Transformationsformeln entsteht dann

$$(x \, sin \, \alpha + y \, sin \, \beta)^2 = \frac{b^2}{a^2} (x \, cos \, \alpha + y \, cos \, \beta)^2$$

und hieraus nach gehöriger Reduction

$$(a^2 \, sin^2 \, \beta - b^2 \, cos^2 \, \beta) \, y^2 - (b^2 \, cos^2 \, \alpha - a^2 \, sin^2 \, \alpha) \, x^2$$
$$+ 2 \, (a^2 \, sin \, \alpha \, sin \, \beta - b^2 \, cos \, \alpha \, cos \, \beta) \, x \, y = 0.$$

Das letzte Glied linker Hand ist nach Nr. 4) gleich Null; es bleibt daher

$$y^2 = \left(\frac{b^2 \, cos^2 \, \alpha - a^2 \, sin^2 \, \alpha}{a^2 \, sin^2 \, \beta - b^2 \, cos^2 \, \beta} \right) x^2,$$

oder mit Rücksicht auf die Formeln 5)

$$y^2 = \frac{b_1^2}{a_1^2} x^2,$$

wodurch wir nach Ausziehung der Quadratwurzel auf Nr. 7) zurück-kommen. Die Gleichungsform der Asymptoten ist also wie die der Hyperbel selbst immer dieselbe, welches Paar conjugirter Durch-messer auch die Stelle der Coordinatenachsen vertreten mag. Hier-nach kann die auf diese Form gegründete Construction der Asymp-toten leicht verallgemeinert werden. Legt man nämlich zu zwei con-jugirten Durchmessern, deren vom Mittelpunkte aus gemessene Hälften die Längen a_1 und b_1 besitzen, durch ihre Endpunkte Pa-rallelen, so sind die Asymptoten Diagonalen eines jeden auf diese Weise gebildeten Parallelogrammes. Es liegt hierin zugleich ein einfaches Mittel, aus zwei nach Lage und Grösse gegebenen con-jugirten Durchmessern die Lage der Hyperbelachsen durch Con-struction herzuleiten, insofern durch die Haupt- und Nebenachse die von den Asymptoten gebildeten Winkel halbirt werden.

Die Beziehungen, welche nach § 22 Nr. 13) und 14) zwischen den conjugirten Durchmessern und den beiden Achsen einer Ellipse stattfanden, wiederholen sich bei der Hyperbel in fast ungeänder-ter Weise. Nehmen wir dieselben Rechnungen, welche dort ange-wendet wurden, wieder auf, so erleidet die Gleichung 13) keine Aenderung; es gilt also auch hier, wenn ω wieder den Conjugations-winkel bezeichnet, die Relation

8) $a_1 \, b_1 \, sin \, \omega = a \, b;$

die Formel 14) geht dagegen über in

9)   . $a_1^2 - b_1^2 = a^2 - b^2.$

Die letzte Gleichung zeigt, dass die Längen zweier conjugirter Durchmesser gleichzeitig wachsen, während dabei nach 8) die Grösse des
Conjugationswinkels abnimmt. Aus der Polargleichung ist ersichtlich, dass bei diesem Anwachsen der Durchmesser beide den Asymptoten immer näher rücken, bis sie schliesslich in den Asymptoten
zusammenfallen. Conjugirte Durchmesser von gleicher Länge sind
nur in der gleichseitigen Hyperbel möglich, und zwar gilt dort diese
Gleichheit für jedes zusammengehörige Paar. Der Ort, an welchem
sich in einer Ellipse mit denselben Achsen die gleichen conjugirten
Durchmesser befanden, wird bei der Hyperbel von den Asymptoten
eingenommen.

Mittelst der Gleichungen 8) und 9) können die Längen der
Achsen gefunden werden, wenn a_1, b_1 und ω gegeben sind; nur
lässt sich dabei nicht dieselbe bequeme Rechnung anwenden, welche
zu den Formeln 19) in § 22 hinführte. Ein einfacheres Mittel, aus
zwei conjugirten Durchmessern die Grösse der Hauptachse und
Nebenachse constructiv herzuleiten, werden uns im folgenden Paragraphen die Asymptoten liefern.

§ 28.
Die Asymptoten als Coordinatenachsen.

Eine besonders einfache Gleichungsform erlangt die Hyperbel,
wenn man ihre beiden Asymptoten zu Coordinatenachsen nimmt.
Nach dem, was wir früher über die Grösse des Asymptotenwinkels
kennen gelernt haben, kann dieses Coordinatensystem nur für eine
gleichseitige Hyperbel rechtwinklig sein.

Bezeichnen wir wie früher die Hälfte des Asymptotenwinkels
mit γ, wobei die Relation

$$1) \qquad tan\, \gamma = \frac{b}{a}$$

Geltung hat, so mag über die beiden Coordinatenachsen so verfügt
werden, dass die positive Seite der y-Achse unter dem Winkel γ
und dieselbe Seite der x-Achse unter dem Winkel $360^0 - \gamma$ oder
dem negativen Winkel γ gegen die Hauptachse geneigt ist, wobei
wir voraussetzen, dass diese Winkel in der früher für die Polar
winkel festgestellten Drehrichtung gemessen werden. Soll nun die
neue Gleichung der Hyperbel durch Transformation der Coordinaten
aus der auf die Achsen bezogenen Gleichung

$$\left(\frac{x}{a}\right)^2 - \left(\frac{y}{b}\right)^2 = 1$$

hergeleitet werden, so ist durch die angegebenen Bestimmungen derjenige Transformationsfall getroffen, für welchen die Formeln 5) im § 4 aufgestellt wurden. Beim Uebergange zum neuen Systeme ist also

$$(y + x)\,cos\,\gamma\ \text{für}\ x,\quad (y - x)\,sin\,\gamma\ \text{für}\ y$$

zu setzen. Dann entsteht aus

$$\frac{(y + x)^2\,cos^2\,\gamma}{a^2} - \frac{(y - x)^2\,sin^2\,\gamma}{b^2} = 1$$

nach Entwickelung der Quadrate und besserer Anordnung und Vereinigung der Glieder

$$\left(\frac{b^2\,cos^2\,\gamma - a^2\,sin^2\,\gamma}{a^2\,b^2}\right)(x^2 + y^2) + 2\left(\frac{b^2\,cos^2\,\gamma + a^2\,sin^2\,\gamma}{a^2\,b^2}\right)xy = 1.$$

Mittelst der aus 1) folgenden Relation

$$b^2\,cos^2\,\gamma = a^2\,sin^2\,\gamma$$

erlangt diese letzte Gleichung die einfache Form

$$\frac{4\,xy\,cos^2\,\gamma}{a^2} = 1$$

oder auch

$$xy = \frac{a^2\,(1 + tan^2\,\gamma)}{4}$$

und mit Einsetzung des obigen Werthes von $tan\,\gamma$

2) $$xy = \frac{a^2 + b^2}{4}.$$

Die auf die Asymptoten als Achsen bezogenen Coordinaten eines Hyperbelpunktes besitzen hiernach ein constantes Product, nämlich

$$\frac{a^2 + b^2}{4} = \left(\frac{c}{2}\right)^2,$$

welches den Namen Potenz der Hyperbel führt. In dieser Eigenschaft ist hauptsächlich das wesentliche Merkmal der Asymptoten begründet, indem daraus folgt, dass, wenn eine Coordinate wächst, die andere abnehmen muss, und dass dabei die eine dieser Längen immer so gross genommen werden kann, dass die andere kleiner wird, als jede angebbare Grösse, d. h. dass die Hyperbel den Asymptoten beliebig nahe rücken kann, ohne sie doch je vollständig zu erreichen.

Mittelst der Gleichung 2) findet die Lösung der im vorigen Paragraphen besprochenen Aufgabe, aus Lage und Grösse zweier conjugirten Durchmesser die Lage und Grösse der Achsen abzuleiten, ihren Abschluss. Sobald nämlich die Asymptoten und die Achsen in der früher angegebenen Weise ihrer Lage nach bestimmt worden sind, hat man nur noch die auf die Asymptoten bezogenen Coordinaten eines Endpunktes des die Hyperbel schneidenden Durchmessers zu construiren, um dann mit Hülfe der aus 2) folgenden Gleichung

$$c = 2\sqrt{xy},$$

welche eine einfache geometrische Darstellung zulässt, die lineare Excentricität und somit auch die Lage der Brennpunkte zu ermitteln. Aus den Asymptoten und Brennpunkten kann aber nach früheren Sätzen leicht die Länge der Achsen hergeleitet werden.

Sind xy und $x_1 y_1$ zwei auf die Asymptoten bezogene Hyperbelpunkte, so gelten nach Nr. 2) die Gleichungen

$$xy = \frac{a^2 + b^2}{4}, \qquad x_1 y_1 = \frac{a^2 + b^2}{4},$$

folglich ist auch

$$xy = x_1 y_1.$$

Hieraus folgt die Proportion

$$y_1 : y = x : x_1,$$

der man ohne Schwierigkeit die Mittel entnehmen wird, beliebig viele Punkte einer Hyperbel constructiv darzustellen, sobald ein Peripheriepunkt nebst den Asymptoten gegeben ist. Zu einer noch einfacheren Lösung dieser Aufgabe führt die folgende Betrachtung.

Schreiben wir die Gleichung 2) in der Form

3) $$xy = \left(\frac{c}{2}\right)^2$$

und bezeichnen eine Gerade, welche beide Asymptoten ausserhalb des Mittelpunktes schneidet, mit

4) $$\frac{x}{m} + \frac{y}{n} = 1,$$

so findet sich durch Eliminirung von y für die Abscissen der etwa vorhandenen gemeinschaftlichen Punkte der Geraden und der Hyperbel nach einfacher Umformung die Gleichung

5)
$$x^2 - mx + \frac{mc^2}{4n} = 0;$$

m und n stellen hierbei die von der Geraden auf den Asymptoten abgeschnittenen Strecken dar. Im Falle, dass die Gerade die Hyperbel schneidet, folgt hieraus für den Mittelpunkt xy der von ihr gebildeten Sehne:

$$x = \frac{m}{2},$$

und wenn man diesen Werth in Nr. 4) einsetzt,

$$y = \frac{n}{2}.$$

Vergleicht man diese Resultate mit den bekannten Formeln für die Coordinaten des Mittelpunktes einer geradlinigen Strecke, so ergiebt sich sofort, dass der Halbirungspunkt der Sehne zugleich in der Mitte zwischen den beiden Punkten gelegen ist, worin sie selbst oder ihre Verlängerung die Asymptoten schneidet. Eine leicht nachzuweisende Folge hiervon ist, dass der Abstand zwischen dem einen Endpunkte der Sehne und ihrem Durchschnitte mit der einen Asymptote der Entfernung ihres anderen Endpunktes von dem Punkte, worin sie die andere Asymptote schneidet, gleich sein muss.

Die soeben gefundene Eigenschaft der Hyperbel gewährt nun ein besonders einfaches Mittel, einzelne Punkte dieser Curve zu construiren, sobald ein Peripheriepunkt nebst den Asymptoten gegeben ist. Mit Benutzung dieser Eigenschaft kann nämlich auf jeder Geraden, welche man durch den gegebenen Punkt so legt, dass sie beide Asymptoten schneidet, ein zweiter Hyperbelpunkt aufgetragen werden, der nachher, wenn man das Anhäufen zu vieler in einem Punkte sich schneidenden Geraden vermeiden will, als neuer Ausgangspunkt der Construction verwendbar bleibt. — In ähnlicher Weise ist zu verfahren, wenn mittelst einer Asymptote und dreier Peripheriepunkte die andere Asymptote gefunden werden soll. Mit Hülfe der drei Sehnen, welche durch die drei Hyperbelpunkte gelegt werden können, erlangt man drei sich gegenseitig controlirende Punkte der zu construirenden Asymptote.

Sucht man die Bedingung, unter welcher die obige Gleichung 5) zwei gleiche reelle Wurzeln giebt, so erhält man als Kennzeichen für den Fall, in welchem die durch Nr. 4) repräsentirte Gerade zur Tangente wird, die Relation:

$$\left(\frac{m}{2}\right)^2 = \frac{m\,c^2}{4\,n},$$

oder nach gehöriger Hebung:

6) $$\qquad m\,n = c^2.$$

Wird mittelst dieser Bedingungsgleichung die Strecke n aus Nr. 5) eliminirt, so entsteht für die Abscisse des Berührungspunktes, die wir mit x_1 bezeichnen wollen, das Resultat:

$$x_1{}^2 - m\,x_1 + \frac{m^2}{4} = 0,$$

und hieraus folgt:

7) $$\qquad x_1 = \frac{m}{2}.$$

Aus 4) ergiebt sich dann für die zugehörige Ordinate:

8) $$\qquad y_1 = \frac{n}{2}.$$

Die Werthe 7) und 8) lassen erkennen, dass der Berührungspunkt einer Hyperbeltangente in der Mitte zwischen den beiden Punkten gelegen ist, in welchen die Tangente von den Asymptoten geschnitten wird. Es ist dies wieder die oben für die Sehnen gefundene Eigenschaft, ausgedehnt auf den Fall, wo die beiden Durchschnitte der Geraden und der Hyperbel in einen übergehen und die Sehne zur Tangente wird.

Sind die auf die Asymptoten bezogenen Coordinaten x_1 und y_1 eines Hyperbelpunktes gegeben, so erhalten die von der Tangente dieses Punktes auf den Asymptoten abgeschnittenen Strecken nach 7) und 8) die Längen

$$m = 2x_1, \qquad n = 2y_1,$$

von denen jede einzelne ausreicht, um damit die Tangente zu construiren. Werden endlich diese Werthe in Nr. 4) eingesetzt, so erlangt die auf die Asymptoten bezogene Gleichung der Hyperbeltangente im Punkte $x_1 y_1$ die Gestalt

9) $$\qquad \frac{x}{2x_1} + \frac{y}{2y_1} = 1,$$

oder wenn man mit der für $x_1 y_1$ geltenden Gleichung

$$2x_1 y_1 = \frac{c^2}{2}$$

multiplicirt,

10) $$y_1 x + x_1 y = \frac{c^2}{2}.$$

Die letzte Gleichung gehört nicht allein in Beziehung auf x und y, sondern auch für x_1 und y_1 dem ersten Grade an und gestattet in Folge ihrer symmetrischen Form die Vertauschung der Punkte xy und $x_1 y_1$. Diese Bemerkungen reichen hin, um daraus mit Hülfe einer schon mehrfach angewendeten Schlussfolgerung das Resultat herzuleiten, dass für einen ausserhalb der Hyperbel gelegenen Punkt $x_1 y_1$ Nr. 10) die Gleichung der Berührungssehne darstellt.

§ 29.
Die Quadratur der Hyperbel.

Die im vorigen Paragraphen aufgestellte Gleichung der Hyperbel kann auch benutzt werden, um daraus den Inhalt hyperbolisch begrenzter Flächen abzuleiten. Wir beschränken uns auf Berechnung eines Flächenstreifens, welcher von einer Asymptote, zwei zur andern Asymptote parallelen Ordinaten und dem zwischen diesen Ordinaten gelegenen Hyperbelbogen begrenzt ist. Andere Flächentheile, in deren Begrenzung ein Hyperbelbogen auftritt, sind durch geometrische Zerlegung hierauf zurückzuführen.

Zur Vorbereitung entwickeln wir den Flächeninhalt eines Parallelogrammes, welches von den Asymptoten und den hierzu parallelen Coordinaten eines Hyperbelpunktes xy begrenzt ist, d. i. den Werth von $xy \sin \alpha$, wenn α den Asymptotenwinkel bezeichnet, der hierbei als Coordinatenwinkel auftritt. — Hat γ die im vorigen Paragraphen unter 1) angewendete Bedeutung; so folgt aus der Gleichung

$$\alpha = 2\gamma$$

in Verbindung mit der goniometrischen Relation

$$\sin 2\gamma = \frac{2 \tan \gamma}{1 + \tan^2 \gamma}$$

bei Einführung des Werthes von $\tan \gamma$:

$$\sin \alpha = \frac{2ab}{a^2 + b^2}.$$

Wird diese Gleichung mit Nr. 2) des vorhergehenden Paragraphen durch Multiplication verbunden, so ergiebt sich

1) $xy \sin \alpha = \frac{1}{2} ab$

für den gesuchten Flächeninhalt.

Mit diesem Inhalte soll ein Flächenstreifen der in Rede stehenden Art, wie $P_1 M_1 M_2 P_2$ in Fig. 49, in Vergleichung gestellt werden. Zunächst lässt sich die Fläche

Fig. 49.

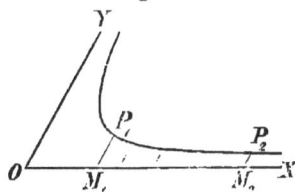

dieses Streifens in zwei Grenzen einschliessen, indem man zur oberen Grenze ein Parallelogramm mit den anstossenden Seiten $P_1 M_1$ und $M_1 M_2$, zur unteren ein Parallelogramm mit den Seiten $M_1 M_2$ und $M_2 P_2$ nimmt.

Wird die gesuchte Fläche mit F bezeichnet, und sind x_1, y_1 die Coordinaten des Punktes P_1, sowie x_2 und y_2 die von P_2, so erhält man hieraus:

$$y_1 (x_2 - x_1) \sin \alpha > F > y_2 (x_2 - x_1) \sin \alpha.$$

Werden nun diese Ungleichungen durch die aus 1) folgenden Gleichungen

$$x_1 y_1 \sin \alpha = \frac{1}{2} ab = x_2 y_2 \sin \alpha$$

dividirt, so wird hierdurch das Verhältniss zwischen der Fläche F und der in 1) enthaltenen constanten Fläche $\frac{1}{2} ab$, welches mit φ bezeichnet werden soll, von dem Verhältnisse zwischen der End- und Anfangsabscisse des Streifens, welches ξ heissen mag, abhängig gemacht. Mit Anwendung der Bezeichnungen

2) $\varphi = \dfrac{2F}{ab}, \qquad \xi = \dfrac{x_2}{x_1}$

erhält man nämlich aus dieser Division:

$$\xi - 1 > \varphi > 1 - \frac{1}{\xi},$$

und hieraus wieder, wenn man auf ξ reducirt,

3) $\dfrac{1}{1-\varphi} > \xi > 1 + \varphi.$

Die in Nr. 3) enthaltenen Grenzen für den Quotienten ξ in seiner Abhängigkeit vom Quotienten φ lassen sich enger ziehen, wenn man zwischen die Anfangs- und Endordinate des zu berechnenden Streifens $n - 1$ Ordinaten so einschaltet, dass dadurch seine Fläche

in n Streifen vom gleichen Flächeninhalte $\dfrac{F}{n}$ zerfällt.* Die für diese
einzelnen Streifen geltenden Verhältnisse der End- und Anfangs-
abscissen, d. h. die darin an die Stelle von ξ tretenden Werthe, sollen in der Reihenfolge der Streifen von M_1 nach M_2 hin mit ξ_1, ξ_2,
$\xi_3 \ldots \xi_n$ bezeichnet werden, so dass, da bei Aufstellung dieser Verhältnisse sämmtliche zwischen x_1 und x_2 eingeschalteten Abscissen
sowohl im Zähler als im Nenner vorkommen, bei Multiplication aller
dieser Werthe das Resultat

4) $$\xi_1 \cdot \xi_2 \cdot \xi_3 \ldots \xi_n = \frac{x_2}{x_1} = \xi$$

zum Vorschein kommt. Wird nun auf jeden der n Streifen die obige
Einschliessung in Grenzen angewendet, so tritt hierbei $\dfrac{F}{n}$ an die Stelle
von F, also auch $\dfrac{\varphi}{n}$ an die Stelle von φ, und es ergiebt sich für
irgend eines der besprochenen Abscissenverhältnisse, welches ξ_m heissen möge, aus Nr. 3) mit einer einfachen Formänderung im ersten
Theile dieser Ungleichung:

$$\left(1-\frac{\varphi}{n}\right)^{-1} > \xi_m > 1+\frac{\varphi}{n}.$$

Werden nachher alle diese Abscissenverhältnisse mit einander multiplicirt, so erhält man mit Rücksicht auf Nr. 4)

$$\left(1-\frac{\varphi}{n}\right)^{-n} > \xi > \left(1+\frac{\varphi}{n}\right)^{n},$$

oder auch, wenn man noch mit $\dfrac{1}{\varphi}$ potenzirt und

$$\frac{n}{\varphi} = \omega$$

setzt, wobei ω eine gleichzeitig mit n wachsende und gleichzeitig
mit n unendlich werdende Grösse bezeichnet,

5) $$\left(1-\frac{1}{\omega}\right)^{-\omega} > \xi_\varphi > \left(1+\frac{1}{\omega}\right)^{\omega}.$$

Man gelangt jetzt zu einer Gleichung zwischen dem Abscissenverhältnisse ξ und dem Flächenverhältnisse φ, wenn man die Anzahl
der einzelnen Streifen, d. i. n bis in das Unendliche wachsen lässt,

---

* Die Art der Ausführung dieser Einschaltung ergiebt sich aus
den Resultaten der vorliegenden Untersuchung.

womit also ω ebenfalls einen unendlichen Werth erlängt. Nach einem bekannten algebraischen Satze* convergiren hierbei die beiden in Nr. 5) enthaltenen Grenzen gegen einen gemeinschaftlichen Grenzwerth, nämlich gegen die irrationale Zahl

$$c = 2{,}7182818\ldots,$$

d. i. die Basis des natürlichen Logarithmensystems. Man erhält folglich aus Nr. 5)

$$c = \xi^{\frac{1}{\varphi}},$$

und bei Anwendung von Logarithmen eines beliebigen Systemes:

$$\varphi = \frac{\log \xi}{\log c},$$

oder nach Einsetzung der Werthe von φ und ξ aus Nr. 2) und Reduction auf F:

6)
$$F = \frac{a\,b}{2\,\log c}\,\log\left(\frac{x_2}{x_1}\right).$$

---

* Aus dem in der Anmerkung auf S. 113 für $a \gtrless b$ und ein rationales $m > 1$ bewiesenen Resultate

$$m\,a^{m-1} > \frac{a^m - b^m}{a - b} > m\,b^{m-1},$$

welches durch Einschliessung in Grenzen auch auf irrationale, die Einheit übersteigende Werthe von m ausgedehnt werden kann, folgt:

$$m\,a^{m-1}\,(a - b) > a^m - b^m > m\,b^{m-1}\,(a - b).$$

Wird hierin $a = \dfrac{k+1}{k}$, $b = 1$ und $m = \dfrac{k}{n}$ gesetzt, wobei $k > n > 1$ sein soll, so folgt:

$$\left(\frac{k+1}{k}\right)^{\frac{k}{n}} - 1 > \frac{1}{n}, \text{ also auch: } \left(\frac{k+1}{k}\right)^{k} > \left(\frac{n+1}{n}\right)^{n}.$$

In gleicher Weise erhält man unter Beibehaltung der für m gemachten Substitution, wenn man $a = 1$, $b = \dfrac{k-1}{k}$ setzt,

$$\left(\frac{k-1}{k}\right)^{k} > \left(\frac{n-1}{n}\right)^{n}, \text{ oder auch: } \left(\frac{k}{k-1}\right)^{k} < \left(\frac{n}{n-1}\right)^{n}.$$

Die gefundenen Resultate zeigen, dass, wenn man n zwischen den Grenzen 1 und ∞ beliebig wachsen lässt, der Werth der Function $\left(\dfrac{n+1}{n}\right)^{n}$ fortwährend zunimmt, während dagegen $\left(\dfrac{n}{n-1}\right)^{n}$ fortwährend ab-

Bei Anwendung gemeiner Logarithmen entsteht hieraus in Zahlen:

$$7) \quad F = \frac{ab}{2 \cdot 0{,}4342945} \, log \left(\frac{x_2}{x_1}\right) = 1{,}1512925 \cdot ab \, log \left(\frac{x_2}{x_1}\right);$$

ferner erhält man bei Benutzung natürlicher Logarithmen, wenn man dieselben durch Vorsetzen des blossen Buchstaben l vor den Logarithmanden bezeichnet, den einfacheren Ausdruck:

$$8) \qquad F = \tfrac{1}{2} ab \cdot l \left(\frac{x_2}{x_1}\right).$$

Da der Flächeninhalt in der Formel 6), sowie in den davon abgeleiteten 7) und 8) ausser von den darin enthaltenen constanten Werthen nur von dem Abscissenverhältnisse $\frac{x_2}{x_1}$ abhängig gemacht ist, so folgt, dass bei einer gegebenen Hyperbel Flächenstreifen der betrachteten Art gleichen Inhalt besitzen müssen, wenn dieses Ver-

---

nehmen muss. Da jedoch für jedes endliche n die letztere dieser Functionen immer grösser ist als der entsprechende Werth der ersteren, so kann weder jene verschwindend klein werden, noch diese in das Unendliche wachsen. Schliesslich müssen beide zusammenfallen, weil für ihre Differenz aus der oben zu Grunde gelegten Ungleichung

$$m \, a^{m-1} (a-b) > a^m - b^m$$

sich als obere Grenze $\frac{1}{n} \left(\frac{n}{n-1}\right)^n$ ergiebt, welcher Werth bei unendlich werdendem n, insofern der Factor $\left(\frac{n}{n-1}\right)^n$ endlich bleibt, gegen die Null convergirt. Beide Functionen haben folglich einen gemeinschaftlichen Grenzwerth, für welchen, wenn er mit e bezeichnet wird, Näherungsresultate aus der Ungleichung

$$\left(\frac{n+1}{n}\right)^n < e < \left(\frac{n}{n-1}\right)^n$$

abgeleitet werden können. — Beachtet man nun, dass der Ausdruck $\left(\frac{n}{n-1}\right)^n$ auch in der Form $\left(1-\frac{1}{n}\right)^{-n}$ geschrieben werden kann, so lässt sich, wenn man ω an die Stelle eines unendlich werdenden n setzt, das Resultat der vorhergehenden Betrachtungen in der Gleichung

$$Lim \left[\left(1+\frac{1}{\omega}\right)^{\omega}\right] = e$$

zusammenfassen, wobei ω ebensowohl einen positiven als einen negativen Werth haben kann.

hältniss in denselben einen gleichen Werth hat. Hieraus ergiebt sich weiter, dass die in Fig. 49 angewendete Zerlegung der Streifenfläche in Theile gleichen Inhaltes lediglich darauf hinauskommt, den auf einander folgenden Abscissen Werthe zu geben, welche eine geometrische Progression bilden.

Zum Schlusse ist noch zu bemerken, dass mit Rücksicht auf § 28 Nr. 2) bei allen in diesem Paragraphen angestellten Untersuchungen an die Stelle des Abscissenverhältnisses $\frac{x_2}{x_1}$ auch das Ordinatenverhältniss $\frac{y_1}{y_2}$ gesetzt werden kann.

Achtes Capitel.

Die Linien zweiten Grades.

---

§ 30.

Discussion der allgemeinen Gleichung der Linien zweiten Grades.

Nachdem wir in den vorhergehenden Capiteln einige Linien näher kennen gelernt haben, deren Gleichungen sämmtlich dem zweiten Grade angehörten, bleibt noch die Frage zu entscheiden, ob ausser ihnen andere Linien dieses Grades existiren oder ob mit Untersuchung der Kegelschnitte der zweite Grad völlig erschöpft ist. Wir haben zu diesem Zwecke die allgemeinste Gleichung zweiten Grades zwischen den Coordinaten x und y zu betrachten, wofür bereits früher (§ 9 Nr. 7) die Form

$$A x^2 + B y^2 + 2 C x y + 2 D x + 2 E y + F = 0$$

festgestellt wurde, und zu untersuchen, welche verschiedenen Linien dadurch repräsentirt werden können. Um dieser Untersuchung die möglichste Allgemeinheit zu verleihen, setzen wir zunächst ein Parallelcoordinatensystem mit beliebigem Coordinatenwinkel voraus, suchen aber durch Discussion der Gleichung solche neue Lagen der Coordinatenachsen zu ermitteln, für welche die Gleichung einfachere Formen erhalten muss. Wird auf diese neuen Lagen transformirt, so werden wir dadurch zur Classification der in Rede stehenden Linien gelangen. Da unsere Coordinatenachsen geradlinig sind, so beginnen wir die Untersuchung mit den Beziehungen, welche zwischen den Linien zweiten Grades und einer beliebigen Geraden stattfinden.

Soll ein Punkt xy gleichzeitig auf einer Linie zweiten Grades und einer Geraden gelegen sein, so gilt für seine Coordinaten, weil er der ersten Linie angehört, eine Gleichung von der Form:

1) $$A x^2 + B y^2 + 2 C x y + 2 D x + 2 E y + F = 0;$$

die Gleichung der Geraden mag wie in den beiden vorhergehenden Capiteln durch

2) $$y = M x + n$$

repräsentirt werden. Durch Substitution des letzten Werthes von y in Nr. 1) erhält man für die x solcher Punkte, welche beiden Linien angehören:

3) $$\left\{ \begin{aligned} (A + B M^2 + 2 C M) x^2 + 2 (B M n + C n + D + E M) x \\ + B n^2 + 2 E n + F = 0; \end{aligned} \right.$$

die zugehörigen y finden sich aus Nr. 2). Hierbei sind folgende zwei Fälle zu unterscheiden:

α. Finden gleichzeitig die drei Gleichungen:

4) $$\left\{ \begin{aligned} A + B M^2 + 2 C M = 0, \quad (B M + C) n + D + E M = 0, \\ B n^2 + 2 E n + F = 0 \end{aligned} \right.$$

Geltung, so genügt jedes x der Gleichung 3) und die Gerade fällt mit der durch Nr. 1) dargestellten Linie zusammen. Da in diesem Falle zwei der drei unter 4) aufgestellten Gleichungen ausreichen, um M und n zu berechnen, so kann man hierzu die beiden ersten wählen, deren erstere nur M enthält, nach dessen Berechnung n sich aus der zweiten Gleichung ergiebt. Beachtet man, dass die erstere Gleichung in Beziehung auf M dem zweiten, die zweite in Beziehung auf n dem ersten Grade angehört, so folgt, dass sich hieraus höchstens zwei Paar zusammengehöriger reeller Werthe von M und n ergeben, d. h. es giebt höchstens zwei Gerade, deren Punkte der Gleichung 1) genügen. Reducirt man die Gleichungen dieser Geraden auf Null, so giebt ihr Product ebenfalls eine Gleichung zweiten Grades, welche dieselben Punkte wie Nr. 1) darstellt und daher mit dieser Gleichung identisch sein muss. — Die Bedingung, unter welcher in solcher Weise eine Gleichung zweiten Grades geradlinige Gebilde darstellen kann, findet man aus den Gleichungen 4), wenn man darin M und n eliminirt. In besonders einfacher Weise geschieht dies, wenn man dieselben nach Multiplication mit B auf die folgenden Formen bringt:

$$(B M + C)^2 = C^2 - A B, \quad (B M + C)(B n + E) = C E - B D,$$
$$(B n + E)^2 = E^2 - B F.$$

Quadrirt man die zweite dieser Gleichungen und substituirt auf der linken Seite die in den beiden anderen enthaltenen Werthe, so ergiebt sich ein Resultat, welches nach Wiederausscheidung des Factors B in den Ausdruck

5) $\quad D(BD - CE) + E(AE - CD) + F(C^2 - AB) = 0$

umgeformt werden kann.

β. Verschwinden nicht gleichzeitig alle drei Glieder der Gleichung 3), so gehört sie in Beziehung auf x dem zweiten oder ersten Grade an, je nachdem der Coefficient von x^2 von Null verschieden oder gleich Null ist. Im ersteren Falle besitzt sie höchstens zwei reelle Wurzeln, führt also höchstens zu zwei gemeinschaftlichen Punkten, im zweiten ist nur ein gemeinschaftlicher Punkt vorhanden. Zu bemerken ist übrigens, dass der letztere Fall für nicht mehr als zwei specielle Richtungen der Geraden stattfinden kann,* da die dazu nöthige Bedingungsgleichung

$$A + BM^2 + 2CM = 0$$

in Beziehung auf M dem zweiten Grade angehört.

Das Resultat der vorhergehenden Betrachtungen lässt sich in dem Fundamentalsatze zusammenfassen: jede Gerade, welche mit einer Linie zweiten Grades nicht zusammenfällt, kann mit ihr nicht mehr als zwei Punkte gemein haben.

Sobald zwei Durchschnittspunkte vorhanden sind oder sobald die Gerade eine Sehne bildet, kann die Gleichung 3) durch den Coefficienten von x^2 dividirt werden. Dann entsteht:

6) $\quad x^2 + 2\left[\dfrac{(BM + C)n + D + EM}{A + BM^2 + 2CM}\right]x + P = 0,$

wobei zur Abkürzung P für den Inhalt des Gliedes gesetzt ist, welches das Product der beiden Wurzeln enthält und dessen Grösse für die folgende Betrachtung unwesentlich bleibt. Bezeichnen wir nun mit x und y die Coordinaten der Sehnenmitte, so muss nach einem schon mehrfach angewendeten Satze x dem arithmetischen Mittel der beiden Wurzeln von Nr. 6) gleich sein. Man erhält also:

$$x = -\frac{(BM + C)n + D + EM}{A + BM^2 + 2CM},$$

während das zugehörige y wieder aus der Gleichung:

* Als solche specielle Richtungen haben wir bereits bei der Parabel die Richtung der Achse und bei der Hyperbel die Richtung der Asymptoten kennen gelernt.

$$y = Mx + n$$

gefunden wird. Wenn aus den beiden letzten Gleichungen die Constante n eliminirt wird, so bleiben die Coordinaten des Mittelpunktes der Sehne nur noch von der Richtung dieser Geraden abhängig; es ergiebt sich dann als Bedingung dafür, dass der Punkt xy auf der Mitte einer Sehne mit der Richtungsconstante M gelegen ist,

7) $\qquad (A + CM)x + (BM + C)y + D + EM = 0.$

Diese Gleichung gilt in ungeänderter Weise, so lange M denselben Werth behält, d. i. für ein System paralleler Sehnen; ihrer Form nach repräsentirt sie eine gerade Linie. Man kann hiernach den Satz aussprechen: die Mittelpunkte aller parallelen Sehnen einer Linie zweiten Grades liegen in einer Geraden; alle Linie zweiten Grades besitzen also geradlinige Durchmesser. Nr. 7) ist die Gleichung des Durchmessers für die Sehnen mit der Richtungsconstante M.

Bezeichnen wir mit α und β die beiden Winkel, welche eine Schaar paralleler Sehnen der Reihe nach mit der x- und y-Achse einschliesst, so ist nach § 5 Nr. 2)

$$M = \frac{\sin \alpha}{\sin \beta};$$

man hat daher, wenn $\alpha = 0$, auch $M = 0$, dagegen, wenn $\beta = 0$, $M = \infty$ zu setzen. Die erste dieser beiden Substitutionen giebt aus Nr. 7)

8) $\qquad Ax + Cy + D = 0$

für den Durchmesser der mit der x-Achse parallelen Sehnen. Wird ferner die Gleichung 7) durch M dividirt und dann $M = \infty$ oder $\frac{1}{M} = 0$ gesetzt, so erhält man als Gleichung des Durchmessers aller zur y-Achse parallelen Sehnen:

9) $\qquad Cx + By + E = 0.$

Die Gleichung jedes beliebigen Durchmessers kann, wenn man die mit dem Factor M behafteten Glieder von den übrigen trennt, in der Form

10) $\qquad Ax + Cy + D + M(Cx + By + E) = 0$

geschrieben werden. Da diese letzte Gleichung von einem x und y befriedigt wird, welche den Gleichungen 8) und 9) Genüge leisten,

so folgt, dass sich alle drei durch diese Gleichungen repräsentirten
Geraden in einem Punkte schneiden, oder auch, wenn dieser Punkt
in der Unendlichkeit gelegen ist, parallel laufen. Mit Rücksicht
darauf, dass Nr. 10) jedem beliebigen Durchmesser angehört, folgt
hieraus der Satz: Alle Durchmesser einer Linie zweiten
Grades laufen entweder parallel oder schneiden sich in
einem Punkte.

Um zu entscheiden, wann der eine oder der andere dieser beiden Fälle stattfindet, suchen wir die Coordinaten des Durchschnittspunktes der Linien 8) und 9) auf, die wir mit u und v bezeichnen
wollen. Man hat dann

11)
$$\begin{cases} Au + Cv + D = 0 \\ Cu + Bv + E = 0, \end{cases}$$

und hieraus folgt:

12)
$$u = \frac{BD - CE}{C^2 - AB}, \qquad v = \frac{AE - CD}{C^2 - AB}.$$

Ist nun der gemeinschaftliche Nenner dieser beiden Brüche, für
welchen die Bezeichnung

13)
$$\Delta = C^2 - AB$$

eingeführt werden soll, von Null verschieden, so besitzen u und v
endliche Werthe, die Durchmesser schneiden sich also in endlicher
Entfernung; sie laufen dagegen parallel, wenn $\Delta = 0$ und dabei die
Zähler von Null verschieden sind. Sollten dagegen im letzten Falle
auch die Zähler verschwinden, so erhalten u und v die unbestimmte
Form $\frac{0}{0}$, wodurch, je nachdem dies für einen oder beide Zähler
stattfindet, auf den Parallelismus der Durchmesser mit einer der
beiden Coordinatenachsen oder auf das Zusammenfallen sämmtlicher
Durchmesser hingedeutet wird.

Die Bedingung des Parallelismus, worin das Zusammenfallen
mit eingeschlossen ist, kann noch dadurch bestätigt werden, dass
wir aus der Gleichung 7) die Richtungsconstante des Durchmessers
herleiten, welche M' heissen mag. Wir erhalten:

14)
$$M' = -\frac{A + CM}{BM + C},$$

oder auch, wenn wir im Zähler C und im Nenner B als Factor aus-
heben,

$$M' = -\frac{C\left(M+\dfrac{A}{C}\right)}{B\left(M+\dfrac{C}{B}\right)}.$$

Die letzte Form zeigt, dass] M' für jede Richtungsconstante M der Sehnen den unveränderlichen Werth $-\dfrac{C}{B}$ erhält, oder dass alle Durchmesser gleiche Richtung besitzen, wenn die Relation

$$\frac{A}{C} = \frac{C}{B} \text{ oder } C^2 = AB$$

Geltung hat. — In jedem anderen Falle, d. i. wenn $\varDelta \gtrless 0$, bleibt M' von M abhängig, und zwar besteht dafür, wie man leicht aus 14) ableiten kann, die Bedingung:

15) $$B M M' + C(M + M') + A = 0.$$

Diese letzte Gleichung besitzt eine so symmetrische Form, dass darin M und M' vertauscht werden können, d. h. dass die Richtung des Durchmessers in die der anfänglichen Sehnen übergeht, wenn die Sehnen die Richtung des anfänglichen Durchmessers annehmen. Dies ist aber die Eigenschaft der conjugirten Durchmesser, welche sich hiernach bei allen Linien zweiten Grades vorfindet, deren Durchmesser nicht parallel laufen. Zugleich folgt, wie bei der Theorie der Ellipse und Hyperbel, dass alle Durchmesser im Punkte $u v$ halbirt werden. Derselbe ist also Mittelpunkt.

Nach dem Vorhergehenden zerfallen alle Linien zweiten Grades in zwei Classen: in solche, welche einen Mittelpunkt besitzen, wobei $\varDelta \gtrless 0$ sein muss, und in Linien ohne Mittelpunkt, für welche die Relation $\varDelta = 0$ Geltung hat. Im Folgenden sollen beide Fälle einzeln untersucht werden.

§ 31.

Fortsetzung.

Erster Hauptfall: $\varDelta \gtrless 0$. Da hierbei ein Mittelpunkt vorhanden ist, so kann derselbe zum Anfangspunkte eines neuen Coordinatensystemes gewählt werden, dessen Achsen den ursprünglichen Coordinatenachsen parallel laufen. Nach den Transformationsformeln für parallele Achsenverschiebung erhält man die neue Gleichung der zu untersuchenden Linien zweiten Grades, wenn man x in $x + u$ und y in $y + v$ übergehen lässt. Aus der Gleichung 1) des vorhergehenden Paragraphen entsteht dann:

$$1) \quad \begin{cases} A\,x^2 + B\,y^2 + 2\,C\,xy \\ + 2\,(A\,u + C\,v + D)\,x + 2\,(C\,u + B\,v + E)\,y \\ + A\,u^2 + B\,v^2 + 2\,C\,uv + 2\,D\,u + 2\,E\,v + F = 0. \end{cases}$$

Mit Rücksicht auf § 30 Nr. 11) fallen hierin diejenigen Glieder aus, welche x und y in der ersten Potenz enthalten; es bleibt also:

$$2) \quad A\,x^2 + B\,y^2 + 2\,C\,xy + \Sigma = 0,$$

wobei zur Abkürzung

$$\Sigma = A\,u^2 + B\,v^2 + 2\,C\,uv + 2\,D\,u + 2\,E\,v + F$$

gesetzt ist. Schreiben wir die letzte Gleichung in der Form

$$\Sigma = (A\,u + C\,v + D)\,u + (C\,u + B\,v + E)\,v + D\,u + E\,v + F,$$

so reducirt sich dieselbe mittelst der soeben benutzten Relationen auf

$$\Sigma = D\,u + E\,v + F,$$

worein die Werthe von u und v aus Nr. 12) des vorigen Paragraphen zu substituiren sind. Man erhält:

$$\Sigma = \frac{D\,(B\,D - C\,E) + E\,(A\,E - C\,D) + F\,(C^2 - A\,B)}{C^2 - A\,B}$$

oder mit Rücksicht auf § 30 Nr. 13), wenn noch zur Abkürzung

$$3) \quad D\,(B\,D - C\,E) + E\,(A\,E - C\,D) + F\,(C^2 - A\,B) = -\,\varGamma$$

gesetzt wird,

$$4) \quad \Sigma = -\frac{\varGamma}{\varDelta}.$$

Zum Zwecke der Berechnung kann der Werth von $\varGamma$ aus Nr. 3) in

$$5) \quad \varGamma = A\,B\,F + 2\,C\,D\,E - (C^2\,F + D^2\,B + E^2\,A)$$

umgeformt werden; zu bemerken ist übrigens in Beziehung auf die Form 3), dass nach derselben die in § 30 Nr. 5) aufgestellte Bedingung für das Vorhandensein geradliniger Gebilde zweiten Grades in

$$\varGamma = 0$$

übergeht.

Mit Benutzung der aufgestellten Werthe wird die auf das neue Coordinatensystem bezogene Gleichung 2) zu

6) $$A x^2 + B y^2 + 2 C x y = \frac{\varGamma}{\varDelta}.$$

Der Mittelpunkt ist hierbei Coordinatenanfang; beide Achsen sind also Durchmesser der Linie zweiten Grades.

Wir wollen nun mit Beibehaltung des Coordinatenanfanges und der x-Achse die Achse der y in eine solche Lage bringen, dass beide Linien ein Paar conjugirter Durchmesser darstellen. Da dann die neue y-Achse Durchmesser für die der x-Achse parallelen Sehnen sein muss, so hat sie nach § 30 Nr. 8) im jetzigen Systeme die Gleichung

$$A x + C y = 0,$$

woraus ferner mit Rücksicht auf die Formel 2) § 5

7) $$\frac{\sin \beta}{\sin \alpha} = - \frac{C}{A}$$

abgeleitet wird, wenn α und β die von der neuen y-Achse und den jetzigen Coordinatenachsen eingeschlossenen Winkel bedeuten, und zwar so, dass α den neuen und $\omega = \alpha + \beta$ den jetzigen Coordinatenwinkel darstellt. Vorausgesetzt ist hierbei, dass A von Null verschieden ist, weil ausserdem die neue y-Achse mit der jetzigen beizubehaltenden x-Achse zusammenfallen würde.* Wir setzen daher vorläufig voraus, dass $A \gtrless 0$, und werden den Fall $A = 0$ später einer besonderen Betrachtung unterwerfen.

Wird zunächst über die y-Achse so verfügt, dass mit Beibehaltung des Coordinatenanfanges und der x-Achse der neue Coordinatenwinkel die Grösse α noch ohne weitere Beschränkung erhält, so lässt sich aus den Formeln 6) § 4 herleiten, dass beim Uebergange zum neuen Coordinatensysteme

$$x \text{ in } x + y \, \frac{\sin \beta}{\sin \omega}$$

$$y \text{ ,, } \quad y \, \frac{\sin \alpha}{\sin \omega}$$

übergehen muss, wobei zur Abkürzung nach dem Vorigen $\beta = \omega - \alpha$ gesetzt worden ist. Man erhält dann aus der Gleichung 6) die auf das neue System bezogene Gleichung:

---

* Für das Zusammenfallen zweier conjugirten Durchmesser ist uns ein Beispiel in den Asymptoten der Hyperbel bekannt.

$$8)\quad \left\{\begin{array}{l} A\,x^2 + \left(\dfrac{A\,sin^2\,\beta + B\,sin^2\,\alpha + 2\,C\,sin\,\alpha\,sin\,\beta}{sin^2\,\omega}\right)y^2 \\[2mm] \quad + 2\left(\dfrac{A\,sin\,\beta + C\,sin\,\alpha}{sin\,\omega}\right)x\,y = \dfrac{\varGamma}{\varDelta}, \end{array}\right.$$

welche auch in der Form

$$A\,x^2 + A\left(\frac{sin^2\,\beta}{sin^2\,\alpha} + 2\frac{C}{A}\cdot\frac{sin\,\beta}{sin\,\alpha} + \frac{B}{A}\right)\frac{sin^2\,\alpha}{sin^2\,\omega}\,y^2$$

$$+ 2\,A\left(\frac{sin\,\beta}{sin\,\alpha} + \frac{C}{A}\right)\frac{sin\,\alpha}{sin\,\omega}\,x\,y = \frac{\varGamma}{\varDelta}$$

geschrieben werden kann. Durch Einsetzung des unter 7) gegebenen Werthes entsteht hieraus für die zu untersuchende Linie zweiten Grades die Gleichung:

$$9)\qquad\qquad A\,x^2 - \frac{\varDelta\,sin^2\,\alpha}{A\,sin^2\,\omega}\cdot y^2 = \frac{\varGamma}{\varDelta}.$$

Da wir von der Voraussetzung ausgingen, dass A von Null verschieden sein soll, so können wir diesen Werth noch, ohne der Allgemeinheit der Untersuchung Eintrag zu thun, als positive Grösse annehmen, indem nur entgegengesetzten Falls die Gleichung zuvor mit — 1 zu multipliciren ist. In Beziehung auf die Grössen $\varGamma$ und $\varDelta$ lassen sich dann folgende sechs Fälle unterscheiden:

1. Ist $\varDelta < 0$ und $\varGamma < 0$, so sind alle drei Glieder von Nr. 9) positiv; diese Gleichung erlangt also die Form

$$\lambda\,x^2 + \mu\,y^2 = \nu,$$

wobei λ, μ und ν drei entschieden positive Grössen bedeuten sollen. Setzt man noch

$$\frac{\nu}{\lambda} = a_1{}^2, \qquad \frac{\nu}{\mu} = b_1{}^2,$$

so sind a_1 und b_1 reelle Werthe, und man erhält

$$\left(\frac{x}{a_1}\right)^2 + \left(\frac{y}{b_1}\right)^2 = 1,$$

d. i. nach § 22 Nr. 10) die Gleichung einer Ellipse, bezogen auf zwei conjugirte Durchmesser.*

2. Wenn $\varDelta < 0$ und $\varGamma = 0$, so kann mit Beibehaltung der vorigen Bezeichnungen die Gleichung 9) in der Gestalt

---

* Der Kreis ist selbstverständlich hierin mit eingeschlossen, wenn $a_1 = b_1$ und der Coordinatenwinkel ein rechter ist.

$$\lambda x^2 + \mu y^2 = 0$$

geschrieben werden. Für reelle x und y müssen dann beide Coordinaten gleich Null sein; die Linie schwindet also in einen Punkt — den Mittelpunkt — zusammen. *

3. Sobald $\Delta < 0$ und $\Gamma = 0$, ist es nicht mehr möglich, der dadurch entstehenden Gleichung

$$\lambda x^2 + \mu y^2 = -\nu$$

in reellen x und y zu genügen; die Gleichung hat also gar keine geometrische Bedeutung.

4. Der Fall $\Delta > 0$ und $\Gamma > 0$ führt auf eine Gleichung von der Form

$$\lambda x^2 - \mu y^2 = \nu$$

oder auch

$$\left(\frac{x}{a_1}\right)^2 - \left(\frac{y}{b_1}\right)^2 = 1,$$

d. i. nach § 27 Nr. 6) die Gleichung einer Hyperbel, bezogen auf zwei conjugirte Durchmesser, von welchen der die Hyperbel schneidende mit der x-Achse zusammenfällt.

5. Wenn $\Delta > 0$ und $\Gamma = 0$, so entsteht die Gleichung

$$\lambda x^2 - \mu y^2 = 0,$$

welche in

$$(x\sqrt{\lambda} - y\sqrt{\mu})(x\sqrt{\lambda} + y\sqrt{\mu}) = 0$$

zerlegt werden kann. Sie repräsentirt zwei sich schneidende gerade Linien.

6. Ist endlich $\Delta > 0$ und $\Gamma < 0$, so erhält man

$$\lambda x^2 - \mu y^2 = -\nu$$

oder

$$-\left(\frac{x}{a_1}\right)^2 + \left(\frac{y}{b_1}\right)^2 = 1,$$

d. i. wieder die Gleichung einer Hyperbel, bezogen auf zwei conjugirte Durchmesser, von denen aber der mit der y-Achse zusammenfallende die Hyperbel schneidet.

---

* Schreibt man in dem vorliegenden Falle die Gleichung in der Form

$$(x\sqrt{\lambda} - y\sqrt{-\mu})(x\sqrt{\lambda} + y\sqrt{-\mu}) = 0,$$

so drückt sie zwei imaginäre Gerade aus. Diese Bemerkung ist insofern nicht ohne Wichtigkeit, als im Uebrigen die Bedingung $\Gamma = 0$ geradlinige Gebilde anzeigt.

In dem bis jetzt von der Untersuchung ausgeschlossen gebliebenen Falle, wo $A = 0$ ist, kommen in 2), 6) und 8) die mit x^2 behafteten Glieder in Wegfall, und die Transformation, welcher die Gleichung 9) ihre Entstehung verdankt, bleibt unzulässig. Man kann aber dann bei Drehung der Ordinatenachse über den oben benutzten Winkel α so verfügen, dass in Nr. 8) auch das Glied mit y^2 verschwindet. Hierzu ist

10) $$B \sin \alpha + 2\,C \sin \beta = 0$$

zu setzen, woraus, wenn wir mittelst der Relation

$$\beta = \omega - \alpha$$

den Coordinatenwinkel ω einführen, die Gleichung

$$B \sin \alpha + 2\,C \sin (\omega - \alpha) = 0$$

entsteht. Nach einfacher Reduction folgt hieraus:

11) $$\tan \alpha = \frac{2\,C \sin \omega}{2\,C \cos \omega - B},$$

was allemal eine mögliche Lage der y-Achse giebt, da, so lange $\varDelta$ von Null verschieden ist, nicht A und C gleichzeitig verschwinden dürfen. Man erhält dann aus 8) die Gleichung:

12) $$2\,\frac{C \sin \alpha}{\sin \omega}\,x\,y = \frac{\varGamma}{\varDelta},$$

welche nach § 28 Nr. 2) die auf die Asymptoten bezogene Gleichung einer Hyperbel darstellt, wenn $\varGamma \gtrless 0$, für $\varGamma = 0$ aber in die Gleichungen der neuen Coordinatenachsen zerfällt, wodurch also zwei sich schneidende Gerade repräsentirt werden. Beachten wir, dass für $A = 0$ und $C \gtrless 0$ allemal $C^2 > A\,B$, also $\varDelta > 0$ sein muss, so sehen wir, dass die in der Gleichung 12) enthaltenen Fälle mit dem vierten, fünften und sechsten Falle der Gleichung 9) in Uebereinstimmung gebracht werden können.

Aus den vorigen Erörterungen stellt sich, wenn wir ihre Resultate kurz zusammenfassen, Folgendes heraus: Die allgemeine Gleichung zweiten Grades in der Form der Gleichung 1) § 30 bedeutet, vorausgesetzt, dass $A \gtrless 0$,

    wenn $\varDelta < 0$ oder $C^2 < A\,B$,

    für $\varGamma < 0$ eine Ellipse,

    „ $\varGamma = 0$ einen einzelnen Punkt,

    „ $\varGamma > 0$ kein geometrisches Gebild,

wenn $\varDelta > 0$ oder $C^2 > AB$,

für $\varGamma \gtrless 0$ eine Hyperbel,

„ $\varGamma = 0$ zwei sich schneidende Gerade.

Zu bemerken ist hierbei noch, dass die rücksichtlich des Vorzeichens von A gestellte Bedingung blos auf das Vorzeichen von $\varGamma$, nicht aber auf das von $\varDelta$ Einfluss hat. Gilt es daher nur, Ellipse und Hyperbel zu unterscheiden, so kommt, unbekümmert um das Vorzeichen von A, lediglich das von $\varDelta$ in Frage.

Im Falle der Hyperbel kann noch nach der Bedingung für die Specialität einer gleichseitigen Hyperbel gefragt werden. Man gelangt zur Beantwortung dieser Frage mittelst der Bemerkung, dass nur in einer Hyperbel dieser Art die Asymptoten sich rechtwinklig durchschneiden. Geht man nämlich von Nr. 6) durch Drehung beider Achsen zu rechtwinkligen Coordinaten über, so ist nach § 4 Nr. 7)

$$x \text{ in } x\,\frac{\sin \beta}{\sin \omega} - y\,\frac{\cos \beta}{\sin \omega}$$

$$y \text{ „ } x\,\frac{\sin \alpha}{\sin \omega} + y\,\frac{\cos \alpha}{\sin \omega}$$

umzuwandeln, wenn α den Winkel zwischen der ursprünglichen und neuen x-Achse bezeichnet und zur Abkürzung $\omega - \alpha = \beta$ oder

$$\omega = \alpha + \beta$$

gesetzt wird. Man erhält dann aus der Gleichung 6):

$$\left(\frac{A \sin^2 \beta + B \sin^2 \alpha + 2 C \sin \alpha \sin \beta}{\sin^2 \omega} \right) x^2$$

$$+ \left(\frac{A \cos^2 \beta + B \cos^2 \alpha - 2 C \cos \alpha \cos \beta}{\sin^2 \omega} \right) y^2 + K x y = \frac{\varGamma}{\varDelta},$$

wobei K den von A, B, C, α und β abhängigen Coefficienten von xy bedeuten soll, dessen specieller Werth für die folgende Entwickelung ohne Einfluss bleibt. Finden nun gleichzeitig die Bedingungen

13) $\quad \begin{cases} A \sin^2 \beta + B \sin^2 \alpha + 2 C \sin \alpha \sin \beta = 0 \\ A \cos^2 \beta + B \cos^2 \alpha - 2 C \cos \alpha \cos \beta = 0 \end{cases}$

Geltung, so kann K nicht verschwinden, weil ausserdem der zweite Grad gänzlich verloren gehen würde. Es bleibt also:

14) $$Kxy = \frac{\varGamma}{\varDelta},$$

d. i. die auf die Asymptoten bezogene Gleichung einer Hyperbel, die
hier wegen der rechtwinkligen Lage der Asymptoten eine gleichseitige sein muss. In dem einzigen Falle, wo $\varGamma = 0$, geht dieselbe in
zwei sich rechtwinklig schneidende Gerade über.

Das Zusammenbestehen der zwei unter 13) aufgestellten Bedingungsgleichungen ist an die aus ihrer Summe hervorgehende
Gleichung

$$A + B - 2C \cos(\alpha + \beta) = 0$$

oder auch

15) $$A + B = 2C \cos \omega$$

geknüpft, welche, wenn bereits das ursprüngliche Coordinatensystem
rechtwinklig war, in die einfachere

16) $$A + B = 0$$

übergeht. Hierbei ist nach 15) stets $C^2 > \left(\dfrac{A+B}{2}\right)^2 > AB$, also
$\varDelta > 0$.

Bei Geltung der Bedingung 15), in welcher Nr. 16) mit eingeschlossen ist, reicht eine der unter 13) gegebenen Gleichungen in
Verbindung mit der Relation $\alpha + \beta = \omega$ aus, den Winkel α so zu
bestimmen, dass dadurch die Gleichung der zu untersuchenden Linie
in Nr. 14) übergeht. Diese Bedingung ist also genügend, die Linie
als eine gleichseitige Hyperbel (oder im speciellen Falle ein System
zweier sich rechtwinklig schneidenden Geraden) zu charakterisiren.

§ 32.

Schluss.

Zweiter Hauptfall: $\varDelta = 0$. Wir müssen hier zunächst
unterscheiden, ob die Zähler der im vorigen Paragraphen angewendeten Mittelpunktscoordinaten u und v Werthe besitzen, die von
Null verschieden sind, oder ob sie zugleich mit $\varDelta$ verschwinden.
Gebrauchen wir für diese Zähler die Abkürzungen

1) $$\begin{cases} A_1 = BD - CE \\ A_2 = AE - CD, \end{cases}$$

so folgt, wenn $\varDelta = 0$, also $C^2 = AB$ gesetzt wird,

$$2) \qquad \begin{cases} A\varLambda_1 + C\varLambda_2 = 0 \\ C\varLambda_1 + B\varLambda_2 = 0. \end{cases}$$

Wir ersehen hieraus, dass, sobald in dem jetzt in Rede stehenden Falle $\varLambda_1 = 0$ wird, auch $\varLambda_2 = 0$ sein muss, wenn nicht B und C gleichzeitig verschwinden; ebenso muss, wenn $\varLambda_2 = 0$ ist, auch $\varLambda_1 = 0$ sein, sobald nicht A und C gleich Null sind.*

Untersuchen wir nun den Fall, wo $\varLambda_1$ und $\varLambda_2$ beide zu Null werden, so kann man hierbei die Coordinatentransformation gänzlich entbehren. Wird nämlich die allgemeine Gleichung zweiten Grades in gewöhnlicher Weise auf x reducirt, so folgt bei Anwendung der eingeführten Abkürzungen

$$x = \frac{-Cy - D \pm \sqrt{\varDelta y^2 - 2\varLambda_2 y + D^2 - AF}}{A},$$

also hier, wo $\varDelta = 0$ und $\varLambda_2 = 0$, nach einfacher Umformung:

$$3) \qquad Ax + Cy + D \mp \sqrt{D^2 - AF} = 0.$$

Vorausgesetzt ist dabei, dass A einen von Null verschiedenen Werth besitzt, weil sonst die Gleichung zweiten Grades aufhören würde, in Beziehung auf x quadratisch zu sein; folglich ist gleichzeitig mit $\varLambda_2$ auch $\varLambda_1 = 0$. Die Gleichung 3) hat dann keine geometrische Bedeutung, wenn $D^2 < AF$, repräsentirt eine Gerade, wenn $D^2 = AF$, und zwei parallele Gerade, sobald $D^2 > AF$. — In dem Falle, dass $A = 0$ ist, kann man, weil dann B nicht auch verschwinden darf, auf y reduciren; man erhält:

$$y = \frac{-Cx - E \pm \sqrt{\varDelta x^2 - 2\varLambda_1 x + E^2 - BF}}{B},$$

und hieraus bei den festgestellten Bedingungen, unter Berücksichtigung, dass mit A gleichzeitig auch C verschwindet:

$$4) \qquad By + E \mp \sqrt{E^2 - BF} = 0,$$

was wieder die vorhergehenden drei Fälle giebt, je nachdem

$$BF \gtreqless E^2.$$

* Da $C^2 = AB$, muss, wenn A oder B gleich Null ist, auch C verschwinden; ebenso verlangt umgekehrt die Bedingung $C = 0$, dass auch A oder B gleich Null ist. A und B gleichzeitig dürfen aber nicht verschwinden, weil sonst auch C wegfallen und die Gleichung aufhören würde, dem zweiten Grade anzugehören.

Die für die Gleichungen 3) und 4) und ihre geometrischen Deutungen nothwendige Bedingung $\varDelta_1 = \varDelta_2 = 0$ lässt sich in den kürzeren Ausdruck

$$5) \qquad\qquad \varGamma = 0$$

zusammenfassen, wenn man der Grösse $\varGamma$ die in den Gleichungen 3) und 5) des vorhergehenden Paragraphen aufgestellte Bedeutung giebt. Aus der ersten dieser Gleichungen erhält man nämlich mit Benutzung der jetzt eingeführten Bezeichnungen für den Fall, dass $\varDelta = 0$ ist,

$$6) \qquad\qquad D\varDelta_1 + E\varDelta_2 = -\varGamma;$$

die zweite wird unter derselben Bedingung zu

$$7) \qquad\qquad \varGamma = 2\,CDE - D^2B - E^2A.$$

Nr. 6) zeigt zunächst, dass, wenn $\varDelta_1 = \varDelta_2 = 0$ ist, auch $\varGamma = 0$ sein muss. Vergleicht man ferner die Quadrate der unter 1) gegebenen Werthe von $\varDelta_1$ und $\varDelta_2$, nachdem man in denselben $C^2 = AB$ gesetzt hat, mit Nr. 7), so folgt:

$$\varDelta_1{}^2 = -B\,\varGamma, \qquad \varDelta_2{}^2 = -A\,\varGamma;$$

es muss daher, wenn $\varGamma$ verschwinden soll, auch wieder die Bedingung $\varDelta_1 = \varDelta_2 = 0$ Geltung finden.

Besitzen demnach $\varDelta_1$ und $\varDelta_2$ Werthe, welche von Null verschieden sind, oder verschwindet nur eine dieser beiden Grössen, so ist dies mit der Bedingung $\varGamma \gtrless 0$ identisch. Wir kehren für diesen Fall zu der Verlegung der Coordinatenachsen zurück. Da ein Mittelpunkt nicht vorhanden ist, so wollen wir den Coordinatenanfang mit Beibehaltung der Achsenrichtung in einen vorläufig noch unbestimmten Punkt $u_1\,v_1$ verschieben. Dann entsteht nach Analogie von Gleichung 1) des vorhergehenden Paragraphen:

$$8) \quad \left\{ \begin{aligned} & Ax^2 + By^2 + 2\,Cxy \\ &\quad + 2\,(Au_1 + Cv_1 + D)\,x + 2\,(Cu_1 + Bv_1 + E)\,y \\ &\quad + Au_1{}^2 + Bv_1{}^2 + 2\,Cu_1v_1 + 2\,Du_1 + 2\,Ev_1 + F = 0. \end{aligned} \right.$$

Es soll über u_1 und v_1 so verfügt werden, dass der Coefficient von y und der von x und y freie Ausdruck in Wegfall kommen. Hierzu sind folgende zwei Bedingungen nöthig, aus denen u_1 und v_1 bestimmt werden können:

$$9) \quad \left\{ \begin{aligned} & Cu_1 + Bv_1 + E = 0 \\ & Au_1{}^2 + Bv_1{}^2 + 2\,Cu_1v_1 + 2\,Du_1 + 2\,Ev_1 + F = 0. \end{aligned} \right.$$

Die letzte Gleichung vereinfacht sich noch, wenn wir ihr die Form

$$A u_1{}^2 + C u_1 v_1 + 2 D u_1 + E v_1 + F + (C u_1 + B v_1 + E) v_1 = 0$$

geben, indem sie dann zufolge der ersten Gleichung auf

$$A u_1{}^2 + C u_1 v_1 + 2 D u_1 + E v_1 + F = 0$$

zurückkommt. Setzen wir hierein den aus der ersten Bedingungsgleichung folgenden Werth

10) $$v_1 = -\frac{C u_1 + E}{B},$$

so findet sich nach gehöriger Reduction:

$$(C^2 - A B) u_1{}^2 - 2 (B D - C E) u_1 + (E^2 - B F) = 0.$$

Der Coefficient von $u_1{}^2$ ist identisch mit $\varDelta$, also gleich Null; es bleibt also

11) $$u_1 = \frac{E^2 - B F}{2 \varDelta_1},$$

und hieraus entsteht mit Benutzung der Formel 10)

12) $$v_1 = \frac{B C F + C E^2 - 2 B D E}{2 B \varDelta_1}.$$

Die letzten beiden Resultate zeigen, dass die angewendete Verschiebung des Coordinatenanfanges nur so lange zulässig ist, als B und $\varDelta_1$ von Null verschieden sind. Von diesen beiden Bedingungen ist die erstere insofern ausreichend, als nach der oben zu Nr. 2) gemachten Bemerkung gleichzeitig mit $\varDelta_1$ auch $\varDelta_2$ verschwinden müsste, und damit der bereits untersuchte Fall getroffen werden würde, wenn B einen von Null verschiedenen Werth besitzt.

Sobald die Gleichungen 11) und 12) statthaft sind, erlangt auch der Coefficient von $2x$ in Nr. 8) eine einfachere Form. Man erhält nämlich durch Multiplication und Division mit B:

$$A u_1 + C v_1 + D = \frac{A B u_1 + B C v_1 + B D}{B},$$

und hieraus mit Benutzung der Relation $A B = C^2$ und der ersten der unter Nr. 9) aufgeführten Bedingungsgleichungen:

$$A u_1 + C v_1 + D = \frac{\varDelta_1}{B}.$$

Die Gleichung 8) geht folglich für das neue Coordinatensystem über in:

13) $$A x^2 + B y^2 + 2 C x y + 2 \frac{\varDelta_1}{B} x = 0.$$

Eine weitere Vereinfachung kann hierin durch Drehung einer der beiden Coordinatenachsen um den neuen Anfangspunkt erzielt werden. Wir wollen die y-Achse beibehalten, der x-Achse aber eine solche Lage geben, dass sie den Durchmesser für die der andern Achse parallelen Sehnen darstellt. Nach § 30 Nr. 9) erhält unter dieser Voraussetzung die neue x-Achse im jetzigen Systeme die Gleichung

$$C x + B y = 0,$$

woraus für die Winkel, welche sie mit den jetzigen Coordinatenachsen einschliesst, die Gleichung

14) $$\frac{\sin \alpha}{\sin \beta} = - \frac{C}{B}$$

folgt. Hierbei repräsentirt $\alpha + \beta = \omega$ den jetzigen, β den neuen Coordinatenwinkel. Mittelst der Formeln 6) des § 4 ist herzuleiten, dass beim Uebergange zum neuen Coordinatensysteme

$$x \text{ in } x \frac{\sin \beta}{\sin \omega}$$

$$y \text{ ,, } x \frac{\sin \alpha}{\sin \omega} + y$$

umgewandelt werden muss; aus der Gleichung 13) findet sich dann:

·15) $$\begin{cases} \left(\dfrac{A \sin^2 \beta + B \sin^2 \alpha + 2 C \sin \alpha \sin \beta}{\sin^2 \omega} \right) x^2 + B y^2 \\ + 2 \left(\dfrac{B \sin \alpha + C \sin \beta}{\sin \omega} \right) x y + 2 \dfrac{\varDelta_1 \sin \beta}{B \sin \omega} x = 0, \end{cases}$$

wofür auch nach Division durch B und Aushebung von Factoren

$$\left(\frac{A}{B} + \frac{\sin^2 \alpha}{\sin^2 \beta} + 2 \frac{C}{B} \cdot \frac{\sin \alpha}{\sin \beta} \right) \frac{\sin^2 \beta}{\sin^2 \omega} x^2 + y^2$$

$$+ 2 \left(\frac{\sin \alpha}{\sin \beta} + \frac{C}{B} \right) \frac{\sin \beta}{\sin \omega} x y + 2 \frac{\varDelta_1 \sin \beta}{B^2 \sin \omega} x = 0$$

geschrieben werden kann. Wird hierin der unter 14) gegebene Werth substituirt, so vereinfacht sich unter Berücksichtigung, dass $A B = C^2$, die Gleichung der zu untersuchenden Linie zweiten Grades in

16) $$y^2 = -2\,\frac{\varDelta_1\,sin\,\beta}{B^2\,sin\,\omega}\,x\,,$$

oder, wenn zur Abkürzung eine neue Constante

$$p = -\,\frac{\varDelta_1\,sin\,\beta\,sin\,\omega}{B^2}$$

eingeführt wird, in

$$y^2 = 2\,\frac{p}{sin^2\,\omega}\,x\,,$$

d. i. nach § 17 Nr. 6) die Gleichung einer Parabel, deren Achse parallel zur x-Achse liegt, und für welche die y-Achse die Tangente des in der Peripherie gelegenen Coordinatenanfanges bildet.

Es bleibt noch der Fall zu untersuchen, wenn $B = 0$ ist, wobei die angegebenen Coordinatentransformationen unzulässig sind. Da in diesem Falle nicht A verschwinden kann, so lässt er eine ganz ähnliche Behandlung wie der jetzt dagewesene zu, sobald man in Beziehung auf Nr. 8) die Verfügung trifft, neben dem von x und y freien Ausdrucke den Coefficienten von x in Wegfall zu bringen, und dann mit Beibehaltung der x-Achse die Achse der y in eine solche Lage bringt, dass sie wieder den Durchmesser für die zur andern Achse parallelen Sehnen abgiebt. Wir haben dazu nicht nöthig, die vorhergehenden Rechnungen vollständig zu wiederholen, da Alles nur darauf hinauskommt, in den dagewesenen Entwickelungen x und y, A und B, D und E gegenseitig zu vertauschen. Man erhält schliesslich an der Stelle von Nr. 16), wenn man den neuen Coordinatenwinkel mit α bezeichnet,

17) $$x^2 = -2\,\frac{\varDelta_2\,sin\,\alpha}{A^2\,sin\,\omega}\,y\,,$$

d. i. wie oben die Gleichung einer Parabel, nur mit entgegengesetzter Bedeutung der Coordinatenachsen.

Die allgemeine Gleichung zweiten Grades bedeutet also nach den vorhergehenden Erörterungen,

  wenn $\varDelta = 0$ oder $C^2 = AB$,

    für $\varGamma \gtrless 0$ eine Parabel,

    für $\varGamma = 0$:

      zwei parallele Gerade, wenn $A \gtrless 0$ und $D^2 > AF$

        oder $A = 0$ und $E^2 > BF$,

      eine Gerade, wenn $A \gtrless 0$ und dabei $D^2 = AF$

        oder $A = 0$ und $E^2 = BF$,

kein geometrisches Gebild, wenn $A \gtrless 0$ und $D^2 < A F$
oder $A = 0$ und $E^2 < B F$.

Als Gesammtresultat der ganzen über die Linien zweiten Grades geführten Untersuchung stellt sich ferner heraus, dass ausser den Kegelschnitten keine anderen krummen Linien zweiten Grades existiren.

§ 33.
Geometrische Oerter.

Wird eine Curve dadurch erzeugt, dass man einen Punkt sich nach einem bestimmten Gesetze bewegen lässt, dessen mathematischer Ausdruck in Parallelcoordinaten auf eine Gleichung zweiten Grades hinführt, so muss nach den in den vorhergehenden Paragraphen angestellten Betrachtungen der geometrische Ort des bewegten Punktes eine der Kegelschnittslinien sein. Die aufgefundenen Kriterien entscheiden darüber, welche besondere Linie in jedem einzelnen Falle in Frage kommt. Bei der speciellen Untersuchung der Kegelschnitte haben wir bereits mehrere solche Entstehungsweisen dieser Curven kennen gelernt; zum Zwecke der Einübung der bei Gelegenheit der allgemeinen Discussion erhaltenen Resultate mögen hierzu noch die folgenden Beispiele treten.

I. Man soll den Ort der Scheitel aller derjenigen Dreiecke suchen, welche auf einer gegebenen Grundlinie $2m$ stehen, und in welchen die an dieser Grundlinie gelegenen Dreieckswinkel eine constante Difrenz δ besitzen.

Die Grundlinie $2m$ werde zur x-Achse und die Senkrechte in ihrem Halbirungspunkte zur Achse der y in einem rechtwinkligen Coordinatensysteme gewählt. Der auf der Seite der positiven x an der Basis gelegene Dreieckswinkel heisse α_1, der andere α_2, und es sei

$$\delta = \alpha_1 - \alpha_2.$$

Bezeichnen nun x und y die Coordinaten des Scheitels für irgend eine Lage des Dreieckes, so sind die Gleichungen der beiden im Scheitel zusammentreffenden Dreiecksseiten (vgl. § 5 Nr. 7)

$$y = -(x - m)\,tan\,\alpha_1, \qquad y = (x + m)\,tan\,\alpha_2,$$

und man erhält demnach:

$$tan\,\alpha_1 = \frac{y}{m-x}, \qquad tan\,\alpha_2 = \frac{y}{m+x}.$$

Mit Rücksicht auf die Relation

$$tan\,\delta = \frac{tan\,\alpha_1 - tan\,\alpha_2}{1 + tan\,\alpha_1 \cdot tan\,\alpha_2}$$

folgt:

$$tan\,\delta = \frac{2\,xy}{m^2 - x^2 + y^2},$$

und hieraus entsteht für den gesuchten Ort die Gleichung:

1) $$x^2 - y^2 + 2\,xy\cot\delta = m^2,$$

oder, wenn man für den speciellen Fall $\delta = 0$ das Unendlichwerden des mit dem Factor $\cot\delta$ behafteten Gliedes vermeiden will,

2) $$x^2 \sin\delta - y^2 \sin\delta + 2\,xy\cos\delta = m^2 \sin\delta.$$

Hierbei ist nach § 30 Nr. 13) $\varDelta = \sin^2\delta + \cos^2\delta = 1$, also immer positiv, und nach § 31 Nr. 5) $\varGamma = m^2 \sin\delta$; die Linie ist also eine Hyperbel, die für den besondern Fall $\delta = 0$ in zwei sich schneidende Gerade — die Coordinatenachsen — übergeht. Die Vergleichung von Nr. 1) und 2) mit § 31 Nr. 6) zeigt zugleich, dass der gewählte Coordinatenanfang Mittelpunkt ist.

Da das Coordinatensystem rechtwinklig ist und die Coefficienten von x^2 und y^2 nur durch das Vorzeichen unterschieden sind, so folgt mit Rücksicht auf § 31 Nr. 16), dass die Hyperbel gleichseitig sein muss. Bestätigt wird diese Bemerkung, wenn man, um über Lage und Grösse der Hyperbelachsen zu entscheiden, durch Drehung der Coordinatenachsen zu einem neuen rechtwinkligen Systeme übergeht. Dabei ist nach § 4 Nr. 4)

$$x \cos\alpha - y \sin\alpha \text{ für } x$$
$$x \sin\alpha + y \cos\alpha \text{ „ } y$$

zu setzen, wenn α den Winkel bedeutet, unter welchem die neue x-Achse gegen die ursprüngliche geneigt ist. Mit Einsetzung dieser Werthe entsteht aus 2) nach gehöriger Reduction:

$$(x^2 - y^2) \sin(2\,\alpha + \delta) + 2\,xy\cos(2\,\alpha + \delta) = m^2 \sin\delta.$$

Macht man hierin $2\,\alpha + \delta = 90^0$ oder $\alpha = 45^0 - \frac{1}{2}\,\delta$, so bleibt

3) $$x^2 - y^2 = m^2 \sin\delta,$$

d. i. die Gleichung einer gleichseitigen Hyperbel, deren Mittelpunkt mit dem Halbirungspunkte der gegebenen Dreiecksgrundlinie zusammenfällt und deren Hauptachse unter dem Winkel $45^0 - \frac{1}{2}\delta$ gegen diese Grundlinie geneigt ist. Die Länge der halben Hauptachse beträgt $m\sqrt{\sin\delta}$.

Die hier untersuchte Eigenschaft lässt zwischen der gleichseitigen Hyperbel und dem Kreise insofern eine gewisse Analogie erkennen, als letzterer nach einem bekannten Satze den geometrischen Ort für die Scheitel aller derjenigen Dreiecke bildet, in welchen bei gegebener Grundlinie die Summe der Winkel an der Basis constant ist.

II. Welche Linie beschreibt ein Eckpunkt eines gegebenen Dreieckes, während jeder der beiden andern Eckpunkte dieses Dreieckes sich auf einem Schenkel eines festen Winkels fortbewegt?

Fig. 50.

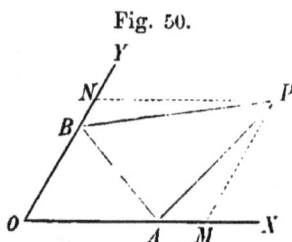

Wir wählen die Schenkel des festen Winkels zu Coordinatenachsen, und es sei PAB Fig. 50 das gegebene Dreieck in einer der Lagen, welche es in Folge der Aufgabe einnehmen kann. P stelle den Eckpunkt dar, welcher die gesuchte Linie beschreiben soll.

Setzen wir $NP = x$, $MP = y$, $BP = a$, $AP = b$, $\angle YBP = \varphi$, $\angle XAP = \psi$ und bezeichnen den Coordinatenwinkel mit ω, so ist nach einem bekannten Dreieckssatze

$$\sin\varphi = \frac{x\sin\omega}{a}, \quad \sin\psi = \frac{y\sin\omega}{b}.$$

Wird nun der Dreieckswinkel APB mit γ bezeichnet, so findet die Relation

$$\varphi + \psi = \omega + \gamma$$

statt, und man erhält hiermit aus

$$\sin^2\varphi\cos^2\psi + \cos^2\varphi\sin^2\psi + 2\sin\varphi\cos\varphi\sin\psi\cos\psi = \sin^2(\varphi+\psi),$$

wenn man linker Hand den sich selbst aufhebenden Ausdruck

$$\sin^2\varphi\sin^2\psi + \sin^2\varphi\sin^2\psi - 2\sin^2\varphi\sin^2\psi$$

addirt,

$$\sin^2\varphi + \sin^2\psi + 2\sin\varphi\sin\psi\cos(\omega+\gamma) = \sin^2(\omega+\gamma).$$

Hieraus entsteht, wenn die obigen Werthe von $sin\ \varphi$ und $sin\ \psi$ substituirt werden, für den gesuchten Ort die Gleichung:

4) $\quad \left(\dfrac{x}{a}\right)^2 + \left(\dfrac{y}{b}\right)^2 + 2\dfrac{xy}{ab}\,cos\,(\omega+\gamma) = \left[\dfrac{sin\,(\omega+\gamma)}{sin\,\omega}\right]^2.$

Dieselbe gehört dem zweiten Grade an und giebt, sobald nicht $\omega+\gamma=180^0$, für $\varDelta$ und $\varGamma$ negative Werthe; die Linie ist also im Allgemeinen eine Ellipse, und zwar fällt, wie man aus der Form der Gleichung leicht erkennt, ihr Mittelpunkt mit dem Scheitel des gegebenen Winkels zusammen. In dem speciellen Falle, wenn $\omega+\gamma=180^0$, bleibt aus Nr. 4)

$$\left(\dfrac{x}{a}\right)^2 + \left(\dfrac{y}{b}\right)^2 - 2\dfrac{xy}{ab} = 0,$$

und hieraus folgt:

$$\dfrac{x}{a} - \dfrac{y}{b} = 0,$$

d. i. die Gleichung einer durch den Coordinatenanfang gehenden Geraden. Die Ellipse geht demnach in diesem besonderen Falle in eine gerade Linie über.

Beachtet man, dass in Fig.50 für jede Lage von $A\,B$ der Punkt P zwei Lagen, zu beiden Seiten von $A\,B$, einnehmen kann, ohne dass an den Bedingungen der Aufgabe irgend etwas geändert wird, so lässt sich durch eine der vorhergehenden ganz ähnliche Entwickelung noch ein zweiter geometrischer Ort von P ermitteln. Man findet wieder eine Ellipse, deren Gleichung

5) $\quad \left(\dfrac{x}{a}\right)^2 + \left(\dfrac{y}{b}\right)^2 + 2\dfrac{xy}{ab}\,cos\,(\omega-\gamma) = \left[\dfrac{sin\,(\omega-\gamma)}{sin\,\omega)}\right]^2$

lautet.

Kommt an die Stelle des gegebenen Dreiecks eine Gerade, so . dass der beschreibende Punkt P in die Seite AB selbst fällt, so geht in den Gleichungen 4) und 5) der Winkel γ in 180^0 über und die beiden gefundenen Ellipsen werden dabei zu einer einzigen, weil zu $\omega+180^0$ und $\omega-180^0$ gleiche trigonometrische Functionen gehören. Diese Ellipse hat die Gleichung:

$$\left(\dfrac{x}{a}\right)^2 + \left(\dfrac{y}{b}\right)^2 - 2\dfrac{xy}{ab}\,cos\,\omega = 1.$$

Wird dann noch die Verfügung getroffen, dass der Coordinatenwinkel ein rechter sein soll, so entsteht:

$$\left(\frac{x}{a}\right)^2 + \left(\frac{y}{b}\right)^2 = 1,$$

d. i. die Gleichung einer Ellipse, deren Achsen die Stelle der Co-ordinatenachsen einnehmen. Wir kommen hierdurch zu der in Fig. 42 enthaltenen Construction der Ellipse zurück, welche als specieller Fall der jetzt behandelten Aufgabe betrachtet werden kann.

III. Die Seiten AC und BC des gegebenen Dreieckes ABC (Fig. 51) werden von der beweglichen Geraden MN in den Punkten M und N geschnitten. Welche Linie beschreibt der auf MN gelegene Punkt P, wenn die Bewegung dieser Geraden so vor sich geht, dass immer die Proportion

$$MP : PN = AM : MC = CN : NB$$

Geltung findet?

Fig. 51.

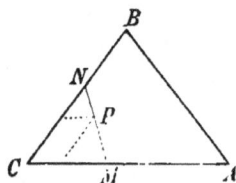

Wir wählen CA als x-Achse und CB als y-Achse eines Parallelcoordinatensystemes mit dem Anfangspunkte C, und gebrauchen die Bezeichnungen: $CA = a$, $CB = b$, $CM = m$, $CN = n$. Die Coordinaten des beweglichen Punktes P heissen x und y. — Aus der Figur ergiebt sich dann sogleich die fortlaufende Proportion

$$MP : PN = (m - x) : x = y : (n - y),$$

welche in Verbindung mit der gegebenen Bedingung zu den Resultaten

$$(m - x) : x = (a - m) : m$$
$$(n - y) : y = (b - n) : n$$

hinführt. Hieraus folgt:

$$x : m = m : a$$
$$y : n = n : b$$

und man erhält demnach:

$$m = (ax)^{\frac{1}{2}}, \quad n = (by)^{\frac{1}{2}}.$$

Wird hierzu die Gleichung

$$\frac{x}{m} + \frac{y}{n} = 1$$

als Bedingung dafür gefügt, dass die Punkte P, M und N in einer geraden Linie liegen sollen, so entsteht für den gesuchten Ort die Gleichung

6)
$$\left(\frac{x}{a}\right)^{\frac{1}{2}} + \left(\frac{y}{b}\right)^{\frac{1}{2}} = 1.$$

Durch zweimalige Quadrirung können hierin die gebrochenen Exponenten entfernt werden. Das erste Mal ergiebt sich das Resultat

$$\frac{x}{a} + \frac{y}{b} + 2\left(\frac{xy}{ab}\right)^{\frac{1}{2}} = 1,$$

und hieraus wieder

$$\left(\frac{x}{a} + \frac{y}{b} - 1\right)^2 = 4\frac{xy}{ab},$$

oder nach Auflösung der Parenthese und besserer Ordnung der Glieder:

7)
$$\frac{x^2}{a^2} + \frac{y^2}{b^2} - 2\frac{xy}{ab} - 2\frac{x}{a} - 2\frac{y}{b} + 1 = 0.$$

Die Form dieser Gleichung zeigt zunächst, dass der geometrische Ort des Punktes P eine Linie zweiten Grades ist, welche durch die Punkte A und B geht, und in diesen Punkten von den Coordinatenachsen oder den Dreiecksseiten CA und CB tangirt wird, so dass die dritte Seite AB die dem Punkte C zugehörige Berührungssehne darstellt. Wird nämlich in 7) $y = 0$ gesetzt, so bleibt für die Abscissen der in der x-Achse gelegenen Punkte der untersuchten Linie die Gleichung

$$\frac{x^2}{a^2} - 2\frac{x}{a} + 1 = 0,$$

welche die beiden gleichen Wurzeln $x = a$ enthält. Hiernach ist CA Tangente im Punkte A. In gleicher Weise führt die Substitution $x = 0$ zu dem Resultate, dass CB die Tangente im Punkte B abgiebt.

Aus 7) folgt ferner (vgl. § 30 Nr. 13 und § 32 Nr. 7), dass in der fraglichen Linie die Grösse $\varDelta = 0$ und $\varGamma$ von Null verschieden ist, die Linie ist also eine Parabel.

Wir wollen noch untersuchen, ob bei der angegebenen Entstehung dieser Parabel die erzeugende Gerade MN (Fig. 51) ausser dem beschreibenden Punkte P noch einen zweiten Punkt mit der Curve gemein haben kann. Verbinden wir zu diesem Zwecke die Gleichung von MN, nämlich

$$\frac{x}{m} + \frac{y}{n} = 1,$$

mit der unserer Aufgabe zu Grunde liegenden Bedingung

13*

$$(a - m) : m = n : (b - n),$$

so lässt sie sich nach Elimination von n auf die Form

$$(a - m)\, x + m\, \frac{a y}{b} - m\, (a - m) = 0$$

bringen. Für Punkte der Parabel ist aber nach Nr. 6)

$$\frac{a y}{b} = (a^{\frac{1}{2}} - x^{\frac{1}{2}})^2;$$

man erhält demnach für die x der gemeinschaftlichen Punkte beider Linien, wenn aus den beiden letzten Gleichungen y eliminirt wird,

$$a x - 2 a^{\frac{1}{2}} m x^{\frac{1}{2}} + m^2 = 0.$$

Da diese Gleichung linker Hand ein vollständiges Quadrat enthält, so besitzt sie zwei gleiche reelle Wurzeln; alle der Aufgabe genügenden Lagen der erzeugenden Geraden geben also Parabeltangenten und der beschreibende Punkt P ist in jedem Falle Berührungspunkt. Hierauf gründet sich die folgende Construction.

Fig. 52.

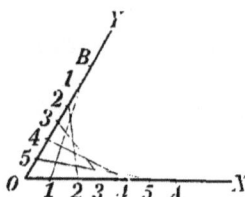

Soll in den Winkelraum XOY Fig. 52 ein Parabelbogen gelegt werden, welcher die beiden Schenkel des Winkels in den Punkten A und B berührt, so theile man vorerst sowohl AO als BO in eine gleiche Anzahl gleich grosser Theile. Werden dann die auf der Strecke AO gelegenen Theilpunkte von O aus, dagegen die Theilpunkte auf BO von B aus der Reihe nach mit 1, 2, 3, 4 u. s. f. bezeichnet, so stellen die Geraden, welche die gleichbezeichneten Punkte unter sich verbinden, Tangenten des zu construirenden Parabelbogens dar. Man erhält auf diese Weise eine Schaar gerader Linien, welche die Curve umhüllen und sich derselben um so inniger anschmiegen, je grösser ihre Anzahl ist. Diese den Parabelbogen einhüllenden Geraden können dazu benutzt werden, den Lauf der Curve selbst mit beliebiger Annäherung zu bestimmen. Man wird leicht finden, in welcher Weise das angegebene Verfahren fortzusetzen ist, wenn man zu dem Theile der Parabel gelangen will, welcher vom Scheitel des Winkels aus gerechnet sich jenseits der Berührungspunkte A und B befindet.

Eine leicht ersichtliche Abänderung der vorstehenden Construction ergiebt sich aus der Bemerkung, dass die aus den zur Fig. 51 gestellten Bedingungen folgende Proportion

$$(a - m) : m = n : (b - n)$$

zu der Gleichung

$$\frac{m}{a} + \frac{n}{b} = 1$$

hinführt, wonach ein mit den Coordinaten m und n construirter Punkt, d. i. der vierte Eckpunkt des Parallelogramms, von welchem CM und CN zwei Nachbarseiten darstellen, auf der Dreiecksseite AB liegen muss. Hiernach kann jeder auf AB gelegene Punkt zur Construction einer der verschiedenen Lagen der die Parabel tangirenden beweglichen Geraden MN benutzt werden.*

§ 34.

Bestimmung einer Linie zweiten Grades durch gegebene Peripheriepunkte.

Da die allgemeine Gleichung zweiten Grades zwischen den veränderlichen Grössen x und y den allgemeinsten Ausdruck für die Gleichung der Kegelschnitte und der darin mit eingeschlossenen geradlinigen Gebilde enthält, so müssen diejenigen geometrischen Eigenschaften, welche aus der Untersuchung dieser Gleichung hervorgehen, allen Linien dieser Art gemeinschaftlich angehören. Zur Vervollständigung der aus der speciellen Betrachtung der Kegelschnitte bereits bekannten Eigenschaften mögen noch die folgenden Erörterungen hinzutreten.

Die Gleichung zweiten Grades, welche in ihrer allgemeinsten Form

1) $$Ax^2 + By^2 + 2Cxy + 2Dx + 2Ey + F = 0$$

die sechs beständigen Grössen A, B, $C \ldots F$ enthält, lässt sich, wenn man beiderseitig durch eine dieser sechs Grössen (die jedoch von Null verschieden sein muss) dividirt, immer so umgestalten, dass sie nur noch von fünf Constanten, nämlich von fünf der zwischen den Coefficienten bestehenden Verhältnisse, abhängig ist.

---

* Werden auf Grund von Nr. 8) und 9) des § 30 aus der obigen Gleichung 7) die Gleichungen der zur Parabelachse parallelen Durchmesser für die mit einer der Coordinatenachsen gleiche Richtung besitzenden Sehnen abgeleitet, so gewinnt man das Resultat, dass die Achse der Parabel mit der durch C gehenden Diagonale des die Seiten CA und CB enthaltenden Parallelogramms parallel läuft.

Nehmen wir z. B. an, die Coordinatenachsen seien, was immer möglich ist, so gelegt, dass der Coordinatenanfang nicht mit einem Peripheriepunkte zusammenfällt, so dürfen in 1) nicht x und y gleichzeitig verschwinden; es muss also ein von x und y freies Glied F vorhanden sein. Wird durch dieses dividirt, und zur Abkürzung

$$\frac{A}{F} = a, \quad \frac{B}{F} = b, \quad \frac{C}{F} = c, \quad \frac{D}{F} = d, \quad \frac{E}{F} = e$$

gesetzt, so geht Nr. 1) in die Gleichung

2) $a x^2 + b y^2 + 2 c x y + 2 d x + 2 e y + 1 = 0$

über, welche nur noch die fünf beständigen Grössen a, b, c, d, e enthält. Soll nun diese Gleichung für eine bestimmte Linie zweiten Grades gelten, so müssen die darin enthaltenen Constanten entweder unmittelbar ihrem Zahlwerthe nach bekannt sein, oder man muss sie aus einer gegebenen Bedingung berechnen können, wozu bekanntlich fünf von einander unabhängige Bedingungsgleichungen nöthig sind. Wählen wir z. B. zur näheren Untersuchung den Fall, dass die Linie durch fünf gegebene Peripheriepunkte hindurch gehen soll, so kommt es hierbei nur darauf an, die fünf Coefficienten a, b, c, d, e so zu bestimmen, dass die Gleichung 2) durch die Coordinaten eines jeden der fünf gegebenen Punkte befriedigt wird.

Ist $x_1 y_1$ einer dieser fünf Punkte, und denken wir uns, wodurch der Allgemeinheit der Untersuchung kein Abbruch geschieht, das Coordinatensystem so gelegt, dass für die aufzusuchende Linie eine Gleichung von der Form 2) Anwendung finden kann, so muss dieser Gleichung Genüge geschehen, wenn in ihr x mit x_1 und y mit y_1 vertauscht wird. Man hat also für die Unbekannten a, b, c, d und e die Relation:

$$a x_1^2 + b y_1^2 + 2 c x_1 y_1 + 2 d x_1 + 2 e y_1 + 1 = 0.$$

Durch jeden andern gegebenen Punkt wird hierzu eine Gleichung derselben Form gefügt; fünf Punkte reichen also aus, die gesuchten Coefficienten zu bestimmen. Beachten wir nun, dass alle hierzu aufgestellten Gleichungen in Beziehung auf ihre Unbekannten vom ersten Grade sind, so folgt, dass jede dieser Grössen einen reellen und eindeutigen Werth erhalten muss, vorausgesetzt, dass die gegebenen Gleichungen von einander unabhängig sind. Diese Voraussetzung wird allemal erfüllt, wenn wir die in der Gleichung zweiten Grades enthaltenen geradlinigen Gebilde ausschliessen, uns also auf solche

Fälle beschränken, wo nicht drei der gegebenen Punkte in gerader
Linie liegen.* Die Substitution der aus den vorhandenen Bedingungsgleichungen für die Coefficienten gewonnenen Werthe in Nr. 2)
giebt dann eine einzige Gleichung zweiten Grades, welche der ge
suchten Linie angehört. Hieraus folgt: zur Bestimmung einer
Curve zweiten Grades sind im Allgemeinen fünf Peripheriepunkte nöthig und ausreichend; zwei Kegelschnitte können also, ohne zusammenzufallen, nicht
mehr als vier Punkte gemein haben.

Verführt man, um die Gleichung eines Kegelschnittes zu ermitteln, welcher durch fünf Punkte hindurchgehen soll, in der angegebenen Weise, so lassen sich durch geschickte Wahl des Coordinatensystemes noch mancherlei Rechnungsabkürzungen anbringen;
dessenungeachtet bleibt die Operation nicht frei von Weitläufigkeiten. Ein anderes Verfahren zur Lösung der erwähnten Aufgabe liefert die folgende Betrachtung.

Werden die Gleichungen zweier Linien zweiten Grades durch
Addition verbunden, nachdem vorher die eine dieser Gleichungen
mit einem unbestimmten Factor multiplicirt wurde, so entsteht wieder eine Gleichung zweiten Grades, welche von denselben x und y
befriedigt wird, die den beiden ersten Gleichungen Genüge leisten.
Die durch die neue Gleichung dargestellte Linie muss daher durch
alle diejenigen Punkte gehen, welche den beiden ersten Linien gemein waren. Um diese Bemerkung zur Lösung der jetzt in Rede
stehenden Aufgabe nutzbar zu machen, nämlich die Gleichung eines
Kegelschnittes zu finden, welcher durch fünf gegebene Punkte hindurchgeht, ist es nur nöthig, dass man zwei Gleichungen zweiten Grades aufstellen kann, welche für vier dieser Punkte Geltung
haben. Die angegebene Operation liefert dann, so lange der eingeführte Factor unbestimmt bleibt, den allgemeinen Ausdruck für die

---

* Dass bei Mitaufnahme der geradlinigen Gebilde Unbestimmthei-
ten eintreten können, zeigt folgendes Beispiel. Soll eine Gleichung
zweiten Grades vier Punkten genügen, von denen drei in gerader Linie
liegen, so wird sie von jedem Systeme zweier Geraden befriedigt,
von denen die eine diese drei Punkte enthält, die andere aber in beliebiger Richtung durch den vierten Punkt geht. Tritt nun hierzu ein
fünfter Punkt, welcher in derselben Geraden liegt, in der sich bereits
drei gegebene Punkte befinden, so bleibt die Aufgabe ebenso unbestimmt, als sie vorher war.

Gleichungen aller Kegelschnitte, welche durch diese vier Punkte gelegt werden können. Schliesslich hat man über den unbestimmten
Factor so zu verfügen, dass auch der fünfte Punkt von der Gleichung getroffen wird. Wir wollen diese Rechnung durchführen, indem wir dabei den Coordinatenachsen eine solche Lage geben, dass
die Resultate möglichst vereinfacht werden.

Einer der gegebenen Punkte, den wir P_1 nennen wollen, sei
Coordinatenanfang, ein zweiter, P_2, liege in der x-Achse mit den
Coordinaten a und o. Durch den dritten Punkt P_3 werde die y-Achse
gelegt, seine Coordinaten sind 0 und b; der vierte Punkt P_4 hat die
Coordinaten m und n. Die Gleichung der Geraden $P_2 P_4$ lautet dann
(vgl. § 5 Nr. 10):

$$y = \frac{n}{m-a}(x-a) \text{ oder } nx + (a-m)y - an = 0,$$

und die von $P_3 P_4$:

$$y - b = \frac{n-b}{m} x \text{ oder } (b-n)x + my - bm = 0.$$

Durch Verbindung dieser beiden Gleichungen mit den für die Coordinatenachsen geltenden

$$x = 0 \text{ und } y = 0$$

entsteht

3) $$x\,[nx + (a-m)y - an] = 0$$

als Gleichung zweiten Grades für das System der beiden Geraden
$P_1 P_3$ und $P_2 P_4$, und

4) $$y\,[(b-n)x + my - bm] = 0$$

für das System der Geraden $P_1 P_2$ und $P_3 P_4$. Beide Gleichungen 2)
und 4) werden von allen vier Punkten befriedigt; die Gleichung

5) $$x\,[nx + (a-m)y - an] + \lambda y\,[(b-n)x + my - bm] = 0,$$

in welcher λ einen beliebigen endlichen Factor bedeutet, drückt
daher eine beliebige Linie zweiten Grades aus, welche durch dieselben vier Punkte hindurchgeht. Soll nun diese Linie noch einen
fünften Punkt pq enthalten, so muss auch

$$p\,[np + (a-m)q - an] + \lambda q\,[(b-n)p + mq - bm] = 0$$

sein, woraus in Verbindung mit 5) der unbestimmte Factor λ eliminirt werden kann. Setzen wir zur Abkürzung

$$P = p\,[np + (a-m)q - an]$$
$$Q = q\,[(b-n)p + mq - bm],$$

so erhält der gesuchte Kegelschnitt die Gleichung

6) $\quad Q\,x\,[n\,x + (a - m)\,y - a\,n] - P\,y\,[b - n)\,x + m\,y - b\,m] = 0.$

Hierin kann nach Potenzen von x und y geordnet und durch Anwendung der für die einzelnen Linien zweiten Grades gefundenen Unterscheidungsmerkmale in jedem einzelnen Falle entschieden werden, welche besondere Art der Kegelschnitte in Frage kommt.

Wenn zu der Gleichung 5), welche den allgemeinen Ausdruck für die Gleichungen aller Linien zweiten Grades enthält, die durch die Punkte P_1, P_2, P_3 und P_4 hindurchgehen, irgend eine Bedingungsgleichung tritt, mittelst deren der unbestimmte Factor λ einen bestimmten Werth erhält, so wird hierdurch der fünfte Peripheriepunkt ersetzt. Dieser Fall tritt z. B. ein, wenn die Linie eine Parabel sein soll, indem dann die Bedingung $\varDelta = 0$ oder $C^2 = A\,B$ (vergl. § 32) erfüllt werden muss. Wir erkennen hieraus, dass zur Bestimmung einer Parabel vier Punkte ausreichen müssen.

Wird Nr. 5) nach Potenzen von x und y geordnet, so entsteht die Gleichung

7) $\quad n\,x^2 + \lambda\,m\,y^2 + [a - m + \lambda\,(b - n)]\,x\,y - a\,n\,x - b\,m\,\lambda\,y = 0,$

welche nur dann einer Parabel angehören kann, wenn der Bedingung

$$\left[\frac{a - m + \lambda\,(b - n)}{2}\right]^2 = \lambda\,m\,n$$

oder

8) $\quad \lambda^2\,(b - n)^2 + 2\,\lambda\,[(a - m)\,(b - n) - 2\,m\,n] + (a - m)^2 = 0$

Genüge geleistet wird. Da diese letzte Gleichung quadratisch ist, so lässt sie zwei Werthe von λ zu und führt zu dem Satze: Durch vier Punkte können im Allgemeinen zwei Parabeln gelegt werden. Damit jedoch diese Werthe reell und verschieden sind, muss die Bedingung

$$[(a - m)\,(b - n) - 2\,m\,n]^2 - (a - m)^2\,(b - n)^2 > 0$$

erfüllt werden. Nach einigen Umgestaltungen folgt hieraus:

$$4\,m\,n\,(b\,m + a\,n - a\,b) > 0.$$

Da es nun stets möglich ist, das Coordinatensystem so zu legen, dass a, b, m und n positive Grössen darstellen, so können wir unter Voraussetzung dieser Lage der Coordinatenachsen in der letzten Ungleichung durch $4\,a\,b\,m\,n$ dividiren; dann ergiebt sich:

$$\frac{m}{a} + \frac{n}{b} > 1.$$

Mit Rücksicht auf den Umstand, dass die Gleichung

$$\frac{m}{a} + \frac{n}{b} = 1$$

Geltung findet, sobald der Punkt P_4 in der Geraden $P_2 P_3$ gelegen ist, kann hieraus leicht hergeleitet werden, dass die beiden Parabeln nur dann möglich sind, wenn sich P_4 ausserhalb der Fläche des Dreieckes befindet, welches die drei anderen gegebenen Punkte zu Eckpunkten hat. — Der Fall, in welchem die Gleichung 8) zwei gleiche reelle Wurzeln besitzt, führt auf die Bedingung

$$\frac{m}{a} + \frac{n}{b} = 1,$$

lässt aber keine Parabel zu, weil dann drei der gegebenen Punkte in einer geraden Linie liegen. Durch vier Punkte sind also immer zwei Parabeln bestimmt, sobald nur diese Punkte eine solche Lage haben, dass sie sich auf einer Parabelperipherie befinden können; hierzu muss jeder einzeln ausserhalb des zwischen den drei anderen Punkten enthaltenen Dreieckes gelegen sein.

Beachten wir, dass in der für die Parabel geltenden Bedingungsgleichung $\varDelta = 0$ auch der Fall eines Systemes zweier parallelen Geraden eingeschlossen ist, so ergiebt sich sofort, dass bei besonderer Lage der vier gegebenen Punkte die Parabeln auch in parallele Gerade übergehen können. Nur eine Parabel und ein System paralleler Geraden ist daher möglich, wenn die vier Punkte die Eckpunkte eines Trapezes bilden; keine Parabel und zwei Systeme paralleler Geraden können construirt werden, wenn die Punkte mit den Eckpunkten eines Parallelogrammes zusammenfallen.

Als Endresultat der vorhergehenden Erörterungen haben wir die Steigerung zu bemerken, welche sich im Gebiete der Curven zweiten Grades rücksichtlich der Anzahl ihrer bestimmenden Peripheriepunkte zeigt. Während durch drei Punkte ein Kreis gelegt werden kann, bestimmen vier Punkte zwei Parabeln, fünf Punkte jeden Kegelschnitt überhaupt, also im Besonderen Ellipse und Hyperbel.

§ 35.

Pol und Polare.

Die im vorigen Paragraphen behandelte Aufgabe, einen Kegelschnitt zu ermitteln, welcher fünf gegebene Punkte enthält, kann constructiv gelöst werden, sobald man ein Verfahren ausfindig macht, mittelst der fünf Punkte einen sechsten zu erhalten, welcher derselben Curve angehört. Die fortgesetzte Anwendung eines solchen Verfahrens muss dann zu beliebig vielen Punkten hinführen. Aus der folgenden Untersuchung ergeben sich Hülfsmittel zu einer Construction dieser Art.

In der Ebene einer Linie zweiten Grades, deren Gleichung für beliebige Parallelcoordinaten von der Form

$$1) \qquad A\,x^2 + B\,y^2 + 2\,C\,xy + 2\,D\,x + 2\,E\,y + F = 0$$

sein muss, legen wir durch den Coordinatenanfang eine geradlinige Secante

$$2) \qquad\qquad y = M\,x.$$

Die x der gemeinschaftlichen Punkte beider Linien finden sich dann aus der Gleichung

$$3) \qquad (A + B\,M^2 + 2\,C\,M)\,x^2 + 2\,(D + E\,M)\,x + F = 0,$$

und für die Wurzeln dieser Gleichung, welche x_1 und x_2 heissen mögen, gelten die Relationen

$$\frac{x_1 + x_2}{2} = -\frac{D + E\,M}{N}, \qquad x_1\,x_2 = \frac{F}{N},$$

wobei zur Abkürzung

$$N = A + B\,M^2 + 2\,C\,M$$

gesetzt ist. Wir stellen uns nun die Aufgabe, auf der Secante den zum Coordinatenanfange zugeordneten harmonischen Punkt zu finden, während die Durchschnittspunkte mit der durch die Gleichung 1) repräsentirten Linie die beiden anderen harmonischen Punkte darstellen sollen. Da die zugehörenden y ein harmonisches Strahlenbüschel bilden, so muss das x des gesuchten Punktes das harmonische Mittel der beiden Wurzeln von Nr. 3) bilden. Wird also dieser Punkt mit xy bezeichnet, so ergiebt sich aus der Formel

$$x = x_1\,x_2 : \frac{x_1 + x_2}{2},$$

wenn wir die oben berechneten Werthe einsetzen,

$$x = -\frac{F}{D + EM}.$$

Das zugehörige y ist, da der Punkt auf der Secante liegt, mittelst
der Gleichung

$$y = Mx$$

zu berechnen. Sobald man aus den beiden letzten Gleichungen M
eliminirt, findet sich für den geometrischen Ort der Punkte, in
welchen alle durch den Coordinatenanfang gehenden Secanten harmonisch getheilt werden, die Gleichung

4) $$Dx + Ey + F = 0,$$

d. i. die Gleichung einer geraden Linie. Hieraus folgt, dass sich zu
jedem in der Ebene eines Kegelschnittes gegebenen Punkte eine Gerade finden lässt, welche die Eigenschaft besitzt, in Verbindung mit
dem Kegelschnitte alle den Punkt enthaltenden Secanten harmonisch
zu theilen. Man hat einem solchen Punkte und der zugehörigen Geraden in ihrer Zusammengehörigkeit die Benennungen Pol und Polare gegeben; Nr. 4) ist die Gleichung der Polare für den Coordinatenanfang als Pol. Constructiv kann die Polare durch harmonische
Theilung zweier durch den Pol gehenden Secanten gefunden werden.

In der gefundenen Eigenschaft der Kegelschnitte liegt ein Mittel, zu fünf gegebenen Peripheriepunkten einen sechsten zu finden.
Legt man nämlich durch vier dieser Punkte zwei sich schneidende
Gerade, so lässt sich, wenn man den Durchschnittspunkt dieser beiden Geraden als Pol betrachtet, die zugehörige Polare mittelst der
in. § 8 unter II. gefundenen Resultate mit blosser Anwendung des
Lineals construiren. Wird dann durch den Pol eine Gerade nach
dem fünften Kegelschnittspunkte gezogen, so muss auch diese durch
die Polare und den Kegelschnitt harmonisch getheilt werden, wonach es leicht ist, den zweiten Durchschnittspunkt dieser Geraden
und des Kegelschnittes, also einen sechsten Punkt der Curve aus
fünf gegebenen zu ermitteln.

Ausser der angegebenen constructiven Verwendung folgen aus
der gegenseitigen Abhängigkeit eines Poles und der zugehörigen Polare noch einige bemerkenswerthe Eigenschaften, welche im Folgenden dargelegt werden sollen.

Wird ein ausserhalb des Kegelschnittes gelegener Punkt als
Pol angenommen, so gehen die Secanten bei fortgesetzter Drehung

um den Pol an zwei Stellen in Tangenten über. In den Berührungspunkten fallen dann zwei conjugirte harmonische Punkte zusammen,
folglich muss der in jedem andern Falle dazwischen gelegene dritte
harmonische Punkt auch damit zusammenfallen, und die Polare stellt
die dem Pole zugehörende Berührungssehne dar. Wir schliessen
hieraus, dass die auf Seite 74 und 75 in Fig. 24 und 25 für den
Kreis gegebenen Tangentenconstructionen für alle Linien zweiten
Grades Anwendung finden. Diese Bemerkungen werden bestätigt,
wenn wir die Gleichung der Polare eines beliebigen Punktes auf-
suchen und dieselbe mit den für die Berührungssehnen der einzelnen
Kegelschnitte gefundenen Gleichungen zusammenhalten.

Verlegen wir den Coordinatenanfang mit paralleler Verschiebung der Achsen in einen Punkt $x_1 y_1$, so ist, wenn die neuen veränderlichen Coordinaten mit ξ und η bezeichnet werden,

$$x = \xi + x_1, \qquad y = \eta + y_1$$

zu setzen, und wir erhalten aus Nr. 1):

$$
\begin{aligned}
& A\xi^2 + B\eta^2 + 2C\xi\eta \\
& + 2(Ax_1 + Cy_1 + D)\xi + 2(Cx_1 + By_1 + E)\eta \\
& + Ax_1^2 + By_1^2 + 2Cx_1 y_1 + 2Dx_1 + 2Ey_1 + F = 0.
\end{aligned}
$$

Hieraus lässt sich die Gleichung der Polare des Punktes $x_1 y_1$, welcher nach der Verschiebung Coordinatenanfang ist, in der Form der
Gleichung 4) aufstellen. Kehren wir dabei zugleich zum ursprünglichen Systeme zurück, indem wir wieder

$$\xi = x - x_1, \qquad \eta = y - y_1$$

setzen, so folgt, wenn wir noch das von ξ und η freie Glied in

$$(Ax_1 + Cy_1 + D)x_1 + (Cx_1 + By_1 + E)y_1 + Dx_1 + Ey_1 + F$$

zerlegen, nach gehöriger Hebung als Gleichung der Polare für
den Pol $x_1 y_1$:

5) $\qquad \left\{ \begin{aligned} & (Ax_1 + Cy_1 + D)x + (Cx_1 + By_1 + E)y \\ & \qquad + (Dx_1 + Ey_1 + F) = 0. \end{aligned} \right.$

Ist nun die Linie zweiten Grades eine Parabel, so geht, wenn durch
geeignete Transformation der Coordinaten ihre Gleichung in

$$y^2 = 2px$$

umgestaltet wird, Nr. 5) in

6) $\qquad y_1 y = p(x + x_1)$

über; für den Fall einer Ellipse oder Hyperbel folgt aus

$$\left(\frac{x}{a}\right)^2 \pm \left(\frac{y}{b}\right)^2 = 1$$

für die Polare:

7) $$\frac{x_1 x}{a^2} \pm \frac{y_1 y}{b^2} = 1.$$

Die Gleichungen 6) und 7) gehören bekanntlich der Tangente im Punkte $x_1 y_1$ oder seiner Berührungssehne an, je nachdem dieser Punkt auf der Peripherie oder ausserhalb der Fläche des Kegelschnittes gelegen ist; dieselben Bedeutungen hat daher auch 5) für die durch die allgemeine Gleichung 1) repräsentirte Linie zweiten Grades.

Es bleibt noch übrig, die Eigenschaften der Polare für den Fall ausfindig zu machen, wenn der Pol innerhalb der Kegelschnittsfläche gelegen ist. Man gelangt hierzu durch die folgende Betrachtung.

Die in Nr. 5) aufgestellte Gleichung aller dem Kegelschnitte 1) zugehörigen Polaren lässt sich mit geänderter Ordnung der Glieder in der Form

8) $$\begin{cases} (Ax + Cy + D)\,x_1 + (Cx + By + E)\,y_1 \\ \qquad + (Dx + Ey + F) = 0 \end{cases}$$

schreiben, welche sich von der Gleichung 5) nur dadurch unterscheidet, dass x und x_1, y und y_1 ihre Stellen gewechselt haben. Die hierin begründete zulässige Vertauschung der Coordinaten x_1 und y_1 mit x und y zeigt, da erstere dem Pole, die letzteren irgend einem Punkte der zugeordneten Polare angehören, dass, wenn man einen Punkt der Polare zum Pol macht, der ursprüngliche Pol auf der neuen Polare liegen muss. Beachtet man nun, dass in Nr. 5) die Werthe von x_1 und y_1 so gewählt werden können, dass die Coefficienten von x und y und das von x und y freie Glied in irgend einem gegebenen Verhältnisse stehen, wonach jede Gerade in der Ebene des Kegelschnittes zur Polare werden kann, so folgt hieraus der Satz: **Sämmtliche Polaren der Punkte einer Geraden schneiden sich in ein und demselben Punkte, nämlich im Pole jener Geraden.** Durch Umkehrung dieses Satzes ergiebt sich: **Die Pole aller Geraden, welche durch ein und denselben Punkt hindurchgehen, liegen in einer geraden Linie, nämlich in der Polare ihres Durchschnittspunktes.**

Wir haben oben gesehen, dass die Polare eines ausserhalb der Fläche eines Kegelschnittes gelegenen Punktes die zugehörige Berührungssehne darstellt. Legt man daher durch einen Punkt im Innern der Curve Sehnen, so bildet der Durchschnittspunkt jedes durch die Enden einer solchen Sehne gehenden Tangentenpaares den Pol dieser Geraden. Durch Verbindung dieser Bemerkung mit dem vorhergehenden Lehrsatze erhalten wir für die Polare eines Punktes innerhalb einer Linie zweiten Grades die Eigenschaft, dass sie den geometrischen Ort der Durchschnittspunkte aller derjenigen Tangentenpaare abgiebt, deren Berührungssehnen sich im zugehörigen Pole schneiden. Wählt man als Beispiel eines solchen Punktes einen Brennpunkt, so lässt sich aus einer der Gleichungen 2) oder 4) des § 13 leicht herleiten, dass die zugeordnete Directrix seine Polare darstellt. Werden daher von beliebigen Punkten der Directrix eines Kegelschnittes Tangenten an die Curve gelegt, so gehen die Berührungssehnen dieser Tangenten sämmtlich durch den zugehörigen Brennpunkt. Durch Umkehrung dieses Satzes lassen sich Punkte der einem Brennpunkte zugehörigen Directrix constructiv ermitteln.

§ 36.
Gleichung der Linien zweiten Grades in Polarcoordinaten.

Nachdem wir bei allen früheren über Linien zweiten Grades geführten Untersuchungen uns fast ausschliesslich der Parallelcoordinaten bedient haben, wollen wir zum Schlusse unserer Betrachtungen noch die Gleichung dieser Linien in Polarcoordinaten aufstellen. Wir wählen, um zu Resultaten von möglichst allgemeiner Geltung zu gelangen, einen ganz beliebigen Punkt in der Ebene einer Linie zweiten Grades zum Coordinatenanfang oder Pol (der hier nicht mit dem im vorigen Paragraphen angewendeten Begriffe desselben Namens verwechselt werden darf) und eine in beliebiger Richtung hindurch gelegte Gerade zur Achse der Polarcoordinaten, und verbinden hiermit ein rechtwinkliges Parallelcoordinatensystem, in welchem bei gleichem Anfangspunkte die positive Seite der x-Achse mit der Polarachse zusammenfällt. Von einer für letzteres System geltenden Gleichung gelangen wir bekanntlich zur Gleichung für Polarcoordinaten durch die Substitutionen:

$$x = r \cos \varphi, \qquad y = r \sin \varphi.$$

Werden diese Werthe in die vielbesprochene allgemeine Gleichung der Linien zweiten Grades eingesetzt, so ergiebt sich als allgemeinste Form der Gleichung dieser Linien in Polarcoordinaten:

1)
$$\begin{cases} (A\,cos^2\,\varphi + B\,sin^2\,\varphi + 2\,C\,sin\,\varphi\,cos\,\varphi)\,r^2 \\ \quad + 2\,(D\,cos\,\varphi + E\,sin\,\varphi)\,r + F = 0. \end{cases}$$

Einfachere Gleichungsformen sind durch geschickt gewählte Lage des Coordinatenanfanges und der Polarachse zu erzielen.

Wird in 1) auf r reducirt, so entsteht:

2)
$$r = -\frac{D\,cos\,\varphi + E\,sin\,\varphi + \Omega}{A\,cos^2\,\varphi + B\,sin^2\,\varphi + 2\,C\,sin\,\varphi\,cos\,\varphi},$$

wobei Ω als Abkürzung für die Quadratwurzel der Discriminante gebraucht, also

3) $\Omega = \sqrt{(D\,cos\,\varphi + E\,sin\,\varphi)^2 - (A\,cos^2\,\varphi + B\,sin^2\,\varphi + 2\,C\,sin\,\varphi\,cos\,\varphi)\,F}$
oder

4) $\Omega^2 = (D^2 - AF)\,cos^2\,\varphi + (E^2 - BF)\,sin^2\,\varphi + (DE - CF)\,sin\,2\,\varphi$

gesetzt ist. Soll die Gleichung 1) eine geometrische Deutung haben, so muss Ω reell, also Ω^2 positiv sein. Eine wesentliche Vereinfachung tritt hierbei ein, wenn die Bedingungen

5) .
$$\begin{cases} D^2 - AF = E^2 - BF \\ \quad DE - CF = 0 \end{cases}$$

Anwendung finden, weil dann die Wurzelgrösse Ω unabhängig von dem veränderlichen Winkel φ wird. Man erhält nämlich in diesem Falle aus Nr. 4):

6) $\Omega^2 = D^2 - AF = E^2 - BF,$

d. i. einen constanten Werth.

Zur Ermittelung der Lage, welche der Coordinatenanfang haben muss, damit diese Bedingungen erfüllt werden, kehren wir zum rechtwinkligen Systeme zurück. Wird in der für dieses Coordinatensystem geltenden allgemeinen Gleichung der Linie zweiten Grades mit F multiplicirt, so lässt sich das hierdurch entstehende Resultat

$$A F x^2 + B F y^2 + 2\,C F x y + 2\,D F x + 2\,E F y + F^2 = 0,$$

wenn man beiderseitig den Ausdruck

$$D^2 x^2 + E^2 y^2$$

addirt, auf die Form

$$D^2 x^2 + E^2 y^2 + 2\,C F x y + 2\,D F x + 2\,E F y + F^2$$
$$= (D^2 - AF)\,x^2 + (E^2 - BF)\,y^2$$

bringen, und hieraus wird bei Geltung der Bedingungen 5)

$$D^2 x^2 + E^2 y^2 + 2 D E x y + 2 D F x + 2 E F y + F^2$$
$$= (D^2 - A F)(x^2 + y^2)$$

oder nach einfacher Umgestaltung

7)
$$x^2 + y^2 = \frac{(D x + E y + F)^2}{\Omega^2}.$$

Diese Gleichungsform muss also der Linie zweiten Grades in rechtwinkligen Coordinaten angehören, wenn in der Gleichung für Polarcoordinaten die erzielte Vereinfachung eintreten soll.

Wird in 7) eine neue Constante ε eingeführt, welche an Ω
durch die Relation

$$\Omega^2 = \frac{D^2 + E^2}{\varepsilon^2}$$

gebunden ist, so geht diese Gleichung über in

$$x^2 + y^2 = \varepsilon^2 \left[\frac{(D x + E y + F)^2}{D^2 + E^2} \right],$$

und hieraus entsteht, wenn wir

$$x^2 + y^2 = r^2,$$
$$\frac{(D x + E y + F)^2}{D^2 + E^2} = z^2$$

setzen,

$$r^2 = \varepsilon^2 z^2,$$

oder in der ersten Potenz bei Voraussetzung positiver r und z

8)
$$r = \varepsilon z.$$

Aus § 6 Nr. 7) wird leicht hergeleitet, dass hierin z die Entfernung
des Curvenpunktes xy von einer Geraden ausdrückt, deren Gleichung

$$D x + E y + F = 0$$

lautet, d. i. mit Rücksicht auf Nr. 4) des vorhergehenden Paragraphen die Entfernung von der dem Coordinatenanfange zugehörigen Polare. Da nun r den Abstand desselben Punktes xy vom
Coordinatenanfange darstellt, so folgt aus Vergleichung von 8) mit
§ 13 Nr. 1), dass der Pol, für welchen die Polargleichung einer
Linie zweiten Grades die gewünschte einfachere Form erlangt, ein
Brennpunkt, seine Polare die zugeordnete Directrix sein muss.

Nehmen wir jetzt, um diese einfachere Form zur Anwendung
zu bringen, einen Brennpunkt als Coordinatenanfang, so kann die
zugehörige Gleichung in Polarcoordinaten aus 1) oder 2) hergeleitet
werden, indem man die in 5) aufgestellten Bedingungen darin ein-

führt, was im Wesentlichen darauf hinauskommt, die Gleichung 7) in Polarcoordinaten umzusetzen. Da wir jedoch bereits wissen, dass hier keine anderen Linien als Kegelschnitte in Frage kommen, so gelangen wir einfacher zum Ziele, wenn wir zur Gleichung 6) des § 13 zurückgehen, in welcher ein Brennpunkt den Coordinatenanfang und die hindurchgehende Achse des Kegelschnittes die x-Achse eines rechtwinkligen Coordinatensystems darstellte. Mittelst einfacher Umgestaltung gewinnt diese Gleichung die Form:

$$x^2 + y^2 = p^2 + 2 p \, \varepsilon x + \varepsilon^2 x^2,$$

wobei bekanntlich p den Halbparameter und ε die numerische Excentricität bedeutet. Man erhält hieraus:

$$r^2 = (p + \varepsilon x)^2,$$

und hieraus wieder, wenn man die Leitstrahlen solcher Punkte, welche von dem zunächst am Brennpunkte befindlichen Scheitel aus nach der Seite der positiven x hin gelegen sind, als positive Grössen in Rechnung zieht,

$$9) \qquad\qquad r = p + \varepsilon x *.$$

Denken wir uns nun durch den Brennpunkt als Anfangspunkt der Polarcoordinaten die Polarachse in beliebiger Richtung gelegt, so dass sie mit der jetzigen Achse der x einen in gleicher Drehrichtung mit dem Winkel φ gemessenen Winkel α einschliesst, so ist

$$x = r \cos (\varphi + \alpha)$$

zu setzen, wodurch die aus Coordinaten beiderlei Art gemischte Gleichung 9) in

$$r = p + \varepsilon r \cos (\varphi + \alpha)$$

übergeht. Wird hierin auf r reducirt, so ergiebt sich

$$10) \qquad\qquad r = \frac{p}{1 - \varepsilon \cos (\varphi + \alpha)}$$

als allgemeine Gleichung der Kegelschnitte für jedes Polarcoordinatensystem, dessen Anfangspunkt mit einem Brennpunkte zusammenfällt. Soll die Polarachse mit der die Brennpunkte enthaltenden Kegelschnittsachse identisch sein, so hat man, wenn die Polarwinkel von dem Radiusvector desjenigen Scheitels aus gezählt werden, wel-

---

* Dieselbe Gleichung kann, wenn wir sie mit Einführung des zwischen Brennpunkt und Directrix befindlichen Abstandes d in der Form

$$r = \varepsilon \, (d + x)$$

schreiben, auch unmittelbar aus § 13 Nr. 1) hergeleitet werden.

cher dem als Anfang gewählten Brennpunkte zunächst liegt, $\alpha = 180^0$ zu setzen; zählt man dagegen von der entgegengesetzten Richtung aus, so wird $\alpha = 0$. Im ersteren Falle erhält die Gleichung 10) die Gestalt:

11)
$$r = \frac{p}{1 + \varepsilon \cos \varphi},$$

im zweiten geht sie über in:

12)
$$r = \frac{p}{1 - \varepsilon \cos \varphi}.$$

Für den speciellen Fall der Parabel, wo $\varepsilon = 1$ ist, wird die erste Gleichung zu

13)
$$r = \frac{p}{2 \cos^2 \frac{\varphi}{2}},$$

die zweite erlangt die Form:

14)
$$r = \frac{p}{2 \sin^2 \frac{\varphi}{2}}.$$

Von den beiden letzten Gleichungen lässt besonders die erstere eine einfache geometrische Deutung zu, welche zur Construction von Parabelpunkten benutzt werden kann.

Sowie die analytische Untersuchung der für Parallelcoordinaten aufgestellten Gleichungen der Linien zweiten Grades zur Ermittelung geometrischer Eigenschaften dieser Linien angewendet wurde, so kann in ähnlicher Weise auch mit der Gleichung für Polarcoordinaten operirt werden. Wir beschränken uns in dieser Hinsicht auf folgende zwei Erörterungen, die sich am einfachsten an die Form der Gleichung 10) anschliessen.

I. Sind r und φ, r' und φ' die Coordinaten der Endpunkte einer Sehne, die durch den Brennpunkt hindurchgeht, welcher den Pol der Polarcoordinaten bildet, so ist, da r und r' nach entgegengesetzten Richtungen liegen,

$$\varphi' = \varphi + 180^0.$$

Aus 10) folgt dann:

$$\frac{1}{r} = \frac{1 - \varepsilon \cos (\varphi + \alpha)}{p}$$
$$\frac{1}{r'} = \frac{1 + \varepsilon \cos (\varphi + \alpha)}{p},$$

und hieraus wieder:

14*

$$\frac{\frac{1}{r} + \frac{1}{r'}}{2} = \frac{1}{p}.$$

Dies giebt den Satz: **Jede durch einen Brennpunkt eines Kegelschnittes gelegte Sehne wird in diesem Punkte so getheilt, dass das harmonische Mittel ihrer beiden Abschnitte constant, nämlich dem Halbparameter gleich ist.**

II. Beachten wir, dass die Gleichung 10) drei beständige Grössen α, ε und p enthält, so zeigt sich sofort, dass zur Bestimmung eines Kegelschnittes, sobald ein Brennpunkt bekannt ist, noch drei von einander unabhängige Bedingungen hinzutreten müssen. Angenommen nun, es seien drei Peripheriepunkte gegeben, so gilt für jeden dieser Punkte eine Gleichung, welche die Form von Nr. 10) besitzt, und, wie bereits oben angegeben wurde, in der Gestalt

$$r = p + \varepsilon r \, cos \, (\varphi + \alpha)$$

geschrieben werden kann. Hieraus folgt, wenn man $cos \, (\varphi + \alpha)$ entwickelt und die Abkürzungen

15) $\varepsilon \, cos \, \alpha = \beta, \qquad \varepsilon \, sin \, \alpha = - \gamma$

anwendet,

$$r = p + \beta r \, cos \, \varphi + \gamma r \, sin \, \varphi.$$

Nimmt man hierauf noch in der bekannten Weise ein rechtwinkliges System zu Hülfe, für welches die Beziehungen

$$r \, cos \, \varphi = x, \qquad r \, sin \, \varphi = y$$

gelten, so entsteht die Gleichung:

16) $$r = p + \beta x + \gamma y.$$

Durch jeden der gegebenen Punkte sind drei zusammengehörige Werthe von r, x und y bestimmt; mittelst dreier Punkte können also drei Gleichungen von der Form 16) aufgestellt werden, aus denen p, β und γ mit Benutzung der gewöhnlichen Eliminationsmethoden zu berechnen sind. Man erhält dabei eindeutige reelle Werthe, weil die zur Berechnung vorliegenden Gleichungen in Beziehung auf die Unbekannten dem ersten Grade angehören. Aus den Werthen von β und γ erlangt man endlich die in der Gleichung 10) enthaltenen beständigen Grössen ε und α mittelst der aus 15) folgenden Relationen:

17) $$\varepsilon^2 = \beta^2 + \gamma^2, \quad \tan \alpha = -\frac{\gamma}{\beta}.$$

Diese Werthe sind wieder unzweideutig bestimmt, weil ε seiner Bedeutung zufolge nur einen positiven Werth erhalten kann, der Quadrant aber, in welchem der Winkel α gelegen ist, aus den durch die Gleichungen 15) gegebenen Vorzeichen des Sinus und Cosinus dieses Winkels folgt.

Aus dem Vorhergehenden ergiebt sich der Satz: Durch drei Punkte kann nur ein Kegelschnitt gelegt werden, wenn einer seiner Brennpunkte bekannt ist. Dieser Satz ist besonders in der Astronomie für die Theorie der Planetenbewegung von Wichtigkeit.

Neuntes Capitel.
Linien höherer Grade.

§ 37.
Allgemeine Bemerkungen.

In gleicher Weise, wie im vorigen Capitel durch Discussion der allgemeinen Gleichung zweiten Grades zwischen zwei Veränderlichen die Formen der diesem Grade angehörigen Linien und ihre charakteristischen Eigenschaften ermittelt wurden, kann die Aufgabe gestellt werden, auch solche Linien, in denen die Coordinaten der einzelnen Punkte für ein beliebiges Coordinatensystem durch eine Gleichung dritten, vierten Grades u. s. f. an einander gebunden sind, einer ähnlichen Betrachtung zu unterwerfen. Es ist jedoch leicht zu übersehen, dass ein weiteres Fortschreiten auf diesem Wege zu völlig endlosen Untersuchungen hinführen muss*; bei der geringeren praktischen Wichtigkeit, welche ohnedies die Mehrzahl solcher Linien besitzt, werden wir uns daher darauf beschränken müssen, neben einigen allgemeinen Bemerkungen wenige Formen als Beispiele herauszugreifen. Zuvor haben wir einige Begriffsbestimmungen und Bezeichnungen vorauszuschicken, von denen im Folgenden mehrfach Anwendung gemacht werden wird.

---

* Euler unterscheidet sechszehn Geschlechter von Linien dritten Grades, welche eine Menge durch Form verschiedene Unterarten in sich begreifen, von denen Newton bereits zweiundsiebenzig aufgezählt hatte. Im vierten Grade sind nach Euler hundertundsechsundvierzig Geschlechter mit einer beträchtlich grösseren Menge von Arten enthalten. Neuere haben, von anderen Eintheilungsgründen ausgehend, andere Classificationen gefunden; immer aber ist man zu der Erkenntniss gelangt, dass in den höheren Graden die Zahl der möglichen Formen so beträchtlich wächst, dass man sich bald, abgesehen von der Unzulänglichkeit der mathematischen Hülfsmittel, genöthigt sieht, die Fortsetzung einer derartigen Untersuchung aufzugeben.

Sind zwei veränderliche Grössen x und y durch irgend eine Gleichung von einander abhängig gemacht, so dass zu jedem willkürlich angenommenen Werthe des x ein aus der Gleichung hervorgehender Werth von y gehört, so nennt man, abgesehen von der besonderen Form der Gleichung, y eine **Function** von x. Zur Bezeichnung der Functionen bedient man sich der Buchstaben F, f, φ, ψ und ähnlicher; Gleichungen von der Form

$$y = F(x), \quad y = f(x), \quad y = \varphi(x), \quad y = \psi(x)$$

sagen daher nichts weiter aus, als dass jedem willkürlichen Werthe des x ein von einer Gleichung abhängiger Werth von y entspricht. $F(x)$, $f(x)$ u. s. f. bedeuten hierbei beliebige nicht näher bestimmte Rechnungsausdrücke, in welchen die veränderliche Grösse x vorkommt. Jede Gleichung, wie

$$y = f(x),$$

kann, so lange den x reelle Werthe von y zugehören, welche die Eigenschaft besitzen, sich gleichzeitig mit x stetig zu ändern, in einer Ebene mittelst Parallelcoordinaten durch den stetigen Verlauf einer Linie dargestellt werden.

In ganz ähnlicher Weise bezeichnet man mit $F(x, y)$, $f(x, y)$ u. s. w. solche nicht näher bestimmte Ausdrücke, welche zwei veränderliche Grössen x und y enthalten und die wieder Functionen dieser Grössen genannt werden. Gleichungen von der Form

$$F(x, y) = 0, \qquad f(x, y) = 0$$

sind das allgemeine Symbol aller auf Null gebrachten unentwickelten Gleichungen zwischen den Variabeln x und y.

Enthalten die Functionen $f(x)$ oder $F(x, y)$ in Beziehung auf ihre veränderlichen Grössen keine anderen Operationen, als die des Addirens, Subtrahirens, Multiplicirens, Dividirens und Potenzirens mit constanten Exponenten, worin auch das Wurzelausziehen mit begriffen ist, so heissen sie **algebraische Functionen**. Die Gleichung

1) $$F(x, y) = 0 \qquad .$$

stellt dann eine **algebraische Gleichung** dar und eine dadurch repräsentirte krumme Linie wird durch Uebertragung des Namens eine **algebraische Curve** genannt. Durch bekannte Hülfsmittel der Algebra kann jede algebraische Gleichung zwischen x und y so umgeformt werden, dass ihr auf Null gebrachter Ausdruck eine Summe von Gliedern von der Form

$$Cx^p y^q$$

enthält, wobei C einen beliebigen beständigen Coefficienten bedeutet, die constanten Exponenten p und q dagegen positive ganze
Zahlen, Null mit eingeschlossen, ausdrücken. Ist diese Umgestaltung eingetreten, so heisst die linke Seite der Gleichung 1) e i n e
ganze rationale Function von x und y: die Summe $p + q$ giebt
die Dimension an, welcher das Glied $Cx^p y^q$ angehört, und die
höchste in der Gleichung vorkommende Dimension bestimmt bekanntlich den Grad der Gleichung.

Was nun die Linien höherer Grade betrifft, so wurde bereits
auf S. 41 bemerkt, dass unter einer Linie n^{ten} Grades eine solche zu
verstehen sei, deren für Parallelcoordinaten aufgestellte Gleichung
diesem Grade angehört. Die allgemeine Form dieser Gleichung lässt
eine doppelte Anordnung zu, je nachdem man diejenigen Glieder zusammenfasst, welche dieselbe Potenz einer Veränderlichen, z. B.
der Abscisse x, enthalten, oder die Glieder gleicher Dimensionen
combinirt. Im ersten Falle hat man

2)
$$
\begin{cases}
A x^n + (A_1 y + B) x^{n-1} + (A_2 y^2 + B_1 y + C) x^{n-2} \\
+ \quad . \quad . \quad . \quad . \quad . \quad . \quad . \quad . \\
+ (A_{n-1} y^{n-1} + B_{n-2} y^{n-2} + \ldots + L_1 y + M) x \\
+ (A_n y^n + B_{n-1} y^{n-1} + \ldots + M_1 y + N) = 0,
\end{cases}
$$

im andern besitzt die Gleichung die Form:

3)
$$
\begin{cases}
A x^n + A_1 x^{n-1} y + A_2 x^{n-2} y^2 + \ldots + A_{n-1} x y^{n-1} + A_n y^n \\
+ B x^{n-1} + B_1 x^{n-2} y + \ldots + B_{n-2} x y^{n-2} + B_{n-1} y^{n-1} \\
+ \quad . \quad . \quad . \quad . \quad . \quad . \quad . \\
+ (L x^2 + L_1 x y + L_2 y^2) + (M x + M_1 y) + N = 0.
\end{cases}
$$

Beliebig viele der Coefficienten A, B, C u. s. f. können hierin gleich
Null sein, nur selbstverständlich nicht gleichzeitig alle diejenigen,
welche der höchsten Dimension angehören.

Sollen unter diesen Linien nicht immer wieder alle diejenigen
auftreten, welche bereits in niederern Graden vorkommen, wie wir
z. B. unter den Linien zweiten Grades geradlinige Gebilde aufge-
funden haben, so müssen wir bei der geometrischen Deutung
algebraischer Gleichungen aus jedem Grade diejenigen ausscheiden,
welche sich in ganze rationale Factoren niederer Grade zerlegen
lassen. Sobald nämlich

4) $$\varphi(x, y) = 0, \qquad \psi(x, y) = 0$$

die Gleichungen zweier Linien darstellen, so geschieht der durch Multiplication dieser beiden Ausdrücke entstehenden Gleichung

$$5) \qquad \varphi\,(x,\,y)\,.\,\psi\,(x,\,y) = 0$$

durch die Coordinaten eines jeden Punktes Genüge, welcher auf einer von jenen beiden Linien gelegen ist, indem dann allemal ein Factor von 5) zu Null wird, während der andere Factor, wenn es sich um ganze rationale Functionen handelt, bei endlich bleibenden x nicht unendlich werden kann. Die letzte Gleichung stellt also beide in Nr. 4) enthaltenen Linien gleichzeitig dar. Sind nun $\varphi\,(x,\,y)$ und $\psi\,(x,\,y)$ zwei algebraische Functionen des p^{ten} und q^{ten} Grades, so giebt Nr. 5) eine algebraische Gleichung des $(p + q)^{\mathrm{ten}}$ Grades, in welcher jedoch nur ein System zweier Linien niederer Grade enthalten ist. So drückt z. B. unter Voraussetzung eines rechtwinkligen Coordinatensystems die dem dritten Grade angehörende Gleichung

$$x^3 - y^3 - x^2 y + x y^2 - k^2 x + k^2 y = 0$$

einen Kreis und eine Gerade aus, weil sie in

$$(x^2 + y^2 - k^2)\,(x - y) = 0$$

zerlegt werden kann; die Gleichung

$$x^3 + x y^2 - 2\,a\,y^2 = 0$$

dagegen, bei welcher keine solche Zerlegung möglich ist, repräsentirt eine eigentliche Linie dritten Grades. — Bei Anwendung der erwähnten Ausschliessung fallen also z. B. alle dem ersten Grade angehörenden geradlinigen Gebilde aus; es bleiben daher nur krumme Linien für die höheren Grade übrig, wenn wir noch von allen solchen Gleichungen absehen, die entweder nur einzelne Punkte darstellen oder gar keine geometrische Bedeutung haben*.

Beschränken wir uns nach dem Vorhergehenden auf die Curven höherer Grade, so lässt sich rücksichtlich ihrer der allgemeine Satz aufstellen, dass jede Linie n^{ten} Grades von einer Geraden in nicht mehr als n Punkten geschnitten werden kann. Um diesen Satz zu beweisen, können wir uns zuvor das Coordinatensystem so verlegt denken, dass die zu untersuchende Gerade zur

---

* Der erste dieser beiden Fälle findet statt, sobald die Gleichung nur für einige bestimmte Werthe von x reelle Werthe von y giebt; der andere, wenn kein reeller Werth von x reelle Werthe von y zulässt. Beispiele hierfür haben wir bereits beim zweiten Grade kennen gelernt.

Abscissenachse wird. Der Allgemeinheit der Untersuchung geschieht hierdurch kein Eintrag, weil bei der Transformation der Coordinaten der Grad der Gleichung ungeändert bleibt. Setzen wir nun für die gemeinschaftlichen Punkte mit Rücksicht auf die Gleichung der x-Achse in der allgemeinen Gleichung 2) oder 3) $y = 0$, so bleibt:

6) $A x^n + B x^{n-1} + C x^{n-2} + \ldots + M x + N = 0.$

Dieser Bedingung kann auf doppelte Weise genügt werden, entweder durch jedes mögliche x, wenn alle Coefficienten A, B, C, $\ldots N$ einzeln gleich Null sind, oder ausserdem nur durch solche x, welche sich als Wurzeln von Nr. 6) bewähren. Im ersten Falle besitzen alle von Null verschiedenen Glieder der allgemeinen Gleichung 2) den Factor y; die Gleichung selbst zerfällt also in zwei Factoren, von denen einer dem nächst niederen Grade angehört, der andere die Gleichung der Abscissenachse $y = 0$ darstellt. Es kann also in diesem Falle von einer eigentlichen Linie n^{ten} Grades nicht die Rede sein. Bleiben daher für eine solche Curve die x der gesuchten Durchschnittspunkte lediglich als Wurzeln der Gleichung 6) zu bestimmen, so sind nach der Form dieser Gleichung höchstens n von einander verschiedene reelle Werthe von x möglich; es kann also auch nicht eine grössere Zahl von Durchschnittspunkten vorhanden sein. Kleiner kann die Anzahl dieser Punkte sein, wenn einige Coefficienten der Anfangsglieder in 6) gleich Null sind oder wenn diese Gleichung gleiche oder imaginäre Wurzeln enthält.

Durch Anwendung der Theorie der algebraischen Gleichungen höherer Grade mit zwei Unbekannten wird der vorhergehende Satz dahin erweitert, dass eine Linie m^{ten} Grades und eine Linie n^{ten} Grades höchstens $m\,n$ Punkte gemein haben.

Wir wenden uns nach diesen Vorbemerkungen zur Betrachtung einiger besonderer Linien höherer Grade.

§ 38.

Parabolische Curven.

Zu besonders einfachen Linien höherer Grade gehören diejenigen, deren entwickelte Gleichung eine der beiden veränderlichen Coordinaten nur in der ersten Potenz enthält, für welche also z. B. die Ordinate eine ganze rationale Function der Abscisse bildet. Die Gleichung muss dann die Form

1)　　$y = A_0 + A_1 x + A_2 x^2 + A_3 x^3 + \ldots + A_n x^n$

besitzen, oder durch Transformation der Coordinaten auf diese Form gebracht werden können. Linien dieser Art werden parabolische Curven genannt; Nr. 1) ist die allgemeine Gleichung einer parabolischen Curve n^{ten} Grades, wobei natürlich vorausgesetzt wird, dass A_n einen von Null verschiedenen Werth besitzt. Was die Gestalt solcher Linien betrifft, so kann sie je nach dem Grade der Gleichung und der Grösse der Coefficienten mannichfach wechseln; immer aber bleibt das Merkmal gemeinschaftlich, dass die Linie aus einem zu beiden Seiten der y-Achse sich ins Unendliche erstreckenden zusammenhängenden Zuge besteht, weil aus Nr. 1) zu jedem beliebigen x ein zugehöriges reelles, sich gleichzeitig mit x stetig änderndes y berechnet werden kann. Da die Gleichung hierbei jedesmal einen einzigen Werth von y giebt, so folgt, dass jede Parallele zur y-Achse die parabolische Curve nur in einem Punkte schneidet.

Besonders wichtig für die praktische Verwendung der parabolischen Curven ist die Aufgabe, eine Linie dieser Art durch gegebene Peripheriepunkte zu bestimmen. Was zunächst die Zahl der hierzu nöthigen Punkte betrifft, so lässt sich leicht übersehen, dass $(n + 1)$ Punkte gegeben sein müssen, sobald für die Gleichungsform 1) die Lage der Coordinatenachsen bestimmt ist und die Curve dem n^{ten} Grade angehört. Da nämlich unter diesen Bedingungen ihre Gleichung die $(n + 1)$ Constanten A_0, A_1, A_2, $\ldots A_n$ enthält, so muss zur Ermittelung dieser beständigen Grössen eine gleiche Anzahl von Bedingungsgleichungen vorhanden sein. Aus den Coordinaten eines jeden gegebenen Punktes folgt aber eine Bedingungsgleichung von der Form 1). Durch Anwendung der gewöhnlichen Eliminationsmethoden findet sich dann für jede der Unbekannten ein eindeutiger reeller Werth, weil die obige Gleichung in Beziehung auf ihre Coefficienten dem ersten Grade angehört. Es ist hierbei nicht ausgeschlossen, dass die Coefficienten der höchsten Potenzen auch den Werth Null erhalten können. Dann ist die entstehende Gleichung von einem niederern Grade und es ist überhaupt nicht möglich, durch die gegebenen Punkte eine parabolische Curve n^{ten} Grades zu legen. So wird man z. B. stets auf eine Gleichung vom ersten Grade stossen, wenn die gegebenen Punkte sämmtlich einer Geraden angehören.

Soll nun bei vorausbestimmter Lage der Coordinatenachsen eine parabolische Curve durch n Punkte $x_1 y_1$, $x_2 y_2$, $x_3 y_3$, $\ldots x_n y_n$

gelegt werden, so kann nach dem Vorhergehenden ihre Gleichung
den Grad $n-1$ nicht übersteigen. Es lässt sich daher im Voraus
die allgemeine Form

$$2) \qquad y = A_0 + A_1 x + A_2 x^2 + \ldots + A_{n-1} x^{n-1}$$

festsetzen, wofür dann mittelst der Coordinaten der gegebenen
Punkte in der oben angeführten Weise die Coefficienten berechnet
werden können. Da jedoch eine solche Rechnung nicht immer frei
von Weitläufigkeiten ist, so erscheint es zweckmässig, ein für allemal eine Formel von allgemeiner Geltung für dergleichen Fälle festzustellen. Man gelangt zu einer solchen durch die folgende Betrachtung.

Da aus den gegebenen Punkten nur e i n e Gleichung von der
Form 2) folgen kann, so muss eine auf irgend einem Wege erhaltene Gleichung dieser Art das gewünschte Resultat liefern, wenn sie
den Coordinaten aller n Punkte Genüge leistet. Setzen wir nun

$$3) \qquad y = X_1 y_1 + X_2 y_2 + X_3 y_3 + \ldots + X_n y_n,$$

worin X_1, X_2, X_3, $\ldots X_n$ vorläufig noch unbestimmte Functionen
von x bezeichnen, so kommt die rechte Seite dieser Gleichung in
ihrer Form mit der rechten Seite von 2) in Uebereinstimmung, wenn
jeder der Coefficienten X_1, X_2 u. s. f. eine ganze rationale Function
von x vom Grade $n-1$ darstellt, oder die Form

$$\alpha_0 + \alpha_1 x + \alpha_2 x^2 + \ldots + \alpha_{n-1} x^{n-1}$$

besitzt. Durch Addition derjenigen Glieder, welche gleiche Potenzen von x enthalten, entsteht nämlich in diesem Falle eine Gleichung, deren Gestalt vollständig mit Nr. 2) übereinstimmt. Soll nun
diese Gleichung den Coordinaten eines beliebigen Punktes $x_r y_r$ entsprechen, so muss in 3) für $x = x_r$ auch $y = y_r$ werden, welche Bedingung erfüllt wird, wenn hierbei die Functionen X_1, X_2, $\ldots$
X_{r-1}, X_{r+1}, $\ldots X_n$ in Null übergehen, während $X_r = 1$ wird.
Der gestellten Aufgabe wird daher genügt, wenn der beliebige
Coefficient X_r die Eigenschaft besitzt, zu Null zu werden, sobald x
einen der Werthe x_1, x_2, $\ldots x_{r-1}$, x_{r+1}, $\ldots x_n$ erlangt, dagegen für $x = x_r$ in Eins übergeht.

Wird mit Einführung einer vorläufig noch unbestimmt bleibenden beständigen Grösse k

$$X_r = k(x - x_1)(x - x_2) \ldots (x - x_{r-1})(x - x_{r+1}) \ldots (x - x_n)$$

gesetzt, so ist den beiden Bedingungen Genüge geleistet, dass X_r

eine ganze rationale Function von x vom Grade $n-1$ darstellt und sich in Null verwandelt, sobald man darin das x eines der gegebenen Punkte, mit Ausnahme von x_r, substituirt. Es erübrigt noch, den Factor k so zu bestimmen, dass $X_r = 1$ wird, wenn man $x = x_r$ werden lässt. Hieraus folgt:

$$1 = k\,(x_r - x_1)\,(x_r - x_2)\ldots(x_r - x_{r-1})\,(x_r - x_{r+1})\ldots(x_r - x_n),$$

und wenn man mit dieser Gleichung in die vorhergehende dividirt, so entsteht die Formel:

$$X_r = \frac{(x - x_1)\,(x - x_2)\ldots(x - x_{r-1})\,(x - x_{r+1})\ldots(x - x_n)}{(x_r - x_1)\,(x_r - x_2)\ldots(x_r - x_{r-1})\,(x_r - x_{r+1})\ldots(x_r - x_n)},$$

wodurch der Werth eines der gesuchten Coefficienten bestimmt ist. Drückt man in gleicher Weise auch die übrigen Coefficienten aus, indem man der Reihe nach $r = 1, 2, 3, \ldots n$ setzt, so geht die Gleichung 3) über in:

$$
4)\quad
\begin{cases}
y = \dfrac{(x - x_2)\,(x - x_3)\,(x - x_4)\ldots(x - x_n)}{(x_1 - x_2)(x_1 - x_3)(x_1 - x_4)\ldots(x_1 - x_n)}\cdot y_1\\[2mm]
+ \dfrac{(x - x_1)\,(x - x_3)\,(x - x_4)\ldots(x - x_n)}{(x_2 - x_1)(x_2 - x_3)(x_2 - x_4)\ldots(x_2 - x_n)}\cdot y_2\\[2mm]
+ \dfrac{(x - x_1)\,(x - x_2)\,(x - x_4)\ldots(x - x_n)}{(x_3 - x_1)(x_3 - x_2)(x_3 - x_4)\ldots(x_3 - x_n)}\cdot y_3\\[2mm]
+ \quad\cdot\quad\cdot\quad\cdot\quad\cdot\quad\cdot\\[2mm]
+ \dfrac{(x - x_1)\,(x - x_2)\,(x - x_3)\ldots(x - x_{n-1})}{(x_n - x_1)(x_n - x_2)(x_n - x_3)\ldots(x_n - x_{n-1})}\cdot y_n.
\end{cases}
$$

Durch Ausführung der Multiplicationen kann in jedem speciellen Falle diese Gleichung auf die Form von Nr. 2) zurückgeführt werden. Soll z. B. die Gleichung einer parabolischen Curve zweiten Grades* gesucht werden, in welcher zu den Abscissen $x_1 = -1$, $x_2 = +1$, $x_3 = +2$ der Reihe nach die Ordinaten $y_1 = +6$, $y_2 = +2$, $y_3 = +3$ gehören, so folgt aus 4):

---

* Die parabolische Curve zweiten Grades ist eine Parabel, deren Achse parallel zur y-Achse läuft und für welche die x-Achse mit der Tangente des in der y-Achse gelegenen Peripheriepunktes gleiche Richtung hat. Man bemerkt dies, wenn man die Gleichung

$$y = A_0 + A_1 x + A_2 x^2$$

auf die Form

$$y - A_0 + \frac{A_1{}^2}{4 A_2} = A_2\left(x + \frac{A_1}{2 A_2}\right)^2$$

$$y = \frac{(x-1)(x-2)}{(-1-1)(-1-2)} \cdot 6 + \frac{(x+1)(x-2)}{(1+1)(1-2)} \cdot 2 + \frac{(x+1)(x-1)}{(2+1)(2-1)} \cdot 3,$$

und hieraus findet sich nach gehöriger Reduction:

$$y = x^2 - 2x + 3.$$

Die Formel 4) ist insofern von besonderer Wichtigkeit, als sie, abgesehen von ihrer Bedeutung für die Theorie der parabolischen Curven, die Lösung der algebraischen Aufgabe enthält, eine ganze rationale Function von x zu finden, deren Werthe für n bestimmte Grössen von x bekannt sind. Sie führt bei Anwendung zu diesem Zwecke den Namen der Interpolationsformel von Lagrange.

§ 39.
Die Parabelevolute.

Nachdem wir im vorhergehenden Paragraphen eine ganze Gruppe von Linien höherer Grade betrachtet haben, gehen wir jetzt dazu über, die Gleichungen einiger besonderen häufiger vorkommenden Curven aus gegebenen Entstehungsgesetzen zu entwickeln. Es sollen dabei solche Beispiele betrachtet werden, welche sich in einfacher Weise an die Theorie der Linien zweiten Grades anschliessen.

Der geometrische Ort aller Krümmungsmittelpunkte einer gegebenen Curve wird die Evolute dieser Linie genannt; die ursprüngliche Curve selbst führt in ihrer Beziehung zur Evolute den Namen Evolvente. Was im Allgemeinen den Weg betrifft, auf welchem die Gleichung einer Evolute gefunden werden kann, so müssen zuvor die Coordinaten des Krümmungsmittelpunktes xy als Functionen des zugehörigen Punktes $x_1 y_1$ der Evolvente gegeben sein. Man hat in diesem Falle zwei Gleichungen von der Form

$$x = \varphi(x_1, y_1), \quad y = \psi(x_1, y_1).$$

bringt. Setzt man nachher mit Verschiebung des Coordinatenanfanges und Vertauschung der Achsen

$$x + \frac{A_1}{2A_2} = \eta, \quad y - A_0 + \frac{A_1{}^2}{4A_2} = \xi,$$

so entsteht:

$$\eta^2 = \frac{\xi}{A_2},$$

d. i. eine Gleichung von der in § 17 Nr. 6) besprochenen Form.

Wird hierzu die Bedingung gefügt, dass der Punkt $x_1 y_1$ auf der Evolvente liegen soll, deren Gleichung

$$F(x_1, y_1) = 0$$

sein mag, so liegen drei Gleichungen vor, aus denen die Coordinaten des besonderen Curvenpunktes $x_1 y_1$ zu eliminiren sind. Es bleibt dann eine Gleichung zwischen x und y übrig, die sich, unabhängig von der Lage des Punktes $x_1 y_1$, auf alle Krümmungsmittelpunkte der gegebenen Curve bezieht; dieselbe ist also die Gleichung der gesuchten Evolute. — Zur Anwendung dieser Theorie stellen wir uns die Aufgabe, die Gleichung und aus dieser die Gestalt der Parabelevolute zu ermitteln.

Wird die Achse der Parabel zur x-Achse und ihre Scheiteltangente zur y-Achse genommen, so gelten nach § 18 Nr. 9) und 10) für die Coordinaten des Krümmungsmittelpunktes die Gleichungen:

$$x = p + 3x_1, \qquad y = -\frac{y_1^3}{p^2},$$

wobei der Punkt $x_1 y_1$ als Parabelpunkt noch der Gleichung

$$y_1^2 = 2p x_1$$

zu genügen hat. Berechnet man aus den beiden ersten Gleichungen x_1 und y_1, und substituirt diese Werthe in der letzten Gleichung, so entsteht:

$$\left(\sqrt[3]{-p^2 y}\right)^2 = 2p\left(\frac{x-p}{3}\right),$$

und hieraus nach gehöriger Reduction:

1) $$y^2 = \frac{4}{27}\frac{(x-p)^3}{p}.$$

Die Parabelevolute ist hiernach eine Linie dritten Grades. Was ihre Gestalt betrifft, so folgt aus dem Umstande, dass in der Gleichung 1) die Ordinate nur in der zweiten Potenz vorkommt, die Symmetrie der Curve in Beziehung auf die Parabelachse. Dabei wird y für $x < p$ imaginär, für $x = p$ ist $y = 0$, für $x > p$ dagegen besitzt y immer zwei reelle Werthe, deren absolute Grösse gleichzeitig mit x ins Unendliche wächst. Einfacher noch als aus Nr. 1) lassen sich die Eigenschaften unserer Curve übersehen, wenn man durch parallele Verschiebung der y-Achse den Coordinatenanfang in den der x-Achse angehörenden Peripheriepunkt verlegt, welcher $x = p$ und

$y = 0$ zu Coordinaten hat[*]. Bezeichnet man die neuen Coordinaten mit x' und y', so ist nach § 2 Nr. 1) und 2)

$$x = x' + p, \qquad y = y'$$

zu setzen. Wird nun ausserdem noch die Abkürzung

2) $$k = \tfrac{27}{8} \, p$$

eingeführt, so geht die Gleichung der Evolute in

3) $$k y'^2 = x'^3$$

über. Diese Form der Gleichung zeigt sofort, dass von $x' = 0$ an die absoluten Werthe von y' gleichzeitig mit den x', aber in einem

Fig. 53.

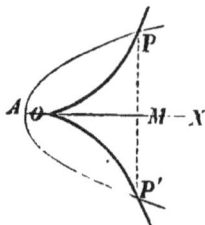

stärkeren Verhältnisse als diese wachsen. Die Evolute erhält hierdurch die Gestalt der Curve POP' (Fig. 53), für welche PAP' die zugehörige Parabel darstellt. Da in letzterer, im Gegensatze zu ihrer Evolute, die Ordinaten langsamer als die Abscissen wachsen, so schneiden sich die beiden Linien zu beiden Seiten der x-Achse in zwei Punkten P und P'. Für diese Punkte gelten die Gleichungen beider Curven, also, wenn wir zu den auf den Coordinatenanfang A bezogenen Gleichungen zurückkehren,

$$y^2 = 2px, \qquad y^2 = \tfrac{8}{27} \frac{(x-p)^3}{p},$$

woraus für die x gemeinschaftlicher Punkte die Gleichung

$$(x - p)^3 = \tfrac{27}{4} \, p^2 x$$

hervorgeht. Diese Gleichung hat zwar lauter reelle Wurzeln, nämlich

$$x_1 = 4p, \qquad x_2 = x_3 = -\tfrac{1}{2} p;$$

die beiden letzten sind aber in unserem Falle deshalb unzulässig, weil zu ihnen in beiden Curven imaginäre y gehören. Es bleibt daher nur $AM = 4p = 4AO$.

Soll die Parabelevolute unabhängig von ihrer Evolvente dargestellt werden, so eignet sich hierzu am besten die Einführung von Polarcoordinaten. Nehmen wir nämlich O zum Pol und OX zur Polarachse, so folgt aus Nr. 3)

---

[*] Es ist dies der Krümmungsmittelpunkt für den Scheitel der Parabel.

4) $k\, r^2\, sin^2\, \varphi = r^3\, cos^3\, \varphi$

und hieraus

5) $r = k\, tan^2\, \varphi\, sec\, \varphi$,

wonach die Leitstrahlen der einzelnen Punkte leicht construirt werden können.*

Mit Rücksicht auf die Form der Gleichung 3) kann die Parabelevolute einer Classe von Linien höherer Grade untergeordnet werden, in welcher man alle diejenigen Curven zusammenfasst, deren
Gleichung auf die Form $y^m = p\, x^n$ gebracht werden kann. Man
nennt solche Linien Parabeln höherer Art, und die jetzt untersuchte Curve insbesondere Neilische** oder semicubische Parabel.

Es bleibt dem Leser überlassen, auf demselben Wege wie für
die Parabel auch die Gleichungen der Evoluten für Ellipse und Hyperbel aufzusuchen und dieselben mit der Gestalt der Curven, welche
leicht auf constructivem Wege durch Darstellung von Krümmungs-
mittelpunkten gefunden werden kann, in Vergleichung zu bringen.

§ 40.

Fusspunktcurven.

Wenn man von einem festen Punkte aus auf die Tangenten
einer gegebenen Curve Senkrechte errichtet, also diesen Punkt auf
die Tangenten projicirt, so liegen die Projectionen oder die Fusspunkte der gefällten Perpendikel auf einer neuen Linie, der man den
Namen Fusspunktcurve giebt. Der aus dem Mittelpunkte der
Ellipse mit einem der grossen Halbachse gleichen Radius beschrie-

---

* Man darf nicht übersehen, dass beim Uebergange von der Gleichung 4) zu 5) strenggenommen zwei in der Gleichung $r^2 = 0$ enthaltene
Wurzeln in Wegfall gekommen sind. Es zeigt sich dies, wenn man
Nr. 4) in der Form
$$r^2\, (r\, cos^3\, \varphi - k\, sin^2\, \varphi) = 0$$
schreibt, wovon in der Gleichung 5) nur der zweite Factor übrig geblieben ist. Jede durch O gehende Gerade hat daher strenggenommen
drei Punkte mit der Curve gemein, von denen zwei in O zusammenfallen.
** Nach einem englischen Mathematiker, Namens William Neil.
— Die den Kegelschnitten angehörende Parabel zweiten Grades erhält,
wo Verwechselung vermieden werden soll, den Namen: gemeine oder
Apollonische Parabel.

bene Kreis und der Hauptkreis der Hyperbel, die für die Parabel in
die geradlinige Scheiteltangente übergehen, sind Beispiele solcher
Fusspunktlinien für die in einer Linie zweiten Grades aus einem
Brennpunkte gefällten Perpendikel. Wir wollen zu diesen bereits
bekannten Beispielen noch ein Paar neue auf die Linien zweiten
Grades bezügliche hinzufügen

Was im Allgemeinen die Methode betrifft, mittelst welcher die
Gleichung einer Fusspunktcurve gewonnen wird, so ist sie ganz
ähnlich der bei Aufsuchung der Evolutengleichung angewendeten.
Die Gleichungen der Tangente im Curvenpunkte $x_1 y_1$ und der vom
festen Punkte darauf gefällten Senkrechten bilden für den Fusspunkt
xy zwei Gleichungen, welche mit der für x_1 und y_1 geltenden Curvengleichung zu verbinden sind, um nach Elimination von x_1 und y_1
eine nur noch x und y enthaltende, auf sämmtliche Fusspunkte bezügliche Gleichung übrig zu lassen. Dieselbe ist die Gleichung der
gesuchten Fusspunktcurve.

I. Die gegebene Curve sei eine Parabel, aus deren Scheitel
die Senkrechten gefällt werden.

Wählen wir wieder die Achse der Parabel und ihre Scheiteltangente zur x- und y-Achse eines rechtwinkligen Coordinatensystems, so lautet nach § 16 Nr. 11) die Gleichung der Tangente
im Parabelpunkte $x_1 y_1$:

$$y_1 y = p (x + x_1),$$

und für die aus dem Scheitel darauf gefällte Senkrechte ergiebt sich
nach Nr. 6) in § 6:

$$y = -\frac{y_1}{p} x.$$

Aus diesen beiden Gleichungen folgt:

$$y_1 = -\frac{py}{x}, \quad x_1 = -\frac{x^2 + y^2}{x}.$$

Werden diese Werthe in die Parabelgleichung

$$y_1{}^2 = 2p x_1$$

eingesetzt, so erhält man bei einfacher Umgestaltung die für alle
Fusspunkte geltende Gleichung:

1) $$p y^2 = -2x (x^2 + y^2).$$

Die gesuchte Curve ist hiernach eine Linie dritten Grades, welche
eine zur x-Achse symmetrische Form besitzt; dabei liegt sie voll-

ständig auf der Seite der negativen x. Mit Rücksicht auf die letzte Eigenschaft ist es bequemer, wenn beide Seiten der x-Achse so unter sich vertauscht werden, dass die positiven x auf dieselbe Seite der y-Achse zu liegen kommen, auf welcher sich die Curve befindet. Dabei geht x in $-x$ über. Wenn wir ausserdem noch die Constante

2) $$f = \frac{p}{2},$$

d. i. nach § 14 Nr. 1) den Abstand des Parabelscheitels vom Brennpunkte oder von der Directrix einführen, so verwandelt sich die Gleichung 1) in

3) $$fy^2 = x(x^2 + y^2),$$

und hieraus ergiebt sich, wenn auf y reducirt wird,

4) $$y^2 = \frac{x^3}{f-x}.$$

Man sieht aus diesem Ausdrucke, dass y nur so lange reelle Werthe erhält, als x zwischen den Grenzen 0 und f enthalten ist; die Curve liegt also gänzlich innerhalb des von der Scheiteltangente und der Directrix der Parabel begrenzten Flächenstreifens. Innerhalb dieses Raumes wachsen die y von 0 bis ∞.

Die Grösse $f - x$ in Nr. 4) stellt den Abstand eines Curvenpunktes von der Directrix dar. Wird auf diesen Ausdruck reducirt, so folgt

$$f - x = \frac{x^3}{y^2},$$

ein Werth, welcher der Null beliebig nahe gebracht werden kann, da x die Grenze f nicht überschreitet, während y ins Unendliche wächst. Die Directrix ist hiernach Asymptote der Curve.

Gehen wir mittelst der Substitutionen

$$y = r \sin \varphi, \quad x = r \cos \varphi, \quad x^2 + y^2 = r^2$$

von Nr. 3) zu Polarcoordinaten über, so entsteht die Polargleichung

5) $$r = f \sin \varphi \tan \varphi ^*,$$

welche zu einer höchst einfachen Construction der in Rede stehenden Curve hinführt. Wird nämlich in Fig. 54, wo O den Parabelscheitel

---

* Hierbei sind ebenso wie in der Polargleichung der Neilischen Parabel zwei aus der Gleichung $r^2 = 0$ hervorgehende Wurzeln abgeworfen worden.

und DN die Directrix darstellt, über dem Durchmesser $OA = f$ ein Kreis gezogen, so ist, wenn $\angle AOP = \varphi$ gesetzt wird,

Fig. 54.

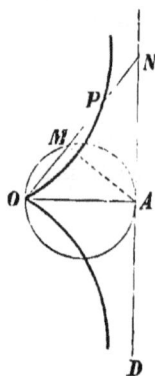

$$AM = f \sin \varphi,$$

folglich, da $\angle MAN = \angle AOP$,

$$MN = AM \tan \varphi = f \sin \varphi \tan \varphi,$$

und hiernach mit Rücksicht auf Nr. 5), wenn P einen Curvenpunkt darstellt, $MN = OP$, also auch $PN = OM$. Man wird leicht bemerken, wie mit Benutzung dieser Eigenschaft beliebig viele Punkte der Curve gewonnen werden können.

Die durch die Gleichungen 1), 3), 4) und 5) repräsentirte Linie führt den Namen Cissoide.

II. Soll die Fusspunktcurve der Ellipse für die aus dem Mittelpunkte gefällten Perpendikel gesucht werden, so gelten für den Fusspunkt xy und den zugehörigen Ellipsenpunkt $x_1 y_1$ (vgl. § 21 Nr. 11) die drei Gleichungen:

$$\frac{x_1 x}{a^2} + \frac{y_1 y}{b^2} = 1, \quad y = \frac{a^2 y_1}{b^2 x_1} x,$$

$$\left(\frac{x_1}{a}\right)^2 + \left(\frac{y_1}{b}\right)^2 = 1.$$

Aus den beiden ersten Gleichungen folgt:

$$\frac{x_1}{a} = \frac{a x}{x^2 + y^2}, \qquad \frac{y_1}{b} = \frac{b y}{x^2 + y^2}.$$

Setzt man diese Werthe in die dritte Gleichung ein, so erhält man für die Fusspunktcurve:

6) $$\frac{a^2 x^2 + b^2 y^2}{(x^2 + y^2)^2} = 1,$$

oder nach Reduction auf den Nenner:

7) $$(x^2 + y^2)^2 = a^2 x^2 + b^2 y^2.$$

Der Umstand, dass diese Gleichung nur gerade Potenzen von x und y enthält, wonach sich zu jedem Werthe der einen Coordinate gleiche, mit entgegengesetzten Vorzeichen versehene Werthe der andern ergeben, zeigt, dass die gesuchte Curve gegen beide Achsen symmetrisch liegt, eine Eigenschaft, die auch sofort aus der Entstehung der Linie abgeleitet werden kann. Die Curve selbst ist eine Linie vierten Grades.

Um die Form der Linie bequemer ermitteln zu können, setzen wir die Gleichung 7) in Polarcoordinaten um. Dann entsteht die Gleichung:

8) $$r^4 = a^2 r^2 \cos^2 \varphi + b^2 r^2 \sin^2 \varphi,$$

welche in die beiden Gleichungen

$$r^2 = 0, \quad r^2 = a^2 \cos^2 \varphi + b^2 \sin^2 \varphi$$

zerlegt werden kann. Die erste bezeichnet den Mittelpunkt der Ellipse als einzelnen ebenfalls durch die Gleichungen 7) und 8) dargestellten Punkt; diese Lösung ist aber offenbar der vorliegenden geometrischen Aufgabe fremd, da keine Ellipsentangente durch den Mittelpunkt gehen kann; für unsere Zwecke bleibt also nur die Gleichung:

9) $$r^2 = a^2 \cos^2 \varphi + b^2 \sin^2 \varphi.$$

Wird hierin mit Benutzung der bekannten Relation $a^2 = b^2 + c^2$ [vergl. § 14 Nr. 9)] die lineare Excentricität c eingeführt, so ergiebt sich die Gleichung:

10) $$r^2 = a^2 - c^2 \sin^2 \varphi,$$

der man auch, wenn mittelst der Formel $c = \varepsilon a$ [§ 14 Nr. 8)] die numerische Excentricität ε substituirt wird, die Form

11) $$r^2 = a^2 (1 - \varepsilon^2 \sin^2 \varphi)$$

geben kann. Aus Nr. 10) ergiebt sich folgende einfache Construction der Curve: Man lege durch einen Brennpunkt der Ellipse eine beliebige Gerade und fälle aus den Punkten, worin sie den umgeschriebenen Kreis der Ellipse schneidet, Senkrechte auf den zu der gewählten Geraden parallelen Durchmesser dieses Kreises; die Einfallspunkte dieser Senkrechten sind Punkte der Fusspunktcurve. Es können nämlich hierbei in Uebereinstimmung mit Nr. 10) die auf einander senkrechten Längen r und $c \sin \varphi$ als Katheten eines rechtwinkligen Dreieckes angesehen werden, dessen Hypotenuse gleich a ist.

Um zunächst die Fusspunktcurve mit der Ellipse selbst in Vergleich zu bringen, soll in 10) rechter Hand mit $a^2 - c^2 \cos^2 \varphi$ multiplicirt und dividirt werden. Nach einigen Reductionen entsteht hierbei mit Benutzung der gegenseitigen Abhängigkeit von a, b und c das Resultat:

$$r^2 = \frac{a^2 b^2 + c^4 \sin^2 \varphi \cos^2 \varphi}{a^2 - c^2 \cos^2 \varphi}.$$

Halten wir diese Gleichung mit der für dieselbe Lage des Coordinatensystems geltenden Gleichung der Ellipse in Polarcoordinaten zusammen, welche nach § 20 Nr. 4)

$$r^2 = \frac{a^2 b^2}{a^2 - c^2 \cos^2 \varphi}$$

lautet, so bestätigt sich ohne Schwierigkeit die aus der Lage der Ellipsentangenten ersichtliche Eigenschaft, dass beide Curven in den Achselscheiteln zusammenfallen, dass aber in allen anderen Punkten die Fusspunktcurve ausserhalb der Ellipse gelegen ist.

Zum Zwecke der weiteren Untersuchung der Gestalt reicht es aus, wenn wir uns auf spitze Werthe von φ beschränken, weil durch diese Werthe einer der vier mit einander congruenten Quadranten der Fusspunktcurve vollständig umfasst wird. Aus den Gleichungen 10) und 11) ist dann zu erkennen, dass r abnimmt, während φ wächst, dass also wie in der Ellipse die beiden Halbachsen den grössten und kleinsten Halbmesser darstellen. Dabei können aber zwei wesentlich verschiedene Formen eintreten, die sich aus den Grössen der Ordinaten ergeben. Wird nämlich mittelst der Formel $r \sin \varphi = y$ die Gleichung 11) in

12) $$y^2 = \frac{a^2}{\varepsilon^2} \left[\varepsilon^2 \sin^2 \varphi \, (1 - \iota^2 \sin^2 \varphi) \right]$$

umgestaltet, so zeigt sich, dass unter der Voraussetzung positiver y, die für spitze Werthe von φ allein zulässig sind, y wächst oder abnimmt, je nachdem das Eine oder das Andere mit dem Producte

$$\varepsilon^2 \sin^2 \varphi \, (1 - \varepsilon^2 \sin^2 \varphi)$$

stattfindet. Da die beiden Factoren dieses Productes eine unveränderliche Summe geben, so folgt aus einem bekannten arithmetischen Satze, dass der Werth des Productes von $\varphi = 0$ an wächst, bis beide Factoren gleich geworden sind, worauf wieder Abnahme erfolgt. Der grösste Werth tritt demnach ein, sobald die Relation

$$1 - \varepsilon^2 \sin^2 \varphi = \varepsilon^2 \sin^2 \varphi$$

Geltung hat. Dies giebt, wenn wir den zugehörigen Polarwinkel mit φ_m bezeichnen,

13) $$\sin \varphi_m = \frac{1}{\varepsilon \sqrt{2}}.$$

Aus dieser Formel folgt ein unmöglicher Werth von φ_m, so lange $\varepsilon < \sqrt{\tfrac{1}{2}}$; für $\varepsilon = \sqrt{\tfrac{1}{2}}$ ist $\varphi = 90^0$. In beiden Fällen wächst also y

fortwährend von $\varphi = 0$ bis $\varphi = 90^0$, so dass die grösste Ordinate des Quadranten und hiermit die grösste Ordinate überhaupt mit der kleinen Halbachse der Ellipse zusammenfällt. Die Curve hat hierbei eine Form, die mit der Ellipse selbst grosse Aehnlichkeit besitzt. Ist dagegen $\varepsilon < \sqrt{\frac{1}{2}}$, so gehört die grösste Ordinate zu einem innerhalb der Grenzen 0 und 90^0 gelegenen Werthe des Winkels φ, so dass, wenn man von dem Scheitel, in welchem $\varphi = 0$ ist, ausgeht, die Ordinaten anfänglich wachsen, um nachher wieder abzunehmen. Die Fusspunktcurve erhält hierbei die Gestalt von Fig. 55, worin $A A'$ und $B B'$ die Achsen der dazu gehörenden Ellipse darstellen; sie erscheint an den Scheiteln der kleinen Achse, bei B und B' eingedrückt, und zwar um so mehr,

Fig. 55.

je grösser ε wird, oder je kleiner die kleine Achse im Verhältniss zur grossen ist. Für die Länge der grössten Ordinate, die y_m heissen mag, erhält man aus 12) und 13)

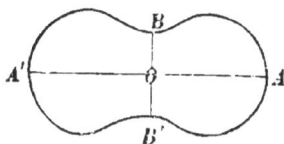

$$y_m = \frac{a}{2\varepsilon}.$$

Das zugehörige x kann aus der Gleichung 7) oder auch aus der Relation $x = r \, \cos \varphi$ in Verbindung mit Nr. 10) und 13) berechnet werden.

III. Die Gleichung der Fusspunktcurve einer Hyperbel für die aus dem Mittelpunkte gefällten Senkrechten ergiebt sich mit Rücksicht auf die bekannte Beziehung, welche zwischen der Ellipsen- und Hyperbelgleichung stattfindet, wenn man in Nr. 7) b^2 mit $-b^2$ vertauscht. Die Gleichung lautet folglich:

14) $\qquad (x^2 + y^2)^2 = a^2 x^2 - b^2 y^2,$

wonach die Fusspunktcurve wieder dem vierten Grade angehört und gegen beide Achsen symmetrisch gelegen ist.

Beim Uebergange zu Polarcoordinaten erhält man aus 14) oder auch sogleich aus 9) die Gleichung:

15) $\qquad r^2 = a^2 \cos^2\varphi - b^2 \sin^2\varphi,$

welche, wenn mittelst der Relation $c^2 = a^2 + b^2$ [§ 14 Nr. 15)] und $c = \varepsilon a$ die lineare und numerische Excentricität eingeführt wird, zeigt, dass die Gleichungen 10) uud 11) auch für die Fusspunktcurve der Hyperbel Anwendung finden. Mit Nr. 10) behält auch die davon abgeleitete Construction Geltung, sobald man den umgeschriebenen Kreis der Ellipse mit dem Hauptkreise der Hyperbel vertauscht.

Was die Gestalt der Linie anlangt, so folgt aus 15), dass reelle r nur möglich sind, so lange der Bedingung

$$tan^2\,\varphi \leqq \frac{a^2}{b^2}$$

Genüge geleistet wird. Die Curve ist hiernach zu beiden Seiten der x-Achse zwischen zwei durch den Mittelpunkt gehenden Geraden eingeschlossen, welche eine gegen die Asymptoten der Hyperbel senkrechte Lage haben. Im Falle der gleichseitigen Hyperbel sind diese beiden Geraden mit den Asymptoten identisch. Ferner lässt die Gleichung 11) erkennen, dass unter Voraussetzung spitzer Werthe von φ der Leitstrahl r von a bis 0 abnimmt, während φ von 0 bis zu einem Werthe φ_0 wächst, für welchen

$$sin\,\varphi_0 = \frac{1}{\varepsilon}\,, \quad tan\,\varphi_0 = \frac{a}{b}$$

ist. Rücksichtlich der Ordinaten folgt wieder aus der zur Formel 12) angestellten Betrachtung, dass sie vom Scheitel der Hauptachse aus gerechnet anfänglich wachsen, bis φ den in Nr. 13) gegebenen Werth erlangt hat, um nachher wieder bis zu Null hin abzunehmen. Aus allen diesen Bemerkungen ergiebt sich für die Curve eine schleifenähnliche Gestalt, wie sie in Fig. 56 für den speciellen Fall dargestellt ist, wo die Fusspunkte ihre Entstehung einer gleichseitigen Hyperbel verdanken. Eine Curve dieser besonderen Art führt den Namen Lemniscate.

Fig. 56.

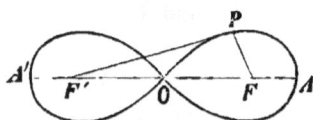

Für die Gleichung der Lemniscate erhält man aus 14), wenn $a = b$ gesetzt wird,

16) $$(x^2 + y^2)^2 = a^2\,(x^2 - y^2);$$

auf gleichem Wege entsteht aus 15) für Polarcoordinaten die leicht construirbare Gleichung:

17) $$r^2 = a^2\,cos\,2\,\varphi.$$

Die Lemniscate besitzt die merkwürdige Eigenschaft, dass, wenn man in der Achse $A\,A'$ zu beiden Seiten des Mittelpunktes zwei feste Punkte F und F' in dem Abstande $OF = OF' = a \sqrt{\tfrac{1}{2}}$ annimmt, für jeden beliebigen Peripheriepunkt das Product $PF . PF'$ der beständigen Grösse $\tfrac{1}{2} a^2$ gleich ist. Aus den Formeln

$$\overline{PF}^2 = (x - a \sqrt{\tfrac{1}{2}})^2 + y^2$$
$$\overline{PF'}^2 = (x + a \sqrt{\tfrac{1}{2}})^2 + y^2$$

folgt nämlich durch Multiplication nach einigen Umgestaltungen

$$\overline{PF}^2 . \overline{PF'}^2 = (x^2 + y^2)^2 - a^2 (x^2 - y^2) + \tfrac{1}{4} a^4,$$

und hieraus mit Rücksicht auf Nr. 16)

$$\overline{PF}^2 . \overline{PF'}^2 = \tfrac{1}{4} a^4,$$

worin die angegebene Eigenschaft ausgedrückt ist. Die Lemniscate bildet hiernach einen besonderen Fall einer Linie, in welcher überhaupt das Product $PF . PF'$ eine beliebige constante Grösse q^2 besitzt. Um auch für diesen allgemeineren Fall die Gleichung zu entwickeln, behalten wir die vorher angewendeten Coordinatenachsen bei und setzen $OF = OF' = e$. Dann ist

$$\overline{PF}^2 = (x - e)^2 + y^2$$
$$\overline{PF'}^2 = (x + e)^2 + y^2,$$

woraus mittelst der vorgelegten Bedingung die Gleichung

$$[(x - e)^2 + y^2] \, [(x + e)^2 + y^2] = q^4$$

hervorgeht. Nach einfacher Umformung folgt hieraus:

18) $\qquad (x^2 + y^2)^2 - 2 e^2 (x^2 - y^2) = q^4 - e^4.$

Die durch diese Gleichung repräsentirte Curve vierten Grades hat den Namen der Cassinischen Linie erhalten.* Sie zeichnet sich durch eine mit der gegenseitigen Grösse von e und q mannichfach wechselnde Formverschiedenheit aus. Bedienen wir uns der Abkürzung $\dfrac{e}{q} = \varepsilon$, so stellt die Cassinische Linie einen Kreis dar, wenn $\varepsilon = 0$ ist; sie erhält eine der Ellipse ähnliche Gestalt für den Fall $\sqrt{\tfrac{1}{2}} \geqq \varepsilon > 0$, erlangt eine eingedrückte Form nach Art von Fig. 55, wenn ε zwischen den Grenzen $\sqrt{\tfrac{1}{2}}$ und 1 liegt, geht für $\varepsilon = 1$ in die Lemniscate über, trennt sich dann, wenn ε den Werth Eins über-

---

* Nach dem bekannten Astronomen Dominique Cassini, der diese Linie benutzte, um von ihr eine, übrigens irrthümliche, Anwendung auf die Theorie der Mondbewegung zu machen.

schreitet, in zwei die Punkte F und F'' umgebende geschlossene Curven und schwindet endlich in diese Punkte selbst zusammen, wenn ε unendlich geworden ist.

§ 41.
Die Tangenten algebraischer Curven.

Eine der wichtigsten Fragen bei Untersuchung einer krummen Linie ist die Frage nach der Richtung ihrer Tangenten, indem hierdurch die Bewegungsrichtung des die Curve beschreibenden Punktes in seinen verschiedenen Lagen bestimmt wird. Das zu diesem Zwecke bei Betrachtung der Linien zweiten Grades benutzte Verfahren reducirt sich schliesslich auf die Ermittelung der gleichen Wurzeln einer quadratischen Gleichung; eine erweiterte Anwendung derselben Methode auf Untersuchung der Linien höherer Grade würde zu der Aufgabe führen, die zweifachen Wurzeln einer höheren Gleichung ausfindig zu machen. Da die Lösung dieser Aufgabe bei Beschränkung auf die Hülfsmittel der Elementarmathematik nicht frei von Schwierigkeiten ist, so soll hier ein anderer Weg eingeschlagen werden, anf dem wir zu allgemeineren Resultaten gelangen. Wir schicken dazu folgende, für alle Curven geltende Erörterungen voraus.

Es sei die Gleichung irgend einer krummen Linie in der Form

1) $$F(x, y) = 0$$

gegeben und die Aufgabe gestellt, an diese Curve im Peripheriepunkte $x_1 y_1$ eine Tangente zu legen. Verbinden wir zunächst diesen Punkt mit einem zweiten Punkte $x_2 y_2$ der nämlichen Linie, so gilt nach § 5 Nr. 9) für die Richtungsconstante M der die beiden Punkte enthaltenden Secante die Formel

2) $$M = \frac{y_1 - y_2}{x_1 - x_2},$$

welche durch Combination mit den aus 1) folgenden Gleichungen

3) $$F(x_1, y_1) = 0, \qquad F(x_2, y_2) = 0$$

so umgestaltet werden kann, dass sie nur noch zulässig bleibt, wenn beide Punkte auf der gegebenen Curve liegen. Denkt man sich hierauf den Punkt $x_2 y_2$ nach $x_1 y_1$ hin bewegt, so dreht sich die Secante um den letzteren und geht endlich in eine Tangente über, wenn $x_2 = x_1$ und $y_2 = y_1$ geworden ist. Zu diesen bestimmten Specialwerthen von x_2 und y_2 muss ein bestimmter Werth von M gehören, der zwar aus Nr. 2) allein in der unbestimmten Form $\dfrac{0}{0}$ erscheint,

weil ohne Hinzutreten der Gleichungen 3) die Aufgabe darauf hinauskommen würde, die Richtung einer beliebigen durch einen Punkt gelegten Geraden zu ermitteln, der aber bei zweckdienlicher Benutzung dieser Gleichungen irgend eine angebbare Grösse erlangt, die wir mit N bezeichnen wollen. N ist dann die Richtungsconstante der durch den Punkt $x_1 y_1$ gehenden Tangente, und die Gleichung dieser Geraden lautet nach § 5 Nr. 7)

$$4) \qquad y - y_1 = N(x - x_1).$$

Es bleibt jetzt die einzige Schwierigkeit übrig, in jedem speciellen Falle die Gleichungen 3) so anzuwenden, dass dadurch ein bestimmter Werth von N erreicht wird. Die allgemeine Lösung dieser Aufgabe gehört der höheren Mathematik an; für den speciellen Fall aber, dass $F(x, y)$ eine algebraische, ganze und rationale Function von x und y darstellt, führt die folgende Betrachtung zum Ziele.

Jedes einzelne Glied der Gleichungen 2) und 3) im § 37, durch welche die Gleichungen aller algebraischen Curven ausgedrückt werden, besitzt, wie bereits früher bemerkt wurde, die Form

$$5) \qquad C x^p y^q.$$

C bezeichnet hierin eine beliebige Constante, die Exponenten p und q dagegen sind ganze positive Zahlen oder auch gleich Null. Bilden wir nun aus den Gleichungen 3) durch Subtraction die neue Gleichung

$$6) \qquad F(x_1, y_1) - F(x_2, y_2) = 0,$$

so entsteht aus dem Gliede 5) der Ausdruck

$$C(x_1^p y_1^q - x_2^p y_2^q),$$

welcher, wenn man in der Parenthese $x_2^p y_1^q$ substrahirt und addirt, in

$$7) \qquad C\left[y_1^q (x_1^p - x_2^p) + x_2^p (y_1^q - y_2^q)\right]$$

umgestaltet werden kann. Bei Einführung der Abkürzungen

$$8) \quad \begin{cases} \Sigma_x = x_1^{p-1} + x_1^{p-2} x_2 + x_1^{p-3} x_2^2 + \ldots + x_1 x_2^{p-2} + x_2^{p-1} \\ \Sigma_y = y_1^{q-1} + y_1^{q-2} y_2 + y_1^{q-3} y_2^2 + \ldots + y_1 y_2^{q-2} + y_2^{q-1} \end{cases}$$

ist nach einem bekannten arithmetischen Satze

9)
$$\begin{cases} x_1{}^p - x_2{}^p = (x_1 - x_2)\, \Sigma_x \\ y_1{}^q - y_2{}^q = (y_1 - y_2)\, \Sigma_y. \end{cases}$$

Hiermit erlangt der Ausdruck 7) die Form

$$C\left[y_1{}^q (x_1 - x_2)\, \Sigma_x + x_2{}^p (y_1 - y_2)\, \Sigma_y\right]$$

oder, wenn man den Factor $(x_1 - x_2)$ aushebt und die Relation 2) benutzt,

10)
$$C (x_1 - x_2)\, (y_1{}^q \Sigma_x + M x_2{}^p \Sigma_y).$$

Wird dann die ganze Gleichung durch $(x_1 - x_2)$ dividirt, so verwandelt sich 10) in

11)
$$C (y_1{}^q \Sigma_x + M x_2{}^p \Sigma_y),$$

worin man nur $x_2 = x_1$, $y_2 = y_1$, $M = N$ zu setzen hat, um zu einer Gleichung zu gelangen, aus welcher ein bestimmter Werth von N hervorgeht. Dabei wird nach 8)

$$\Sigma_x = p x_1{}^{p-1}, \qquad \Sigma_y = q y_1{}^{q-1},$$

der Ausdruck 11) verwandelt sich also in

12)
$$C (p x_1{}^{p-1} y_1{}^q + q N x_1{}^p y_1{}^{q-1}).$$

Wenden wir zunächst diese Methode, um sie an einem bereits anderwärts behandelten Beispiele zu prüfen, auf die allgemeine Gleichung zweiten Grades an, so hat man für zwei Punkte einer diesem Grade angehörenden Linie die Gleichungen:

$$A x_1{}^2 + B y_1{}^2 + 2 C x_1 y_1 + 2 D x_1 + 2 E y_1 + F = 0$$
$$A x_2{}^2 + B y_2{}^2 + 2 C x_2 y_2 + 2 D x_2 + 2 E y_2 + F = 0,$$

aus denen, wenn man subtrahirt und die in Nr. 7) und 9) angewendeten Zerlegungen benutzt, die Gleichung

$$\begin{aligned} A (x_1 - x_2)(x_1 + x_2) &+ B (y_1 - y_2)(y_1 + y_2) \\ &+ 2 C\left[y_1 (x_1 - x_2) + x_2 (y_1 - y_2)\right] \\ &+ 2 D (x_1 - x_2) + 2 E (y_1 - y_2) = 0 \end{aligned}$$

hervorgeht. Wird hierin durch $x_1 - x_2$ dividirt, so entsteht mit Benutzung der Formel 2):

$$A (x_1 + x_2) + B M (y_1 + y_2) + 2 C (y_1 + M x_2) + 2 D + 2 E M = 0,$$

und hieraus, wenn $x_2 = x_1$, $y_2 = y_1$, $M = N$ gesetzt wird, bei gleichzeitiger Entfernung des gemeinschaftlichen Factors 2:

$$A x_1 + B N y_1 + C (y_1 + N x_1) + D + E N = 0.$$

Dies giebt, wenn man auf N reducirt,

$$N = -\frac{A x_1 + C y_1 + D}{B y_1 + C x_1 + E},$$

was mit der aus der allgemeinen Tangentengleichung 5) § 35 folgenden Richtungsconstante vollkommen übereinstimmt.

Das angewendete Verfahren lässt sich zu einem einfachen Mechanismus umgestalten, wenn man aus der Vergleichung der Ausdrücke 5) und 12) die Umwandlung entnimmt, welche jedes Glied der vorgelegten Curvengleichung beim Uebergange in die zur Ermittelung von N dienende Formel erleidet. Wählen wir z. B. die Gleichung

13) $$A x^m + B y^n + C x^p y^q + D = 0,$$

welche von jeder Art von Gliedern, wie sie in der allgemeinen Gleichung der Linien höherer Grade vorkommen können, eines enthält, so verwandelt sich bei dem fraglichen Uebergange das Glied

$A x^m$ in $A x_1^{m-1}$,

$B y^n$ „ $n N B y_1^{n-1}$,

$C x^p y^q$ „ $C (p x_1^{p-1} y_1^q + q N x_1^p y_1^{q-1})$,

während das constante Glied D sogleich bei der anfänglichen Subtraction zu Null wird. Die zur Bestimmung der Richtungsconstante N nöthige Gleichung lautet folglich:

14) $m A x_1^{m-1} + n N B y_1^{n-1} + C (p x_1^{p-1} y_1^q + q N x_1^p y_1^{q-1}) = 0.$

Man wird leicht das Bildungsgesetz übersehen, nach welchem Nr. 14) aus 13) entstanden ist. Zu bemerken haben wir noch, dass die Curvengleichung nicht nothwendig auf Null reducirt zu sein braucht, was sich sofort zeigt, wenn man z. B. die Gleichung 13) in der Form

$$A x^m + B y^n = - C x^p y^q - D$$

gegeben annimmt und Nr. 14) in

$$m A x_1^{m-1} + n N B y_1^{n-1} = - C (p x_1^{p-1} y_1^q + q N x_1^p y_1^{q-1})$$

umgestaltet.

Als Beispiel für die Theorie der Tangenten einer Linie höheren Grades möge die Untersuchung der Cissoidentangenten dienen.

Aus der Gleichung 3) in § 40 folgt nach Ausführung der Multiplication und geänderter Ordnung der Glieder für die Coordinaten eines Cissoidenpunktes:

15) $$x^3 - f y^2 + x y^2 = 0.$$

Wird die oben angegebene Methode auf diese Gleichung angewendet, so entsteht in gleicher Weise wie beim Uebergange von Nr. 13) zu 14):

$$3x_1^2 - 2fy_1 N + y_1^2 + 2Nx_1y_1 = 0,$$

woraus man für die Richtungsconstante der Cissoidentangente die Formel

16)
$$N = \frac{3x_1^2 + y_1^2}{2y_1(f - x_1)}$$

erhält. Mit Hülfe der aus § 40 Nr. 4) fliessenden Gleichung

$$f - x_1 = \frac{x_1^3}{y_1^2}$$

lässt sich hierin der Ausdruck $f - x_1$ eliminiren; wir erlangen dadurch die von der beständigen Grösse f unabhängige Formel:

17)
$$N = \frac{y_1(3x_1^2 + y_1^2)}{2x_1^3}.$$

Um hieraus Folgerungen für die Gestalt der Cissoide ziehen zu können, wollen wir mittelst der Relationen

18)
$$N = \tan\tau, \qquad \frac{y_1}{x_1} = \tan\varphi$$

den von der Tangente und der x-Achse eingeschlossenen Winkel τ und den Polarwinkel φ des Berührungspunktes einführen. Dann ergiebt sich:

19) $\tan\tau = \frac{1}{2}\tan\varphi(3 + \tan^2\varphi) = \frac{3}{2}\tan\varphi + \frac{1}{2}\tan^3\varphi.$

Dieses Resultat zeigt, dass von $\varphi = 0$ bis $\varphi = 90^0$ der Winkel τ gleichzeitig mit dem Winkel φ, aber in beträchtlich stärkerem Grade als dieser wächst, woraus leicht hergeleitet wird, dass die Curve wie in Fig. 54 überall der x-Achse ihre convexe Seite zukehren muss.

Als Gleichung der Cissoidentangente im Punkte x_1y_1 entsteht aus Nr. 4) bei Substitution des in Nr. 17) enthaltenen Werthes von N:

20)
$$y - y_1 = \frac{y_1(3x_1^2 + y_1^2)}{2x_1^3}(x - x_1).$$

Wird hierin $y = 0$ und $x = m$ gesetzt, wobei m die Abscisse des in der x-Achse gelegenen Tangentenpunktes bezeichnet, so erhält man für die sogenannte Subtangente (vgl. die Anmerkung S. 100) den Werth:

$$x_1 - m = \frac{2x_1^3}{3x_1^2 + y_1^2},$$

und hieraus, wenn mittelst der Cissoidengleichung die Ordinate y_1 eliminirt wird,

$$x_1 - m = \frac{2\,(f x_1 - x_1{}^2)}{3\,f - x_1}.$$

Dieser Ausdruck erlangt eine für die geometrische Darstellung einfachere Form, wenn man darin den Radius a des in Fig. 54 zur Construction der Cissoide benutzten Kreises einführt, oder $f = 2\,a$ setzt. Dann entsteht:

21) $$x_1 - m = \frac{2\,a x_1 - x_1{}^2}{3\,a - x_1},$$

ein Werth, der sehr leicht construirt werden kann, wenn man beachtet, dass $2\,a x_1 - x_1{}^2$ das Quadrat der zu x_1 gehörigen Kreisordinate bezeichnet.

Zehntes Capitel.

Transcendente Linien.

§ 42.
Die transcendenten Linien im Allgemeinen.

Alle bis jetzt untersuchten Linien waren der Art, dass sie bei Beziehung auf Parallelcoordinaten durch algebraische rationale Gleichungen zwischen x und y dargestellt werden konnten. Wenn wir nun bedenken, dass jede Gleichung zwischen zwei veränderlichen Grössen, abgesehen von der besonderen Form der darin enthaltenen Functionen, in geometrischer Auffassung den zusammenhängenden Lauf einer Linie ausdrückt, soweit zu reellen sich stetig ändernden Werthen der einen Variabeln eben solche Werthe der anderen gehören, so bleibt noch für die Untersuchung das unendliche Gebiet solcher, offenbar krummen, Linien übrig, deren Gleichung nicht auf die oben genannte Form gebracht werden kann. Alle Curven dieser Art werden im Allgemeinen t r a n s c e n d e n t e genannt.

Bleiben wir zunächst, um mit den einfachsten Fällen zu beginnen, bei solchen Gleichungen stehen, die in der entwickelten Form

$$y = f(x)$$

gegeben sind, so gehört z. B. aus dem Gebiete der niederen Arithmetik hierher die Gleichung

$$y = a^x,$$

worin die Basis a constant ist und der Exponent x eine veränderliche Abscisse darstellt.* Auf x reducirt giebt sie die Formel

---

* Auch Linien, deren Gleichung die Form

$$y = x^m$$

besitzt, wobei m constant sein soll, sind zu den transcendenten zu rechnen, sobald sie nicht unter einen bestimmten e n d l i c h e n Grad gebracht werden können. Es findet dies statt, wenn m eine irrationale Zahl ist, also z. B., wenn $m = \sqrt{2}$. Setzt man für $\sqrt{2}$ die Näherungs-

$$x = {}^a log\, y,$$

so dass bei geometrischer Darstellung durch Parallelcoordinaten die Abscissen die den Ordinaten zugehörenden Logarithmen zur Basis a ausdrücken. — Gehen wir ferner in das Gebiet der Trigonometrie über, so erhalten wir einfache Beispiele transcendenter Curven aus den Gleichungen

$$y = sin\, x, \quad y = cos\, x, \quad y = tan\, x \text{ u. s. w.,}$$

wobei die x, um als Längen aufgetragen werden zu können, in Theilen des Radius gemessene Bogenlängen bezeichnen sollen. Die Reduction auf x führt zu den cyclometrischen Functionen:

$$x = Arc\, sin\, y, \quad x = Arc\, cos\, y \text{ u. s. f.}$$

Alle genannten einfachen Functionen können wieder beliebig sowohl unter sich, als auch mit algebraischen verbunden werden, um neue Gleichungen transcendenter Curven zu liefern, wozu noch eine fortwährend wachsende Menge solcher Functionen tritt, welche in der höheren Mathematik ihre Entstehung haben. Ein Versuch, die Verschiedenartigkeit der hieraus fliessenden Gestalten auch nur angenähert vorzuführen, muss bei ihrer unendlichen Zahl ein vergeblicher sein; einer vollständigen Untersuchung, auch nur der einfachsten Formen, sind an vielen Stellen die Kräfte der Elementarmathematik nicht gewachsen. Wir beschränken uns deshalb darauf, im Folgenden die Gleichungen einiger wenigen häufiger genannten transcendenten Curven aufzustellen, wobei wir der Einfachheit der Betrachtung wegen, soweit Parallelcoordinaten benutzt werden, nur von rechtwinkligen Systemen Gebrauch machen wollen.

Eine Curve, deren Gleichung auf die allgemeine Form

1) $$y = A\, b^{\frac{x}{c}}$$

zurückgeführt werden kann, erhält den Namen logarithmische Linie, weil diese Gleichung sich immer so umformen lässt, dass bei geeigneter Wahl des Coordinatenanfanges und der Längeneinheit die Abscissen die Logarithmen der zugehörigen Ordinate für irgend

---

werthe: $\pm 1,4..,\pm 1,41..$, so würde in diesem Falle die Linie, welcher jene Gleichung zukommt, angenähert durch zwei Curven vierzehnten Grades, oder durch zwei Curven vom hunderteinundvierzigsten Grade u. s. f. dargestellt werden können. In der That gehört sie aber einem unendlich hohen Grade an. Leibnitz nennt Linien dieser besonderen Art interscendente Curven.

eine gegebene Basis darstellen. Bezeichnen wir nämlich mit e diese Basis und mit log die zugehörigen Logarithmen, so lässt sich vorerst mit Einführung einer neuen beständigen Grösse m, für welche die Relation

$$e^{\frac{1}{m}} = b^{\frac{1}{c}}$$

oder, indem wir zu den Logarithmen übergehen,

2)
$$m = \frac{c}{log\, b}$$

Geltung hat, die Gleichung 1) in

3)
$$y = A\, e^{\frac{x}{m}}$$

umformen. Wird dann der Coordinatenanfang auf der x-Achse um eine vorläufig noch unbestimmte Grösse a verschoben, so geht x in $x + a$ über; man hat also

$$y = A\, e^{\frac{x+a}{m}} = A\, e^{\frac{a}{m}} e^{\frac{x}{m}},$$

und hieraus entsteht, wenn man über a so verfügt, dass

$$A\, e^{\frac{a}{m}} = m$$

wird, wonach

4)
$$a = m\, log\, \frac{m}{A}$$

sein muss, die Gleichung:

5)
$$y = m\, e^{\frac{x}{m}}.$$

Wählt man die durch die Gleichung 2) bestimmte Constante m als Längeneinheit, so bleibt:

6)
$$y = e^{x}, \quad x = log\, y,$$

wodurch die oben ausgesprochene Behauptung gerechtfertigt wird. Dabei ist für die allgemeine Geltung der angewendeten Folgerungen nur nöthig, dass die Basen b und e positive Zahlen darstellen und nicht gleich Eins sind; negative Werthe der beständigen Grössen A, c oder m können durch geeignete Vertauschung der positiven und negativen Achsenseiten in positive umgewandelt werden.

Ist die Gleichung der logarithmischen Linie auf die Form 6) gebracht, so kann man noch, ohne dass der Allgemeinheit der Betrachtung Eintrag geschieht, $e > 1$ annehmen. Im entgegengesetzten Falle hat man nämlich nur die durch die y-Achse geschiedenen

Seiten der x-Achse zu verwechseln, um x in $-x$ überzuführen; dann verwandelt sich die Gleichung der Curve in

$$y = \left(\frac{1}{e}\right)^x,$$

worin $\dfrac{1}{e}$ gewiss grösser als Eins ist. Gewöhnlich versteht man unter e die bekannte Irrationalzahl 2,7182818 . . .; die Abscissen der durch die Gleichung 6) dargestellten Curve stellen in diesem Falle die sogenannten natürlichen Logarithmen der zugehörigen Ordinaten dar.

Was die Gestalt der logarithmischen Linie betrifft, so ergiebt sich aus Nr. 5) oder 6) zu jedem x, welches eine ganze Zahl oder einen Bruch mit ungeradem Nenner darstellt, ein positiver reeller Werth von y, der, $e > 1$ vorausgesetzt, gleichzeitig mit x wächst; hingegen erhält man zwei reelle entgegengesetzte Werthe, deren absolute Grösse ebenfalls mit x zunimmt, sobald x einen Bruch mit geradem Nenner bildet. Auf der Seite der positiven Ordinaten entsteht demnach eine stetig zusammenhängende Linie, während auf der Seite der negativen y nur eine unbegrenzte Anzahl isolirter Punkte befindlich ist. Von letzteren ist hier, wo es sich um die Untersuchung continuirlicher Linien handelt, gänzlich abzusehen. Für den Verlauf der dann übrig bleibenden, auf der Seite der positiven y gelegenen Curve folgt aus 5), dass $y = m$, wenn $x = 0$; für $x = +\infty$ wird $y = \infty$, für $x = -\infty$ ist $y = 0$. Die Curve erstreckt sich also auf der Seite der positiven x und y ins Unendliche, während sie sich der negativen Abscissenachse fortwährend nähert, ohne dieselbe je zu erreichen. Die x-Achse ist demnach unter Voraussetzung der Gleichungsformen 5) oder 6) eine Asymptote der logarithmischen Linie.

Zwei logarithmische Linien BAC und $B'AC'$ (Fig. 57), deren Gleichungen die Form

Fig. 57.

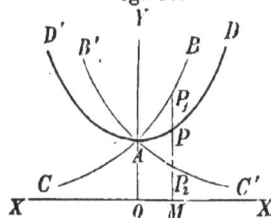

$$y = m\,e^{\frac{x}{m}}, \qquad y = m\,e^{-\frac{x}{m}}$$

besitzen, wobei e die Basis der natürlichen Logarithmen darstellen soll, sind unter sich congruent, da eine in die andere übergeht, wenn x mit $-x$ vertauscht wird. Aus beiden kann eine in der Mechanik mehrfach vorkommende transcendente Curve DAD' gebildet werden, wenn man Parallelen, wie

$P_1 M$, zur y-Achse zieht und darin den geometrischen Ort für den Halbirungspunkt P der von den Curven BAC und $B'AC'$ begrenzten Strecke $P_1 P_2$ aufsucht. Setzen wir $OM=x$, $MP_1=y_1$, $MP_2=y_2$, so gelten die Gleichungen

$$y_1 = m\,e^{\frac{x}{m}}, \quad y_2 = m\,e^{-\frac{x}{m}}, \quad y = \frac{y_1 + y_2}{2}.$$

Man erhält hieraus für den gesuchten Ort die Gleichung:

7) $$y = \frac{m}{2}(e^{\frac{x}{m}} + e^{-\frac{x}{m}}),$$

oder, wenn m zur Längeneinheit gewählt wird,

8) $$y = \tfrac{1}{2}(e^x + e^{-x}).$$

Die durch die Gleichungen 7) und 8) charakterisirte Curve führt den Namen der **gemeinen Kettenlinie**. Sie wird von einem in zwei Punkten frei aufgehangenen, vollkommen biegsamen und undehnbaren Faden gebildet, wenn derselbe in allen Punkten gleiche Belastungen trägt, wenn er also z. B. unter der Voraussetzung, dass gleiche Fadenlängen gleich schwer sind, durch sein eigenes Gewicht gespannt wird.

§ 43.
Die Spirallinien.

Wird die auf rechtwinklige Parallelcoordinaten bezogene Gleichung einer algebraischen Curve mittelst der bekannten Formeln

1) $$x = r\,\cos\varphi, \quad y = r\,\sin\varphi$$

in Polarcoordinaten umgesetzt, so geht das allgemeine Glied der algebraischen Gleichung, für welches wir früher die Form

2) $$C x^p y^q$$

festgestellt hatten, in der Gleichung für Polarcoordinaten in

3) $$C r^{p+q} \cos^p \varphi \sin^q \varphi$$

über. Mit Rücksicht auf den Umstand, dass der Werth dieses Gliedes vollkommen ungeändert bleibt, wenn man φ um 360^0 wachsen oder abnehmen lässt, konnten wir alle einer solchen Gleichung entsprechenden Punkte erlangen, wenn wir uns auf solche Werthe von φ einschränkten, die zwischen den Grenzen 0 und 360^0 enthalten sind. Nicht minder war es gestattet, negative Leitstrahlen auszu-

schliessen, weil es für die Grösse des Gliedes 3) völlig gleichgültig
bleibt, ob man r mit $- r$ vertauscht oder dem Polarwinkel einen
um eine halbe Umdrehung grösseren oder kleineren Werth verleiht.
Diese Beschränkungen sind aber nicht mehr zulässig, wenn alle einer
Gleichung von der Form

$$r = f(\varphi) \text{ oder } F(r, \varphi) = 0$$

entsprechende Punkte dargestellt werden sollen und die Functionen
f und F in Beziehung auf die Längen der Leitstrahlen nicht die im
Vorigen angegebene Periodicität besitzen, wobei jedoch die Curven
nicht mehr algebraisch sein können, sondern dem Gebiete der transcendenten Linien angehören müssen. Namentlich gehören hierher
alle solche Curven, aus deren Gleichung in Polarcoordinaten für
stetig wachsende Polarwinkel fortwährend zu- oder abnehmende
Vectoren hervorgehen, so dass in jeder durch den Coordinatenanfang
gezogenen Geraden unendlich viele Peripheriepunkte gelegen sind.
Linien dieser Art ziehen sich in unendlich vielen schneckenförmigen
Windungen um den festen Pol herum und führen im Allgemeinen
den Namen S p i r a l e n oder S p i r a l l i n i e n.

Zur Untersuchung der Spiralen eignen sich am besten ihre auf
Polarcoordinaten bezogenen Gleichungen, wobei wir aber nach dem
Vorhergehenden die Werthe der Leitstrahlen sowohl als der Polarwinkel nicht mehr beschränken dürfen, sondern zwischen den weitesten reellen Grenzen $- \infty$ und $+ \infty$ gelegen annehmen müssen.
— Um hier, wo wir nicht mehr mit goniometrischen Functionen der
Polarwinkel zu thun haben, die Werthe von φ ebenso wie die r als
abstracte Zahlen auffassen zu können, die bei Annahme einer bestimmten linearen Einheit als Längen darstellbar sind, werden wir
jene Winkel durch die Bogenlängen ausdrücken, welche ihnen in
einem mit der Längeneinheit als Halbmesser um den Pol construirten
Kreise zugehören. Wir bedienen uns dabei der Abkürzung

4) $\theta = Arc\,\varphi$,

so dass für zwei einander entsprechende Werthe von θ und φ die
Proportion

5) $\theta : \pi = \varphi^0 : 180^0$

Geltung findet.* Die Gleichung einer jeden Spirallinie wird dann in
der Form   .

---

* Um eine Analogie mit dem Parallelcoordinatensysteme zu erhalten, können wir den mit einem Halbmesser $= 1$ um den Pol als Mit-

$$r = f(\theta)$$

dargestellt. — Als Beispiele für die Spiralen wählen wir die fol genden.

I. Die Archimedische Spirale, die einfachste von allen, besitzt die Gleichung

6) $r = a\,\theta$,

wobei a einem beliebigen constanten Werthe gleich sein soll. Bezeichnen wir zwei ihrer Punkte mit $r\,\theta$ und $r_1\,\theta_1$, so folgt aus

$$r = a\,\theta, \qquad r_1 = a\,\theta_1$$

die Proportion:

$$r : r_1 = \theta : \theta_1.$$

Man kann sich hiernach, da die Vectoren in demselben Verhältnisse wie die Polarwinkel zunehmen, die genannte Spirale durch die stetige Bewegung eines Punktes erzeugt denken, der auf einer um den Pol gedrehten geraden Linie von diesem Drehmittelpunkte aus so fortrückt, dass die von ihm zurückgelegten Wege den von der Geraden beschriebenen Winkeln proportional sind. Eine Archimedische Spirale würde also z. B. entstehen, wenn bei gleichförmiger Drehung des Radiusvector um den Pol ein beschreibender Punkt auf ihm gleichförmig fortrückt.

Setzt man $\theta_1 = 2\,\pi + \theta$, so fallen r_1 und r in dieselbe Gerade, gehören aber zu zwei um den Umfang einer Windung von einander entfernten Punkten. Für den Abstand beider Punkte folgt dann:

$$\cdot \quad r_1 - r = a\,(\theta_1 - \theta) = 2\,\pi\,a\,.$$

Fig. 58.

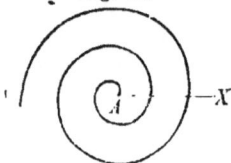

d. h. in jeder durch den Pol gelegten Geraden besitzen die einzelnen Windungen die unveränderliche Entfernung $2\,\pi\,a$.

Fig. 58 stellt ein Stück des den positiven Werthen von θ entsprechenden Theiles einer Archimedischen Spirale dar. Für negative θ

telpunkt gezogenen Kreis als eine krummlinige Abscissenachse ansehen, auf welcher der Durchschnitt mit der Polarachse den Nullpunkt bildet, von dem aus die positiven und negativen θ nach beiden Seiten gezählt werden. Die auf diesem Kreise senkrecht stehenden Vectoren bilden die den Abscissen θ zugehörigen Ordinaten; nur findet dabei der Unterschied statt, dass diese Ordinaten nicht von ihrem Einfallspunkte in die Abscissenlinie, sondern vom Kreismittelpunkte aus gemessen werden.

wechselt auch r sein Vorzeichen, ohne seine absolute Grösse zu
ändern; der hierzu gehörende Theil der Curve ist daher dem in der
Figur dargestellten völlig gleich, besitzt aber eine entgegengesetzte
Lage. Man erhält ihn, wenn man sich die Bildebene um eine in
der Ebene der Spirale durch den Pol A gelegte Senkrechte zur Polarachse AX so herumgedreht denkt, dass AX in seine eigene Verlängerung zu fallen kommt.

II. Bildet man nach Analogie der auf rechtwinklige Parallelcoordinaten bezogenen Scheitelgleichung einer Parabel in Polarcoordinaten die Gleichung

7) $r^2 = 2\,a\,\theta,$

so heisst die dadurch ausgedrückte Curve eine parabolische Spirale. Nach der Form ihrer Gleichung sind negative Werthe von θ
völlig ausgeschlossen, weil sie auf imaginäre Leitstrahlen hinführen.
Zu jedem positiven θ gehören zwei an absoluter Grösse gleiche, der
Richtung nach aber entgegengesetzte Werthe von r, so dass die
Curve aus zwei im Pole zusammentreffenden Theilen besteht, für
welche der Pol selbst den Mittelpunkt bildet. Einer dieser Theile
tritt an die Stelle des andern, wenn man die Spirale eine halbe Umdrehung um eine rechtwinklig gegen die Ebene der Curve durch
den Pol gelegte Achse machen lässt. Beschränken wir uns, um
einen dieser beiden Theile vollständig kennen zu lernen, auf positive
r, so ist für $\theta = 0$ auch $r = 0$, und es wächst von hier an r gleichzeitig mit θ, so dass eine im Ganzen mit Fig. 58 einige Aehnlichkeit
besitzende Gestalt entsteht. Nur findet der Unterschied statt, dass,
wenn man in der Richtung eines Leitstrahles vom Pole aus fortgeht,
die einzelnen Windungen immer näher an einander treten, weil nach
der Form von Nr. 7) die r in einem schwächeren Verhältnisse als
die zugehörigen Werthe von θ anwachsen. Bestätigt wird diese Bemerkung, wenn wir in ähnlicher Weise wie bei der Archimedischen
Spirale den Abstand zweier in einer durch den Pol gelegten Geraden
befindlichen Peripheriepunkte bestimmen, welche zu zwei auf einander folgenden Windungen gehören. Unter Beibehaltung der
früheren Bezeichnungen folgt aus den Gleichungen

$$r^2 = 2\,a\,\theta, \qquad r_1{}^2 = 2\,a\,(2\,\pi + \theta),$$

wenn man die Differenz $r_1{}^2 - r^2$ in $(r_1 - r)\,(r_1 + r)$ zerlegt, das
Resultat:

$$r_1 - r = \frac{4\,\pi\,a}{r_1 + r}.$$

Da hierin der Zähler constant ist, so muss der besprochene Abstand sich vermindern, sobald mit wachsendem θ der Nenner $r_1 + r$ zunimmt.

III. Die durch die Gleichung

$$8) \qquad\qquad r\,\theta = a$$

repräsentirte Spirale heisst mit Bezug auf die Aehnlichkeit, welche zwischen Nr. 8) und der auf die Asymptoten bezogenen Gleichung einer Hyperbel für Parallelcoordinaten stattfindet, h y p e r b o l i s c h e Sp i r a l e. Sie besteht aus zwei unter sich congruenten Theilen, von denen der eine den positiven und der andere den negativen Werthen von θ entspricht und die gegen einander eine gleiche Lage haben, wie in der Archimedischen Spirale, weil auch hier r und θ gleichzeitig ihre Vorzeichen wechseln. Halten wir zur Untersuchung der Gestalt eines dieser beiden Theile positive Werthe von θ fest, so folgt aus der auf r reducirten Gleichung

$$9) \qquad\qquad r = \frac{a}{\theta},$$

dass r abnimmt, wenn θ wächst, dabei aber nie vollständig in Null übergehen kann. Die einzelnen Windungen nähern sich also fort und fort dem Pole, ohne ihn je vollständig zu erreichen; derselbe bildet einen sogenannten a s y m p t o t i s c h e n P u n k t. In ihrer Annäherung an diesen Punkt treten die Windungen immer enger an einander, wie sich sofort zeigt, wenn wir für zwei um den Umfang einer Windung von einander entfernte Punkte aus den Gleichungen

$$r = \frac{a}{\theta}, \qquad r_1 = \frac{a}{2\pi + \theta}$$

die Differenz

Fig. 59.

$$r - r_1 = \frac{2\pi a}{\theta\,(2\pi + \theta)}$$

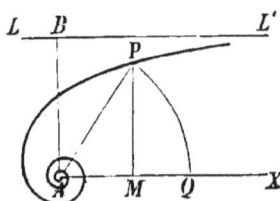

bilden. Der Zähler dieses Ausdrucks ist constant, während der Nenner wächst, wenn θ zunimmt oder die Grösse von r sich vermindert.

Nach der andern Seite hin rückt für abnehmende θ oder zunehmende r die hyperbolische Spirale immer näher an eine Gerade $L\,L'$ (Fig. 59), welche in einem Abstande $A\,B = a$ parallel zur Polarachse $A\,X$ läuft. Setzen wir nämlich $M P = y$, so ist

$$y = r \sin \theta,$$

folglich bei Einsetzung des Werthes von r aus Nr. 9)

$$y = a \frac{\sin \theta}{\theta}.$$

Hieraus ergiebt sich sogleich die Richtigkeit der ausgesprochenen Behauptung, wenn man beachtet, dass der Quotient $\frac{\sin \theta}{\theta}$ kleiner als die Einheit ist, so lange sich θ von Null unterscheidet, für $\theta = 0$ aber in Eins übergeht.* Da in dem letzteren Falle der Radiusvector unendlich werden muss, so stellt die Gerade LL' eine Asymptote dar.

Bemerkenswerth ist noch die folgende geometrische Deutung der Gleichung 8). Beschreibt man aus dem Mittelpunkte A mit dem Halbmesser AP den von der Spirale und der polaren Achse eingeschlossenen Kreisbogen PQ, so ist die Länge dieses Bogens gleich $r\theta$, wenn r und θ die Polarcoordinaten des Punktes P bezeichnen. Mit Rücksicht auf die Gleichung der hyperbolischen Spirale folgt hieraus, dass ein solcher Kreisbogen, wie PQ, die unveränderliche Länge $a = AB$ besitzt, an welcher Stelle der Curve auch der Punkt P angenommen sein mag.

IV. Wird in der Gleichung der logarithmischen Linie (vergl. § 42 Nr. 1 bis Nr. 6) y mit r und x mit θ vertauscht, so entsteht die Gleichung der logarithmischen Spirale. Nach Analogie von § 42 Nr. 3) kann sie immer auf die Form

10) $$r = A e^{\frac{\theta}{m}}$$

gebracht werden, woraus die Gleichung

11) $$r = m e^{\frac{\theta}{m}}$$

---

* Aus der für jeden zwischen den Grenzen 0 und $\frac{\pi}{2}$ enthaltenen Bogen θ geltenden Ungleichung

$$\tan \theta > \theta > \sin \theta$$

folgt, wenn man mit den darin enthaltenen Grössen in $\sin \theta$ dividirt,

$$\cos \theta < \frac{\sin \theta}{\theta} < 1.$$

Beide Grenzen, zwischen denen der Quotient $\frac{\sin \theta}{\theta}$ enthalten ist, rücken für abnehmende Werthe von θ einander immer näher; schliesslich fallen beide zusammen und es geht auch der von ihnen eingeschlossene Quotient in die Einheit über, wenn $\theta = 0$ geworden ist.

entsteht, wenn man die polare Achse in der Ebene der Curve mit
Beibehaltung des Poles um einen in Theilen des Radius gemessenen
Bogen α dreht, für welchen die Relation

$$\alpha = m \ log \ \frac{m}{A}$$

Geltung hat. Bei dieser Drehung geht nämlich θ in $\theta + \alpha$ über,
und es sind ganz analoge Reductionen wie bei der logarithmischen
Linie anwendbar. Wir können hierbei unter e die Basis der natürlichen Logarithmen verstehen und m als positive Zahl auffassen.
Nach 11) ergiebt sich dann für jedes θ ein positiver reeller Werth
von r, der gleichzeitig mit θ zunimmt. Für $\theta = 0$ ist $r = m$, für
$\theta = +\infty$ wird auch $r = \infty$, für $\theta = -\infty$ ist $r = 0$. Die logarithmische Spirale erstreckt sich hiernach mit ihren Windungen auf der
einen Seite ins Unendliche, während sie sich auf der andern dem
Pole fortwährend nähert, ohne ihn je zu erreichen. Der Pol bildet
in gleicher Weise wie in der vorher untersuchten Curve einen
asymptotischen Punkt. Dabei müssen offenbar die einzelnen Windungen immer näher an einander rücken, je mehr sie sich diesem
Punkte nähern. Wir finden diese Bemerkung bestätigt, wenn wir
den allgemeinen Ausdruck für den geradlinigen Abstand zweier um
den Umfang einer Windung von einander entfernten Punkte auf-
suchen. Werden die Leitstrahlen der zu den Bogenlängen θ und
$2\pi + \theta$ der Polarwinkel gehörenden Punkte wieder mit r und r_1 bezeichnet, so hat man

$$r = m \, e^{\frac{\theta}{m}}, \quad r_1 = m \, e^{\frac{2\pi+\theta}{m}} = m \, e^{\frac{2\pi}{m}} e^{\frac{\theta}{m}},$$

folglich

$$r_1 - r = m \, e^{\frac{\theta}{m}} \left(e^{\frac{2\pi}{m}} - 1 \right).$$

Hierin bedeutet der auf der rechten Seite ausserhalb der Klammer
befindliche Factor den Radiusvector r; der Inhalt der Parenthese
dagegen ist eine beständige Grösse. Die Differenz $r_1 - r$ nimmt demnach in demselben Verhältnisse wie r ab oder zu.

Nach der Gleichung 11) sind auch noch negative Werthe von
r möglich, sobald $\dfrac{\theta}{m}$ einen Bruch mit geradem Nenner darstellt;
man erhält hieraus zwar eine unbegrenzte Anzahl von Punkten, aber
keine zusammenhängende Linie, weil diese Punkte nicht eine stetige
Folge bilden.

§ 44.
Die Rollcurven.

Dieselbe gegenseitige Abhängigkeit, in welcher zwei durch
eine Gleichung an einander gebundene veränderliche Grössen stehen,
ist auch dann noch vorhanden, wenn die Werthe beider Variabeln
durch zwei Gleichungen an eine dritte veränderliche Grösse geknüpft sind. Hat man z. B. zwei Gleichungen von der Form

1) $\qquad x = \varphi(\omega), \qquad y = \psi(\omega),$

worin φ und ψ die allgemeinen Symbole beliebiger Functionen einer
Variabeln ω bezeichnen mögen, so erhält man daraus für jeden
Werth von ω zwei zusammengehörige Werthe von x und y, die, wenn
man x und y als Parallelcoordinaten auffasst, die Lage eines Punktes bestimmen. Giebt nun die stetige Aenderung von ω auch sich
stetig ändernde Werthe von x und y, also eine continuirliche Folge
solcher Punkte, so wird durch das System der beiden Gleichungen 1)
der zusammenhängende Lauf einer Linie bestimmt, ganz abgesehen
davon, ob die Mittel der Mathematik ausreichen, die Hülfsvariabele
ω zwischen diesen Gleichungen zu eliminiren. Eine nutzbare Anwendung finden solche Gleichungssysteme bei einer Classe von Curven, die wir im Folgenden als letztes Beispiel transcendenter Linien
vorführen wollen.

Wird an einer festen Linie eine andere so hinbewegt, dass sie
mit ihr in fortwährender Berührung bleibt, sich dabei aber an der
festen Linie abwickelt, so dass bei je zweien ihrer aufeinander folgenden Lagen die zwischen den zusammengehörigen Berührungspunkten enthaltenen Bogenlängen in beiden Peripherien einander
gleich sind, so beschreibt ein mit der bewegten Linie in fester Verbindung bleibender Punkt eine neue Linie, die wir im Allgemeinen
eine Rollcurve (Roulette) oder auch Cycloide nennen wollen.
Die einfachsten hierher gehörigen Fälle entstehen, wenn ein Kreis,
ohne zu gleiten, auf einer Geraden oder auf der Peripherie eines
anderen Kreises fortrollt,
oder wenn eine Gerade
sich, ohne verschoben zu
werden, an der Peripherie
eines Kreises abwickelt.

I. Die gemeine Cy-
cloide oder Cycloide im

Fig. 60.

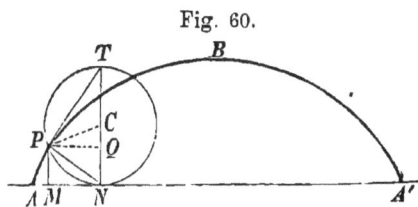

engeren Sinne ist der Weg, den ein Peripheriepunkt eines Kreises
beschreibt, wenn letzterer, ohne zu gleiten, auf einer geraden Linie
rollt. In Fig. 60 sei AA' die feste Gerade und P der beschreibende
Punkt, der in A mit dem Berührungspunkte der Geraden und des
Kreises zusammengefallen sein mag. Wir nehmen AA' zur x-Achse
und A zum Coordinatenanfange eines rechtwinkligen Coordinatensystems, setzen also $AM = x$, $MP = y$; der durch seine in Theilen
des Halbmessers ausgedrückte Bogenlänge gemessene Winkel NCP
(der sogenannte Wälzungswinkel) heisse ω, und $CP = CT = CN = a$
sei der Radius des rollenden Kreises. Dann erhält man, wenn PQ
parallel zur x-Achse gezogen wird, aus

$$x = AN - MN = Arc\, PN - PQ, \quad y = NC - QC$$

die zusammengehörigen Gleichungen:

2) $$x = a\,\omega - a\,sin\,\omega, \quad y = a - a\,cos\,\omega.$$

Reducirt man die letzte dieser beiden Gleichungen auf $cos\,\omega$, so ergiebt sich:

$$cos\,\omega = \frac{a-y}{a}, \quad sin\,\omega = \sqrt{1 - cos^2\,\omega} = \frac{\sqrt{2\,ay - y^2}}{a},$$

$$\omega = Arc\,cos\left(\frac{a-y}{a}\right),$$

und hiermit kann durch Einsetzung dieser Werthe in die erste
Gleichung die Hülfsgrösse ω eliminirt werden. Bequemer ist es aber
in den meisten Fällen, von dem Systeme der Gleichungen 2) Gebrauch zu machen.

Aus der für y aufgestellten Gleichung folgt, dass die Ordinate
immer zwischen den Grenzen 0 und $2a$ enthalten sein muss, und
zwar ist $y = 0$, wenn $cos\,\omega = 1$, oder wenn ω einen der Werthe

$$\ldots -4\pi, \quad -2\pi, \quad 0, \quad +2\pi, \quad +4\pi, \ldots$$

besitzt; man erhält dann für x die Längen

$$\ldots -4\pi a, \quad -2\pi a, \quad 0, \quad +2\pi a, \quad +4\pi a, \ldots$$

Ferner erreicht y seinen grössten Werth $2a$, so oft $cos\,\omega = -1$,
oder so oft ω einen der Werthe

$$\ldots -3\pi, \quad -\pi, \quad +\pi, \quad +3\pi, \ldots$$

erlangt; für x finden sich dann die zugehörigen Grössen

$$\ldots -3\pi a, \quad -\pi a, \quad +\pi a, \quad +3\pi a, \ldots$$

Werden hierzu noch Zwischenwerthe gefügt, so kommt man zu der

Erkenntniss, dass die Curve aus unendlich vielen congruenten Zügen von der Form ABA' (Fig. 60) besteht.

Als ein weiteres Beispiel dafür, in welcher Weise das System der Gleichungen 2) zur Untersuchung der Curve zu benutzen ist, wählen wir die Ermittelung der Tangentenlage. Wir können hierzu im Allgemeinen den im § 41 zur Auffindung der Tangenten algebraischer Curven benutzten Weg einschlagen, indem wir nämlich von der Richtung einer zwei Peripheriepunkte enthaltenden Secante durch Drehung dieser Geraden bis zum Zusammenfallen der beiden Peripheriepunkte zur Tangentenrichtung übergehen.

Sind $x_1 y_1$ und $x_2 y_2$ zwei Cycloidenpunkte, denen die Wälzungswinkel $\omega + \delta$ und $\omega - \delta$ zugehören, so ist

3) $\begin{cases} x_1 = a\,(\omega + \delta) - a\,sin\,(\omega + \delta), & y_1 = a - a\,cos\,(\omega + \delta), \\ x_2 = a\,(\omega - \delta) - a\,sin\,(\omega - \delta), & y_2 = a - a\,cos\,(\omega - \delta). \end{cases}$

Unter Benutzung der Formeln

4) $\begin{cases} sin\,(\omega + \delta) - sin\,(\omega - \delta) = 2\,cos\,\omega\,sin\,\delta \\ cos\,(\omega - \delta) - cos\,(\omega + \delta) = 2\,sin\,\omega\,sin\,\delta \end{cases}$

folgt hieraus für den in der Drehrichtung der Polarwinkel gemessenen Winkel σ, den eine die Punkte $x_1 y_1$ und $x_2 y_2$ enthaltende Secante mit der Abscissenachse einschliesst,

5) $$tan\,\sigma = \frac{y_1 - y_2}{x_1 - x_2} = \frac{sin\,\omega\,sin\,\delta}{\delta - cos\,\omega\,sin\,\delta}.$$

Wird hierin im Zähler und Nenner durch δ dividirt, so entsteht, wenn wir zur Abkürzung

6) $$\frac{sin\,\delta}{\delta} = \varepsilon$$

setzen, die Gleichung:

7) $$tan\,\sigma = \frac{\varepsilon\,sin\,\omega}{1 - \varepsilon\,cos\,\omega}.$$

Für $\delta = 0$ wird $\varepsilon = 1$ (vgl. die Anmerkung auf S. 249); dabei fallen beide Peripheriepunkte zusammen und die Secante wird zur Tangente. Bezeichnet also τ den im gleichen Sinne wie σ gemessenen Winkel, den diese Tangente mit der x-Achse bildet, so folgt aus 7)

8) $$tan\,\tau = \frac{sin\,\omega}{1 - cos\,\omega} = cot\,\frac{\omega}{2}.$$

Man kann hieraus leicht herleiten, dass die Tangente im Punkte P (Fig. 60) durch den von der Geraden AA' am weitesten abstehenden

Punkt T des Erzeugungskreises gehen muss. PT ist Tangente und PN Normale.

Beobachtet man den Weg, den, während der Erzeugungskreis auf der Basis AA' rollt, ein auf dem Radius CP oder seiner Verlängerung, im Abstande c vom Kreismittelpunkte gelegener Punkt beschreibt, so erhält man in gleicher Weise, wie die Gleichungen 2) entstanden, für den Ort dieses Punktes die zusammengehörigen Formeln:

9) $$x = a\omega - c\,sin\,\omega, \qquad y = a - c\,cos\,\omega.$$

Die hierdurch ausgedrückte Curve führt den Namen geschweifte oder gedehnte Cycloide, wenn $c < a$, verkürzte oder verschlungene Cycloide, wenn $c > a$. Die Untersuchung ihrer Gestalt mit Benutzung der Gleichungen 9) kann in ähnlicher Weise wie bei der gemeinen Cycloide geführt werden.

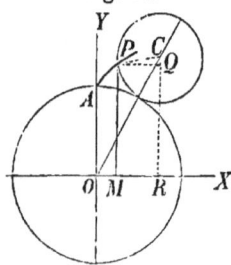

II. Rollt ein Kreis auf der Aussenseite der Peripherie eines festen Kreises, so beschreibt ein Peripheriepunkt der rollenden Linie eine sogenannte Epicycloide. Zur Ermittelung der Gleichungen dieser Curve legen wir in Fig. 61 durch den Mittelpunkt des festen Kreises ein rechtwinkliges Coordinatensystem, dessen y-Achse den Anfangspunkt A der Bewegung enthält, in welchem der beschreibende Punkt P mit dem Berührungspunkte beider Kreise zusammenfiel. Setzen wir wieder den Wälzungswinkel $OCP = \omega$, so ist wegen der Gleichheit der an einander abgewickelten Bogenlängen $L\,COA = \dfrac{a\,\omega}{b}$ und $L\,QCP = \dfrac{(b+a)\,\omega}{b}$,

Fig. 61.

wenn a den Radius des rollenden, b den Radius des festen Kreises bezeichnet. Sämmtliche Winkel sollen hierbei wie vorher in Theilen des Halbmessers ausgedrückt werden. Aus der Figur folgt dann zunächst, wenn $PQ /\!/ OX$ und $RC /\!/ OY$ gezogen ist,

$$OM = OR - PQ, \qquad MP = RC - QC,$$

und hieraus ergiebt sich für die Coordinaten x und y des beschreibenden Punktes P:

10) $$\begin{cases} x = (b+a)\,sin\,\dfrac{a\,\omega}{b} - a\,sin\,\dfrac{(b+a)\,\omega}{b} \\[2mm] y = (b+a)\,cos\,\dfrac{a\,\omega}{b} - a\,cos\,\dfrac{(b+a)\,\omega}{b}. \end{cases}$$

Werden beide Gleichungen quadrirt und addirt, so erhält man für das Quadrat der Entfernung des Punktes P vom Mittelpunkte O des festen Kreises:

11) $x^2 + y^2 = (b + a)^2 + a^2 - 2a(b + a)\cos\omega$,

woraus sofort folgt, dass diese Entfernung immer zwischen den Grenzen b und $b + 2a$ enthalten sein muss. An der ersten dieser beiden Grenzen ist $\cos\omega = 1$, ω besitzt also einen der Werthe

$$\ldots -4\pi, \quad -2\pi, \quad 0, \quad +2\pi, \quad +4\pi, \ldots$$

an der zweiten Grenze ist $\cos\omega = -1$, woraus man für ω die Werthe

$$\ldots -3\pi, \quad -\pi, \quad +\pi, \quad +3\pi, \ldots$$

erhält. Die zugehörigen x und y finden sich aus den Gleichungen 10).

Sobald die beiden Radien a und b in einem commensurablen Verhältnisse stehen, sind die Epicycloiden nicht mehr transcendente Linien, sondern gehören in das Gebiet der algebraischen Curven. In diesem Falle sind nämlich offenbar auch die Winkel $\dfrac{a\,\omega}{b}$ und $\dfrac{(b+a)\,\omega}{b}$ commensurabel. Bezeichnen wir nun ihr gemeinschaftliches Maas mit ω_1, so lässt sich

$$\frac{a\,\omega}{b} = m\,\omega_1, \qquad \frac{(b+a)\,\omega}{b} = n\,\omega_1$$

setzen, wobei m und n zwei ganze Zahlen bezeichnen. Dann erlangen die Gleichungen 10) die Form:

$$x = (b + a)\sin m\,\omega_1 - a\sin n\,\omega_1$$
$$y = (b + a)\cos m\,\omega_1 - a\cos n\,\omega_1,$$

worin man nur die goniometrischen Functionen der Winkel $m\,\omega_1$ und $n\,\omega_1$ in bekannter Weise durch $\sin\omega_1$ und $\cos\omega_1$ auszudrücken hat, um mittelst der Gleichung $\sin^2\omega_1 + \cos^2\omega_1 = 1$ den Winkel ω_1 eliminiren zu können. Es bleibt dann eine algebraische Gleichung zwischen x und y. — Als einfachstes hierher gehöriges Beispiel wählen wir den Fall, wenn beide Radien einander gleich sind. Die angegebene Rechnungsform lässt hierbei noch einige Vereinfachungen zu. Setzen wir nämlich in Nr. 10) $b = a$ und verlegen zugleich den Coordinatenanfang nach A (Fig. 61), so dass y in $y + a$ übergeht, so erhalten wir für den vorliegenden Fall:

$$x = 2\,a\,\sin\omega - a\,\sin 2\,\omega$$
$$y = 2\,a\,\cos\omega - a\,(1 + \cos 2\,\omega).$$

Mittelst der Formeln

$$\sin 2\,\omega = 2\,\sin\omega\,\cos\omega, \qquad 1 + \cos 2\,\omega = 2\cos^2\omega$$

folgt hieraus:

$$x = 2\,a\,\sin\omega\,(1 - \cos\omega)$$
$$y = 2\,a\,\cos\omega\,(1 - \cos\omega).$$

Beide letzte Gleichungen geben durch Division verbunden

$$\tan\omega = \frac{x}{y},$$

woraus unter Berücksichtigung, dass nach der zweiten der vorhergehenden Gleichungen $\cos\omega$ und y immer gleiches Vorzeichen haben
müssen,

$$\cos\omega = \frac{y}{\sqrt{x^2 + y^2}}$$

hervorgeht. Wird dieser Werth in den letzten für y gefundenen
Ausdruck eingesetzt, so ergiebt sich nach einfacher Umformung:

12) $$(x^2 + y^2 + 2\,a\,y)^2 = 4\,a^2\,(x^2 + y^2).$$

Die durch diese Gleichung ausgedrückte Linie vierten Grades besitzt, wie sich unter Anderem durch Transformation in Polarcoordinaten leicht ableiten lässt, eine herzförmige Gestalt und führt hiervon den Namen Cardioide.

III. Lässt man den beweglichen Kreis auf der innern Seite der
Peripherie eines festen Kreises rollen, so wird die von einem seiner
Peripheriepunkte beschriebene Curve Hypocycloide* genannt.
Ihre Gleichungen werden unter Beibehaltung der vorher angewendeten Bezeichnungen und der früheren Lage des Coordinatensystems
ohne Weiteres aus den für die Epicycloide geltenden Formeln
hergeleitet, wenn man dem Halbmesser a und dem Wälzungswinkel ω, welche beide in eine entgegengesetzte Lage übergehen,
die entgegengesetzten Vorzeichen ertheilt. Man wird diese Bemerkung bestätigt finden, wenn man die Fig. 61 in der dem jetzigen

---

* Besitzt der rollende Kreis einen grösseren Radius als der ruhende,
so dass sich seine concave Seite auf der convexen des festen Kreises abwickelt, so erhält die Curve von Einigen den Namen Pericycloide.
Auf die Ableitung der Gleichung hat dieser Unterschied keinen Einfluss.

Falle entsprechenden Weise abändert. Nach Analogie von Nr. 10) ergeben sich dann für den Hypocycloidenpunkt xy mit dem Wälzungswinkel ω die Gleichungen:

$$13) \quad \begin{cases} x = (b-a) \sin \dfrac{a\,\omega}{b} - a \sin \dfrac{(b-a)\,\omega}{b} \\[2mm] y = (b-a) \cos \dfrac{a\,\omega}{b} + a \cos \dfrac{(b-a)\,\omega}{b}, \end{cases}$$

woran ähnliche Betrachtungen wie bei der Epicycloide geknüpft werden können. So gelangt man u. A. in gleicher Weise wie dort zu dem Resultate, dass, wenn die Halbmesser der beiden Kreise commensurabel sind, die Hypocycloide in das Gebiet der algebraischen Curven übertritt. Untersuchen wir z. B. den Fall, wo der Durchmesser des rollenden Kreises gleich dem Radius der festen Basis oder $b = 2a$ ist, so entsteht aus Nr. 13)

$$x = 0, \quad y = 2\,a \cos \frac{\omega}{2}.$$

Die erste dieser Gleichungen zeigt, dass dann die Hypocycloide in die geradlinige Ordinatenachse degenerirt, die zweite, dass der beschreibende Punkt immer innerhalb derjenigen Strecke dieser Geraden bleiben muss, in welcher sie einen Durchmesser des festen Kreises bildet.

IV. Als letztes Beispiel einer Linie, welche nach der früher aufgestellten Begriffsbestimmung im weiteren Sinne ebenfalls zur Classe der Rollcurven gezählt werden kann, wählen wir die **Kreisevolvente** (Fig. 62). Sie wird von einem Punkte P einer Geraden PN beschrieben, die sich ohne Verschiebung an der Peripherie eines festen Kreises so fortbewegt, dass sie immer mit ihm in Berührung bleibt. Es

Fig. 62.

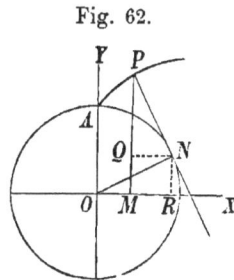

bildet also diese Curve gewissermassen den directen Gegensatz zur gemeinen Cycloide, indem bei ihr der Kreis fest und die Gerade beweglich ist, während dort der umgekehrte Fall stattfand.

Um ihre Gleichungen für Parallelcoordinaten zu ermitteln, benutzen wir ein rechtwinkliges System, dessen Anfang mit dem Mittelpunkte O des gegebenen Kreises zusammenfällt. Die y-Achse wird durch den in der Kreisperipherie befindlichen Curvenpunkt A

gelegt. Stellen $OM = x$ und $MP = y$ die Coordinaten des beschreibenden Punktes P dar, für welchen die bewegte Gerade PN den Kreis in N tangirt, so ist, wenn man QN und RN parallel zu den Coordinatenachsen zieht,

$$x = OR - QN, \quad y = RN + QP.$$

Wird nun der Radius $OA = ON = a$ gesetzt und der in Theilen des Halbmessers ausgedrückte Winkel AON mit ω bezeichnet, so erhält man aus dem Entstehungsgesetze der Curve:

$$PN = Arc\,AN = a\,\omega,$$

folglich in Verbindung mit den vorhergehenden Gleichungen:

14)
$$\begin{cases} x = a\,\sin\omega - a\,\omega\,\cos\omega \\ y = a\,\cos\omega + a\,\omega\,\sin\omega. \end{cases}$$

Soll die Kreisevolvente durch Polarcoordinaten r und θ (in gleicher Weise wie bei den Spiralen, mit denen sie der Gestalt nach verwandt ist) ausgedrückt werden, so können auch diese beiden veränderlichen Grössen vom Winkel ω abhängig gemacht werden. Behalten wir O als Coordinatenanfang bei und nehmen OY zur polaren Achse, so ist

$$r^2 = x^2 + y^2, \qquad \tan\theta = \frac{x}{y}.$$

Mit Benutzung von Nr. 14) giebt die erste dieser beiden Formeln

15)
$$r^2 = a^2 + a^2\,\omega^2,$$

woraus in Uebereinstimmung mit der Entstehungsweise der Evolvente folgt, dass kein Punkt dieser Curve innerhalb des festen Kreises gelegen sein kann. Von $r = a$ an wachsen die Werthe von r gleichzeitig mit ω ins Unendliche. Die Gleichung $\tan\theta = \dfrac{x}{y}$ führt, wenn man aus 14) die Werthe von x und y einsetzt und im Zähler und Nenner durch $a\,\cos\omega$ dividirt, zu dem Resultate:

$$\tan\theta = \frac{\tan\omega - \omega}{1 + \omega\,\tan\omega}.$$

Wird hierin auf ω reducirt, so entsteht die einfache Formel:

16)
$$\omega = \tan(\omega - \theta),$$

aus welcher die den verschiedenen ω zugehörigen Werthe von θ berechnet werden können. — Die Gleichungen 15) und 16) lassen sich übrigens auch auf sehr leichte Weise unmittelbar aus der Fig. 62 herleiten, wenn man darin den Leitstrahl OP zieht. Wir geben dies der Selbstübung des Lesers anheim.

Die Untersuchung über die Lage der Tangenten einer Kreisevolvente kann mit Hülfe der Gleichungen 14) auf demselben Wege wie bei der gemeinen Cycloide geführt werden. Sie liefert das Resultat, dass alle Tangenten des festen Kreises, welcher die Evolute darstellt, Normalen der Evolvente bilden. Es ist dies eine Eigenschaft, welche, wie die höhere Mathematik beweist, jeder Evolute in Beziehung zu ihrer Evolvente zukommt.

Verbesserungen.

Seite 24 Zeile 2 von unten statt: gonometrischen lies: goniometrischen.

„ 31 Formel 8) statt: Ax lies: Ax_1.

„ 38 Zeile 3 von oben fehlt 7) vor der Formel.

„ 75 „ 6 „ „ statt: CD' lies: $C'D$.

„ 84 „ 7 „ „ statt: PF_2 lies: PF_1.

„ 168 Formel 5) statt: ξ_φ lies: $\xi^{\frac{1}{\varphi}}$.

Druck von B. G. Teubner in Dresden.

www.ingramcontent.com/pod-product-compliance
Lightning Source LLC
Chambersburg PA
CBHW021518210326
41599CB00012B/1297